普通高等教育"十一五"国家级规划教材

高等职业教育电子技术技能培养规划教材
Gaodeng Zhiye Jiaoyu Dianzi Jishu Jineng Peiyang Guihua Jiaocai

电子技能训练

王成安 王春 主编 荆珂 副主编

Electronic Skill
Training

人民邮电出版社
北京

图书在版编目（CIP）数据

电子技能训练 / 王成安，王春主编. -- 2版. -- 北
京：人民邮电出版社，2010.10（2024.2重印）
　普通高等教育"十一五"国家级规划教材. 高等职业
教育电子技术技能培养规划教材
　ISBN 978-7-115-23438-4

　Ⅰ. ①电… Ⅱ. ①王… ②王… Ⅲ. ①电子技术－高
等学校：技术学校－教材 Ⅳ. ①TN

中国版本图书馆CIP数据核字(2010)第146714号

内 容 提 要

　　本书以"工作过程导向"为主线，采取项目式的教学方法，对电子技术基本技能进行分项编写，并结合具体的电子产品进行学习。

　　本书共安排了 8 项基本技能，分别是常用测试仪器仪表的使用技能训练、线性电子元器件的识别与检测技能训练、非线性电子元器件的检测技能训练、电子元器件的焊接技能训练、电子材料的识别与元器件装接技能训练、电子电路图的读图技能训练、电子电路的调试维修技能训练、表面安装技术（SMT）技能训练。书中还安排了 12 个综合训练项目。

　　本书可作为高职院校电类专业尤其是电子信息工程和应用电子技术专业的教材，对从事电子产品生产的技术人员也具有参考价值。

◆ 主　　编　王成安　王　春

　　副主编　荆　珂

　　责任编辑　赵慧君

◆ 人民邮电出版社出版发行　　北京市丰台区成寿寺路 11 号
　　邮编　100164　电子邮件　315@ptpress.com.cn
　　网址　http://www.ptpress.com.cn
　　北京九州迅驰传媒文化有限公司印刷

◆ 开本：787×1092　1/16
　　印张：14.75　　　　　　　　　2010 年 10 月第 2 版
　　字数：377 千字　　　　　　　 2024 年 2 月北京第 16 次印刷

ISBN 978-7-115-23438-4

定价：28.00 元

读者服务热线：**(010)81055256**　印装质量热线：**(010)81055316**
反盗版热线：**(010)81055315**

再版前言

本书是普通高等教育"十一五"国家级规划教材《电子技术基本技能综合训练》的修订本。

近年来，高职教育以前所未有的速度发展，无论是招生人数还是院校数量，都已经占到甚至超过高等教育的半壁江山。随着高职教育改革的不断深化，教材作为教学改革的内容之一，也开始尝试新的编写思路和写作方法。本次修订，对教材的体系进行了较大的改动，变章节式教材为项目式教材，更重要的是，在教学内容上做了更大的改动，将电子技术方面的新知识、新技术、新器件和新电路补充进来，在编写体系上，力图体现新思路和新方法，以期在培养和训练学生的电子技术基本技能方面有所突破，更好地为高职教育服务。

考虑到 EDA 技术在今天已经是一门普及型的课程，且有大量专业教材出版，所以此次再版，将"EDA 技术入门篇"删掉了。

本书配备模拟电子技术的基本实验和数字电子技术的基本实验等丰富的教学资源，任课教师可到人民邮电出版社教学服务与资源网（www.ptpedu.com.cn）免费下载使用。本书的参考学时为 126 学时，各项目的参考学时见下面的学时分配表。综合训练项目建议以实训专用周的形式开展，选做 4 个项目，可安排 2 周时间。

项　　　目	课 程 内 容	学 时 分 配	
		讲　授	实　训
项目 1	常用测试仪器仪表的使用技能训练	2	8
项目 2	线性电子元器件的识别与检测技能训练	2	4
项目 3	非线性电子元器件的检测技能训练	2	6
项目 4	电子元器件的焊接技能训练	2	8
项目 5	电子材料的识别与元器件装接技能训练	2	8
项目 6	电子电路图的读图技能训练	2	4
项目 7	电子电路的调试维修技能训练	2	8
项目 8	表面安装技术（SMT）技能训练	2	4
项目 9	电子技能综合训练项目（选做 4 个，安排 2 周）	8	52
课时总计：126		24	102

本书由王成安和辽宁地质工程职业学院王春任主编，荆珂任副主编。

由于编者水平所限，书中难免存在不妥之处，敬请广大读者批评指正。欢迎您把对本书的意见和建议发至邮箱：wang-ca420@sohu.com。

编　者

2010 年 6 月

目　录

项目 1

常用测试仪器仪表的使用技能训练

项目要求

通过对各种常用仪器仪表的实际使用，要求学生掌握使用万用表、示波器、信号发生器、毫伏表和直流稳压电源的操作方法，为检测电子元器件做好准备。

【知识要求】

（1）掌握万用表的种类、用途与特点。

（2）掌握示波器的种类、用途与特点。

（3）掌握信号发生器的种类、用途与特点。

（4）掌握毫伏表的种类、用途与特点。

（5）掌握直流稳压电源的用途与特点。

【技能要求】

（1）掌握万用表的操作方法。

（2）掌握示波器的操作方法。

（3）掌握信号发生器的操作方法。

（4）掌握毫伏表的操作方法。

（5）掌握直流稳压电源的操作方法。

项目实施

【项目实施器材】

（1）指针式万用表和数字式万用表	1台/组。
（2）低频信号发生器和高频信号发生器	1台/组。
（3）双踪示波器	1台/组。
（4）毫伏表	1台/组。
（5）直流稳压电源	1台/组。

【项目实施步骤】

1. 示波器、信号发生器和毫伏表的综合使用

将示波器、信号发生器和毫伏表联合起来运用，可以很快达到熟练操作这些仪器的目的，再将一台电视机的信号作为信号源，就可以进行综合测试了。测量内容和步骤如下。

（1）正弦波信号的测量。

① 将低频信号发生器的输出端与示波器的 y 轴输入端相连。

② 开机后，调节信号发生器的输出频率和与电压值如表 1.1 所示，使用电子毫伏表进行监测。同时调节示波器，使屏幕上显示出稳定的正弦波形，测量出正弦波的幅度和周期，把测量数据填入表 1.1 中。

表 1.1　　　　　　　　　　　　　　正弦波信号的测量数据

低频信号发生器的输出		50Hz	100Hz	500Hz	1kHz	5kHz	10kHz	500kHz	800kHz	1MHz
		0.5V	1V	1V	2V	2V	3V	4V	5V	6V
电子毫伏表的测量值										
示波器测量值	"V/div 挡级"									
	读数（div）									
	V_{P-P}/V									
	V_{rms}									
示波器测量值	"t/div 挡级"									
	读数（div）									
	周期									

（2）用李萨茹图形测量信号的频率。

① 将作为标准信号源的低频信号发生器接入示波器的 x 通道，把作为被测信号源的信号发生器接入示波器的 y 通道。

② 调节作为标准信号源的信号发生器，使之输出频率分别为 50Hz、500Hz、1kHz、3kHz，再相应地调节作为被测信号源的信号发生器，调节示波器使屏幕上显示出稳定的李萨茹图形。

③ 画出相应的李萨茹图形，算出被测量信号频率值，填入表 1.2 中。

表 1.2　　　　　　　　　　　用李萨茹图形法测量正弦波频率

标准信号源频率	50Hz	500Hz	1kHz	3kHz
李萨茹图形				
m 值				

标准信号源频率	50Hz	500Hz	1kHz	3kHz
n 值				
被测信号源频率				

（3）使用示波器观测电视机电路的波形。

① 将电视机电路板置于实验台上，通电后使其正常工作。

② 将电视机关闭后，在老师的指导下，将待测量点与示波器连接。

③ 将示波器和电视机都开机，调节示波器使图形稳定，分别观测电视机的行振荡波形和场输出波形，记录被测量点的波形形状，计算出该波形的频率。

④ 把观测到的电视机行振荡波形和场输出波形与电视机原理图上的波形进行比较。

2. 直流稳压电源和万用表的综合使用

（1）用万用表测量直流稳压电源的输入电压值和输出电压值。

① 将直流稳压电源通电预热。

② 调节直流稳压电源面板上的输出旋钮，使其输出电压为某个预定值（如 12V）。

③ 测量直流稳压电源的输入电压（将万用表置于 AC 250V 挡）和输出电压值（将万用表置于 DC 50V 挡）。

④ 改变直流稳压电源的输出电压，再用万用表测量。

（2）按照表 1.3 所示，将直流稳压电源的电压输出调节到表中各个值，分别用指针式万用表和数字式万用表测量，将测得数据填入表 1.3 中，并进行误差原因分析。

表 1.3　　　　　　　　　　　　　　直流稳压电源输出值

直流稳压电源输出电压	3.0V	6.0V	9.0V	12.0V
指针式万用表测量数值				
数字式万用表测量数值				
误差值				
误差原因分析				

项目相关知识

在元件检测、电子整机组装和调试电子产品的过程中，不可避免地要用到许多检测用的仪器仪表，正确使用各种测量仪器，是从事电子产品制造和维修工作的技术人员必须掌握的技能。

知识 1　万用表的使用

万用表是一种应用最广泛的测量仪器，可以用来测量直流电流、直流电压、交流电流、交流电压、电阻和晶体管直流电流放大系数等物理量。根据测量原理及测量结果显示方式的不同，万用表分为两大类：模拟式（指针）万用表和数字式万用表。

1.1.1　指针式万用表

在工厂中一般都使用 MF500 型万用表，其外形如图 1.1 所示。MF500 型万用表以其测量范围广、测量精度高、读数准确，被电子技术人员和电工技术人员所推崇。

MF-47 型万用表则是一款便携式的多量程万用电表,在一般的无线电爱好者中得到广泛使用。

1. MF-47 型万用表的主要功能及技术指标

MF-47 型万用表是常用的磁电式、整流式、便携式、多量程万用电表,可以测量直流电流、交流电压、直流电压、直流电阻等,具有 26 个基本量程,还具有测量信号电平、电容量、电感量、晶体管直流参数等 7 个附加量程。

MF-47 型万用表的表盘如图 1.2 所示,其技术指标如下。

直流电压：0 ~ 0.25V ~ 1V ~ 10V ~ 50V ~ 250V ~ 500V ~ 1000V。

交流电压：0 ~ 10V ~ 50V ~ 250V ~ 500V ~ 1000V ~ 2500V。

直流电流：0 ~ 50μA ~ 0.5mA ~ 5mA ~ 50mA ~ 500mA ~ 5A。

电阻：0 ~ 2kΩ ~ 20kΩ ~ 200kΩ ~ 2MΩ ~ 40MΩ。

音频电平：−10 ~ +22dB。

h_{FE}：0 ~ 300。

电感：20 ~ 1000H (50Hz)。

电容：0.001 ~ 0.3μF。

图 1.1　MF500 型万用表的外形图

图 1.2　MF-47 型万用表的表盘图

2. MF-47 型万用表的使用方法

（1）机械调零

使用前必须调节表盘上的机械调零螺丝,使表针指准零位。

（2）插孔选择

红表笔插入标有 "+" 符号的插孔,黑表笔插入标有 "−" 符号的插孔。

（3）物理量及量程选择

物理量选择就是根据不同的被测物理量将转换开关旋至相应的位置。

合理选择量程的标准是测量电流和电压时,应使表针偏转至满刻度的 $\frac{1}{2}$ 或 $\frac{2}{3}$ 以上;测量电阻时,应使表针偏转至中心刻度值的 $\frac{1}{10}$ ~ 10 倍。

（4）各种物理量的测量

① 电压测量：将万用表与被测电路并联测量；测量直流电压时，应将红表笔接高电位、黑表笔接低电位，若无法区分高低电位，应先将一支表笔接稳一端，另一支表笔触碰另一端，若表针反偏，则说明表笔接反；测量高电压（500～2500V）时应戴绝缘手套，站在绝缘垫上进行，并使用高压测试表笔。

② 电流测量：将万用表串联接入被测回路中；测量直流电流时，应使电流由红表笔流入、由黑表笔流出万用表；在测量中不许带电换挡，测量较大电流时应断开电源后再撤表笔。

③ 电阻测量：首先应进行电气调零，即将两表笔短接，同时调节面板上的"欧姆调零旋钮"，使表针指在电阻刻度的零点，若调不到零点，说明万用表内电池电量不足，需要更换电池；断开被测电阻的电源及连接导线进行测量；测量过程中每变换一次量程挡位，应重新进行欧姆调零；测量过程中表笔应与被测电阻接触良好，手不得触及表笔的金属部分，以减少不必要的测量误差；被测电阻不能有并联支路。

④ 音频电平测量：该功能主要用于测量电信号的增益或衰减。测量方法与交流电压的测量方法相同，读数是表面最下边一条刻度线，该刻度数值是量程选择开关在交流"10V"挡时的直接读数值。当交流电压为"50V"、"250V"、"500V"各挡时，测量结果应在表面读数值上分别加上+14dB、+28dB 和+34dB。

⑤ 晶体管直流放大倍数（h_{FE}）测量：先将转换开关旋至晶体管调节 ADJ 位置进行电气调零，使表针对准 $300h_{FE}$ 刻度线；然后将转换开关旋至 h_{FE} 位置，把被测晶体管插入专用插孔进行测量。N 型管孔插 NPN 型晶体管，P 型管孔插 PNP 型晶体管。

⑥ 电感和电容的测量：将量程选择开关旋至交流 10V 位置，将被测电容或电感串接于任一测试棒，然后跨接于 10V 交流电压电路中进行测量。

（5）读数

读数时应根据不同的测量物理量及量程，在相应的刻度尺上读出指针指示的数值。另外，读数时应尽量使视线与表面垂直，以减小由于视线偏差所引起的使用误差。

1.1.2　数字万用表

F15B 型数字万用表是一块 $3\frac{3}{4}$ 位数字表，其外形如图 1.3 所示。

1. F15B 型数字万用表的技术指标

F15B 型数字万用表的各种技术指标如下。

直流电压 DCV：200mV～2V～20V～200V～1000V。

交流电压 ACV：200mV～2V～20V～200V～750V。

直流电流 DCA：200μA～2mA～20mA～200mA。

交流电流 ACA：200μA～2mA～20mA～200mA。

电阻 Ω：200Ω～2kΩ～20kΩ～200kΩ～2MΩ～20MΩ。

晶体管放大系数 h_{FE}：0～300。

二极管：显示正向导通压降数值。

图 1.3　F15B 型数字万用表的外形

线路通断：蜂鸣器提示线路的导通。

附加挡：•DCA：10A；

•ACA：10A。

另外，F15B/17B型数字万用表还具有自动调零、显示极性、超量程显示和低压指示等功能，并装有快速熔丝管、过流保护电路和过压保护电路。

2. F15B型数字万用表的使用方法

（1）电压测量

将红表笔插入"V·Ω"插孔，根据所测电压选择合适量程后，将两表笔与被测电路并联即可进行测量。但要注意，不同的量程其测量精度也不同，不能用高量程挡位去测小电压。

（2）电流测量

将红表笔插入"10A"或"mA"插孔（根据测量值的大小，合理选择量程），将两表笔串联接入被测电路即可进行测量。

（3）电阻测量

将红表笔插入"V·Ω"插孔，合理选择量程即可进行测量。

（4）二极管测量

将量程开关拨至二极管挡，红表笔插入"V·Ω"插孔、接二极管正极，黑表笔接二极管负极，若管子正常，则测锗管时应显示0.150～0.300V，测硅管时应显示0.550～0.700V，此为正向测量；反向测量时，将二极管反接，若管子正常将显示"1"，若管子不正常将显示"000"。

（5）h_{FE}值测量

根据被测管的类型选择量程开关的"PNP"挡或"NPN"挡，将被测管的3个管脚e、b、c插入相应的插孔，显示屏上将显示出h_{FE}值的大小。

（6）电路通断的检查

将红表笔插入"V·Ω"插孔，量程开关旋至蜂鸣器挡，让表笔触及被测电路，若表内蜂鸣器发出叫声，则说明电路是通的，反之则不通。

知识2　示波器的使用

示波器是一种常用的电子测量仪器，可以用来观测各种不同电信号的幅度随时间变化的波形曲线，还可以用来测定各种电量，如电压、电流、频率、周期、相位、失真度等。另外，若配以传感器，示波器还可以对压力、温度、密度、速度、声、光、磁等非电量进行测量。

示波器的种类繁多，根据其用途及特点的不同，可以分为通用示波器、取样示波器、逻辑示波器、记忆与存储示波器等。

1.2.1　数字示波器

UT81A数字示波器的外形如图1.4所示，它采用液晶显示和机械式换挡结构。高级的数字示波器一般采用自动换挡

图1.4　UT81A数字示波器的外形

结构或者是按键式切换结构，使用极其方便。

UT81A 数字示波器的技术指标如表 1.4 所示。

表 1.4　　　　　　　　　　UT81A 数字示波器的技术指标

基 本 功 能	量　　程	基 本 精 度
直流电压	400mV/4V/40V/400V/1000V	±(0.8%+8)
交流电压	4V/40V/400V/750V	±(1%+15)
直流电流	400μA/4000μA/40mA/400mA/4A/10A	±(1%+8)
交流电流	400μA/4000μA/40mA/400mA/4A/10A	±(1.5%+8)
电阻	400Ω/4kΩ/40kΩ/400kΩ/4MΩ/40MΩ	±(1%+5)
电容	40nF/400nF/4μF/40μF/100μF	±(3%+8)
频率	10Hz ~ 10MHz	±(0.1%+3)
垂直精度		±(5%+1)
垂直灵敏度	20mV/div ~ 500V/div(1-2-5)	√
水平精度		±(0.01%+1)
水平灵敏度	100ns/div ~ 5s/div(1-2-5)	√
实时带宽	8MHz	√
显示分辨率	160 像素×160 像素	√
采样率	40MSa/s	√
占空比	0.1% ~ 99.9%	√
特殊功能		
二极管测试		√
音响通断		√
显示色彩	160 像素×160 像素单色	√
触发模式	自动/正常/单次	√
波形存储/回放		√
对比度，亮度设置保存		√
测量输入阻抗		√
校偏		√
自动关机		√
低电压显示		√
背光		√
USB 接口		√
最大显示		√
一般特征		
电源	1.5V 电池（R6）×4	
LCD 尺寸	60mm×60mm	
机身颜色	红色+铁灰	

基本功能	量程	基本精度
一般特征		
机身重量	498g	
机身尺寸	200mm×100mm×48mm	
标准配件	说明书、表笔、保修卡、电池、鳄鱼夹、光盘软件、USB接口线、电源适配器	
可选配件	波形测试探头、探头连接线BNC	
标准包装	彩盒	
标准包装数量	20台	
标准包装尺寸	542mm×376mm×388mm	
标准包装箱毛重	25kg	

1.2.2 模拟式示波器

采用阴极射线管作为显示器件的双踪示波器仍然是现在常用的示波器,有多种型号可供选用,但操作方法基本上是一样的。图1.5所示为现在常用的YB-4320双踪四线示波器的外形面板图。

YB-4320型双踪四线示波器的主要技术指标如表1.5所示。

表1.5　　　　　　　　　　　　YB-4320型双踪四线示波器的主要技术指标

项　目	技　术　指　标
频率响应	DC：0～20Hz（−3dB）
	AC：20Hz～20MHz（−3dB）
输入阻抗	1MΩ/30pF±5%
输入耦合方式	AC、GND、DC
可输入最高电压	直接输入250V（直流＋交流峰值）时,探头衰减挡位放在×1位置; 直接输入400V（直流＋交流峰值）时,探头衰减挡位放在×10位置
校正方波信号	频率：1kHz±2%　幅度：0.5V±2%
y轴输入方式	Y1、Y2、交替、断续、相加
触发方式	常态、自动、峰值
触发源选择	内、外、电源、极性
电源电压	220（1±10%）V　　频率：50（1±5%）Hz

1. 双踪示波器的基本操作方法

使用双踪示波器测量信号可按照3个基本步骤进行:基本调节、显示校准和信号测量。

（1）测量信号前的基本调节

这个步骤的目的是要使示波器出现良好的扫描基准线。

开启电源,经过约15s的预热后,调节"辉度"和"聚焦"旋钮,使扫描基线亮度适中,聚焦良好。再调节"水平位移"和"垂直位移"旋钮,使基线位于屏幕的中间位置。若基线与水平刻度线不平行而是有夹角,可以用螺丝刀调节"光迹旋转"电位器,使基线与水平刻度线重合。

图 1.5　YB-4320 双踪四线示波器的面板图

1—电源开关，用于控制电源的通断　2—电源指示　3—辉度，用于调节扫描光迹的亮度　4—聚焦，用于调节扫描光迹的清晰度　5—光迹旋转，用于调节扫描线与屏幕水平刻度的平行度　6—刻度照明控制钮，用于调节照明控制钮　7—校正信号输出，该端输出仪器内电路产生的方波信号，幅度为 0.5V 的方波信号，频率为 1000Hz，用于校准示波器的读数　8—扩展旋钮　9—扩展控制钮　10—"X-Y"控制键　11—"X-Y"控制键　12—外扫描信号输入插座　13—外扫描信号微调控制旋钮　14—水平位移　15—扫描时间因数选择开关　16—触发方式选择　17—触发源电平旋钮　18—触发极性按钮　19—外触发源选择开关　20—外触发输入插座　21—通道 2 垂直扩展按钮　22—垂直输入耦合选择开关　23—通道 2 极性开关　24—通道 2 输入端　25—通道 2 垂直微调旋钮　26—通道 2 衰减器旋钮　27—接地端　28—通道 2 显示选择开关　29—通道 1 垂直微调旋钮　30—通道 1 垂直输入端　31—双通道显示选择开关　32—通道 1 衰减器开关　33—通道 1 垂直微调旋钮　34—通道 1 显示选择开关　35—通道 1 垂直位移　36—通道 1 垂直扩展旋钮

（2）测量信号前的显示校准

这个步骤的目的是要使扫描线的长度代表准确的时间值，使扫描线的高度代表准确的电压值。利用示波器内的标准信号源可以完成校准工作。

将欲输入信号的通道探头（如 Y1）接到"校准"的输出端，"电压幅度"旋钮调至"0.5V/格"，"扫描时间"旋钮调至"0.5ms/格"，幅度"微调"至"校准"位置，时间"微调"至"校准"位置，屏幕上应出现高 1 格、水平为 2 格（此时周期为 1ms）的方波信号。若方波所占的格数不符，就应调节垂直和水平增益旋钮，完成校准工作。

（3）信号的测量

仪器上附带的探头上有衰减开关。将信号以 1∶1（×1）或 10∶1（×10）进行衰减，以便于对不同信号进行测量。

将衰减开关置于"×10"位置适合测量来自高输出阻抗源和较高频的信号。由于"×10"位置将信号衰减到 $\frac{1}{10}$，因此读出的电压值再乘以 10 才是被测量的实际电压值。将衰减开关置于"×1"位置适合测量低输出阻抗源的低频信号。

2. 使用模拟式示波器测量具体信号的方法

对于各种用阴极射线管作为显示器件的双踪示波器而言，其挡位开关设置基本相同，都可以按照下面的操作方法来进行。

（1）直流电压的测量

在被测信号中有直流电压时，可用仪器的地电位作为基准电位进行测量，步骤如下。

置"扫描方式"开关于"自动"挡位，选择"扫描时间"旋钮位置，使扫描线不发生闪烁为好。

置"DC/⊥/AC"开关于"⊥"挡位，调节"垂直位移"旋钮，使扫描基线准确落在某水平刻度线上，作为 0V 基准线。

再置"DC/⊥/AC"开关于"DC"挡位，并将被测信号电压加至输入端，扫描线所示波形的中线与 0V 基准线的垂直位移即为信号的直流电压幅度。如果扫描线上移，则被测直流电压为正；如果扫描线下移，则被测直流电压为负。用"电压幅度"旋钮位置的电压值乘以垂直位移的格数，即可得到直流电压的数值。

（2）交流电压的测量

用示波器测量交流电压得到的是交流电压的峰峰值或峰值，要得到其有效值须经过换算。例如，要求正弦波信号的有效值，则用下面的公式

$$有效值电压 = 峰峰值电压 \div 2\sqrt{2} \tag{1.1}$$

操作步骤如下：置"DC/⊥/AC"开关于"AC"挡位，调节"垂直位移"旋钮，使扫描基线准确地落在屏幕中间的水平刻度线上，作为基准线。调节"电压幅度"旋钮，使交流电压波形在垂直方向上占 4～5 个格数为好；再调节"扫描时间"旋钮，使信号波形稳定。以"电压幅度"旋钮位置的标称值乘以信号波形波峰与波谷间垂直方向的格数，即可得到交流电压的峰峰值。

需要注意的是，当探头上的衰减开关置于"×10"挡位时，要将得到的数值乘以 10 才是真正的电压值。若仪器"电压幅度"旋钮为"0.1V/div"，且探头衰减开关置于"×10"挡位，则被测量信号的电压峰峰值为

$$V_{P-P} = 0.1V/div \times 3.6div \times 10 = 3.6V$$

（3）时间的测量

对仪器"扫描时间"进行校准后，可对被测信号波形上任意两点的时间参数进行测量。选择合适的"扫描时间"开关位置，使波形在 x 轴上出现一个完整的波形为好。根据屏幕坐标的刻度，读出被测量信号两个特定点 P 与 Q 之间的格数，乘以"扫描时间"旋钮所在位置的标称值，即得到这两点间波形的时间。若这两个特定点正好是一个信号的完整波形，则所得时间就是信号的周期，其倒数即为该信号的频率。

需要注意的是，当使用"扩展×10"开关时，要将所得时间除以 10。

利用双踪示波器的"交替"显示方式，可以测量出两个信号的时间差。测量时，将两个信号分别输入 Y1 和 Y2 通道，从屏幕上读出两个信号相同部位的水平距离（格数），再乘以"扫描时间"旋钮位置的标称值，即可算出两个信号的时间差。

（4）相位的测量

利用双踪示波器可以很方便地测量两个信号的相位差。将双踪示波器置于"交替"显示方式，将两个信号分别输入 Y1 和 Y2 通道。从屏幕上读出第一个信号的一个完整波形所占的格数，用 360° 除以这个格数，得到每格对应的相位角；然后读出两信号相同部位的水平距离（格数），乘以每格相位角，即可算出两信号的相位差。若读出第一个信号的一个完整波形占了 8 格，两个信号相同部位的水平距离为 1.6 格，则这两个信号的相位差为

$$\Delta\phi = 360 \div 8 \times 1.6 = 72$$

（5）脉冲宽度的测量

测量脉冲宽度的步骤如下。先使屏幕中心显示出 y 轴幅度为 3～4 格的脉冲波形，再调节"扫描时间"旋钮，使波形在 x 轴方向上显示出 5～6 格的宽度。此时脉冲上升沿和下降沿的中点距离 D 为脉冲宽度。只要读出 D 的格数，再乘以"扫描时间"旋钮所在位置的标称值，即可得脉冲宽度的数值。

知识 3 信号发生器的使用

信号发生器的种类很多，按频率和波段可分为低频、高频、脉冲信号发生器等。

1.3.1 低频信号发生器

低频信号发生器的输出频率范围通常为 20Hz～20kHz，所以又称为音频信号发生器。现代生产的低频信号发生器的输出频率范围已延伸到 1Hz～1MHz 频段，且可以产生正弦波、方波及其他波形的信号。

低频信号发生器广泛用于测试低频电路、音频传输网络、广播和音响等电声设备，还可为高频信号发生器提供外部调制信号。

1. FJ-XD22PS 低频信号发生器的功能

FJ-XD22PS 低频信号发生器是一种多用途的仪器，它能够输出正弦波、矩形波尖脉冲、尖脉冲、TTL 电平和单次脉冲 5 种信号，还可以作为频率计使用，测量外来输入信号的频率。FJ-XD22PS 低频信号发生器的面板如图 1.6 所示。

FJ-XD22PS 低频信号发生器的主要技术性能如下。

图 1.6　FJ-XD22PS 低频信号发生器的面板

1—电源开关　2—信号输出端子　3—输出信号波形选择键　4—正弦波幅度调节旋钮　5—矩形波、尖脉冲波幅度调节旋钮　6—矩形脉冲宽度调节旋钮　7—输出信号衰减选择键　8—输出信号频段选择键　9—输出信号频率粗调旋钮　10—输出信号频率细调旋钮　11—单次脉冲按钮　12—信号输入端子　13—6 位数码显示窗口　14—频率计内测、外测功能选择键（按下：外测，弹起：内测）　15—测量频率按钮　16—测量周期按钮　17—计数按钮　18—复位按钮　19—频率或周期指示发光二极管　20—测量功能指示发光二极管

（1）信号源部分

频率范围：1Hz～1MHz，由频段选择和频率粗调细调配合，可分 6 挡连续调节。

频率漂移：1 挡≤0.4%；2、3、4、5 挡≤0.1%；6 挡≤0.2%。

正弦波：频率特性≤1dB（第 6 挡≤1.5dB），输出幅度≥5V，波形的非线性失真：20Hz～20kHz≤0.1%。

正、负矩形脉冲波：占空比调节范围 30%～70%，脉冲前、后沿≤40ns；波形失真：在额定输出幅度时，前、后过冲及顶部倾斜均小于 5%。

输出幅度：高阻输出≥$10V_{P-P}$，50Ω 输出≥$5V_{P-P}$。

正、负尖脉冲：脉冲宽度 0.1μs，输出幅度≥$5V_{P-P}$。

（2）频率计部分（内测和外测）

功能：频率、周期、计数 6 位数码管（8 段红色）显示。

输入波形种类：正弦波、对称脉冲波、正脉冲。

输入幅度：1V≤脉冲正峰值≤5V，1.2V≤正弦波≤5V。

输入阻抗：≥1MΩ。

测量范围：1Hz～20MHz（精度：$5×10^{-4}$±1 个字）。

计数速率：波形周期≥1μs，计数范围：1～983040。

2. FJ-XD22PS 低频信号发生器的基本操作

FJ-XD22PS 低频信号发生器的基本操作可按照下列步骤进行。

① 将电源线接入 220V，50Hz 交流电源上。注意三芯电源插座的地线脚应与大地妥善接好，避免干扰。

② 开机前应把面板上的各输出旋钮旋至最小。

③ 为了得到足够的频率稳定度，需预热。

④ 频率调节：面板上的频率波段按键作频段选择用，按下相应的按键，然后再调节粗调和细调旋钮旋至所需要的频率上。此时"内外测"功能键置于内测位，输出信号的频率由 6 位数码管显示。

⑤ 波形转换：根据需要波形种类，按下相应的波形键位。波形选择键从左至右依次是正弦波、矩形波、尖脉冲和 TTL 电平。

⑥ 输出衰减有 0dB、20dB、40dB、60dB、80dB 5 挡，根据需要选择，在不需要衰减的情况下须按下"0dB"键，否则没有输出。

⑦ 幅度调节：正弦波与脉冲波幅度分别由正弦波幅度旋钮和脉冲波幅度旋钮调节。本机充分考虑到输出的不慎短路，加了一定的安全措施，但是不要作人为的频繁短路实验。

⑧ 矩形波脉宽调节：通过矩形脉冲宽度调节旋钮调节。

⑨ "单次"触发：需要使用单次脉冲时，先将 6 段频率键全部抬起，脉宽电位器顺时针旋到底，轻按一下"单次"，输出一个正脉冲；脉宽电位器逆时针旋到底，轻按一下"单次"，输出一个负脉冲，单次脉冲宽度等于按钮按下的时间。

⑩ 频率计的使用：频率计可以进行内测和外测，"内外测"功能键按下时为外测，弹起时为内测。频率计可以实现频率、周期、计数测量。轻按相应按钮开关后即可实现功能切换，请同时注意面板上相应的发光二极管的功能指示。当测量频率时，"Hz 或 MHz"发光二极管亮；测量周期时，"ms 或 s"发光二极管亮。为保证测量精度，频率较低时选用周期测量，频率较高时选用频率测量。如发现溢出显示"-- -- -- -- -- --"时，请按复位键复位；如发现 3 个功能指示同时亮时，可关机后重新开机。

3. 测量实例

用 FJ-XD22PS 低频信号发生器输出频率为 1000Hz、有效值为 10mV 的正弦波，其操作步骤如下。

① 通电预热数分钟后按下波形选择键中的"～"键，输出信号即为正弦波信号。

② 让"内、外"测频键处于弹起状态，频率计内测输出信号频率。

③ 按下输出衰减"20dB"键，正弦信号衰减了 20dB 后输出。

④ 按下频率波段选择"1～10k"按键，输出信号频率在 1～10kHz 连续可调。

⑤ 轻按测量功能选择中的"频率"键，该键上方的红色发光二极管亮，窗口中显示的数字即为输出信号的频率，窗口右侧上方"Hz"红色发光二极管亮，表示频率单位为 Hz。

⑥ 调节频率"粗调"旋钮，直到显示的频率值接近 1000Hz 时，再改调频率"细调"旋钮，直到显示的频率值为 1000Hz 为止。

必须说明的是：该信号发生器测频电路的显示滞后于调节，所以旋转旋钮时要缓慢一些；信号发生器本身不能显示输出信号的电压值，需要另配交流毫伏表测量输出电压；当输出电压不符合要求时，可以选择不同的衰减再配合调节输出正弦信号的幅度旋钮，直到输出电压为 10mV。

若要观察输出信号波形，可把信号输入示波器。需要输出其他信号，可参考上述步骤进行操作。

1.3.2 XFG-7 型高频信号发生器

1. XFG-7 型高频信号发生器的功能

高频信号发生器也称射频信号发生器，通常产生 200kHz～30MHz 的正弦波或调幅波信号，在高频电子线路工作特性（如各类高频接收机的灵敏度、选择性等）测试中应用较广。目前，高频信号发生器的频率已延伸到 30～30MHz 的甚高频信号范围，且通常具有一种或一种以上调制或组合调制功能，包括正弦调幅、正弦调频及脉冲调制，特别是具有 μV 级的小信号输出，以满足接收机测试的需要，这类信号发生器通常也称为标准信号发生器。

XFG-7 型高频信号发生器的面板如图 1.7 所示。

图 1.7　XFG-7 型高频信号发生器的面板图

2. XFG-7 型高频信号发生器的基本操作

XFG-7 型高频信号发生器的基本操作步骤如下。

（1）准备工作

① 先检查仪器是否有良好的接地线，如果没有，则须在使用者脚下垫上绝缘板，因为仪器的电源电路中接有高频滤波电容器，仪器外壳存在一定的电位。

② 将各开关旋钮置于起始位置。

③ 电表的机械调零：调节"V 表"和"M 表"上的机械调零螺丝，使指针对准零点。

④ 接通电源，指示灯亮。仪器一般需预热 5min，若要进行精确测量，则应预热 30min。

⑤ "V 表"的电气调零：将波段开关置于任何两挡之间，然后调节"V 零点"旋钮，使"V 表"表针指准零点。

（2）等幅高频正弦信号输出

① 将"调幅选择"开关置于"等幅"位置。

② 将"波段开关"置于所需频率的波段上，然后调节"频率调节"的粗、细调旋钮至准确的频率。

③ 调节"载波调节"旋钮，使电压表指针指在"1V"红线上。注意：在调节"输出-微调"旋钮时，会引起电压表指针偏离"1V"红线，此时应反复调节"载波调节"旋钮，使指针指在"1V"红线上。

④ 当需要 0.1～1V 的信号电压时，应从"0～1V"插孔输出。例如要得到 0.8V 电压输出，则将"输出-微调"旋钮置于"7"处即可。

⑤ 为了得到 0～0.1V 的电压输出，应将带有终端分压器的电缆插入"0～0.1V"插孔。为避免漏辐射，应用铜盖帽将"0～1V"插孔盖住。调节"输出-微调"和"输出-倍乘"旋钮，再结合电缆输出端即可得到所需电压，电压值的读数为"输出-微调"×"输出-倍乘"×"电缆分压器"。例如需要 65μV 的电压，可将"输出-微调"旋钮置于 3.5 格处，"输出-倍乘"旋钮置于"10"挡

上,电压从电缆的"1"端引出,此时输出电压值为 $3.5 \times 10 \times 1 = 65\mu V$。又例如要得到 $0.65\mu V$ 的电压,应将"输出-微调"旋钮置于 3.5 格处,"输出-倍乘"旋钮置于"1"挡上,电压从电缆的"0.1"端引出,此时输出电压值为 $3.5 \times 1 \times 0.1 = 0.65\mu V$。

（3）内调幅

① 将"调幅选择"开关置于 400Hz 或 1000Hz 处。

② 按选择等幅振荡频率的方法选择载波频率。

③ 对"V 表"进行电气调零,然后调节"载波调节"旋钮,使电压表表针指在"1V"红线上。

④ 调节"M%零点"对调幅度表("M%表")进行零点校正。

⑤ 调节"调幅度调节"旋钮,从"M%表"上的读数确定输出调幅波的调幅度。

⑥ 利用"输出-微调"和"输出-倍乘"旋钮来控制调幅波的输出幅度,计算方法与等幅振荡部分相同。

（4）外调幅

① 将"调幅选择"开关置于"等幅"位置。

② 按照选择等幅振荡频率的方法选择载波频率。

③ 选择合适的音频信号发生器作为音频调幅信号源。音频信号发生器应具有相适应的工作频段,而且其输出应能提供 0.5W 以上的功率。

④ 将音频信号发生器的输出调至最小后接到 XFG-7 的"外调幅输入"端,逐渐增大音频信号发生器的输出,直到 XFG-7 的调幅度表上的读数满足需要为止。这时的读数就是输出调幅波的调幅度。

⑤ 利用"输出-微调"和"输出-倍乘"旋钮来控制载波的输出幅度,计算方法与等幅振荡部分相同。

知识 4 电子毫伏表的使用

电子毫伏表是一种测量交流电压的仪器,一般的万用表只能测量频率为 50Hz 的交流电压,而电子毫伏表可以测量频率为 20Hz ~ 1MHz 的交流电压。

1.4.1 智能数字化电子毫伏表

随着电子技术的进步,电子毫伏表已经进入数字化时代,采用液晶或者数码管进行显示,其技术指标大大提高。

1. WY1971D 智能数字化毫伏表的功能

WY1971D 是一款智能数字化毫伏表,能测量频率从 5Hz ~ 2MHz 的正弦波电压有效值和相应电平值,电压测量范围从 $30\mu V$ ~ 1000V,分辨率为 $0.1\mu V$,是目前国内生产此类产品的最高水平。WY1971D 配有 LCD 显示屏,菜单式显示多参数和变化动态指针,可实现量程自动调整。WY1971D 智能数字化毫伏表的外形如图 1.8 所示。

图 1.8 WY1971D 智能数字化
毫伏表的面板图

2. WY1971D 智能数字化毫伏表的特点

WY1971D 智能数字化毫伏表具有以下特点。

① 12000 五位 LCD 数显电压，最高分辨率为 0.1μV。

② LCD 四位数显 dB 值，分辨率为 0.01dB。

③ 测量范围宽：30μV ~ 1000V。

④ 频率响应宽：5Hz ~ 2MHz。

⑤ 输入高阻抗：≥10MΩ/30pF。

⑥ 测量高精度：0.5%±5 个字。

⑦ 自动/手动量程控制。

3. WY1971D 智能数字化毫伏表的主要技术指标

（1）测量电压范围

30μV ~ 1000V，7 挡量程分别为 1mV、10mV、100mV、1V、10V、100V、1000V，分辨率为 0.1μV。

（2）测量电平范围

−90dBm ~ + 60dBm（0dBm=0.775V），以及 dBV 显示（0dB=1Vrms），分辨率为 0.01dB。

（3）测量频率响应

5Hz ~ 2MHz。

（4）电压测量固有误差

±0.5%±5 个字，线性度 0.5%，1mV 挡±1%±5 个字。

（5）电压测量频响误差（以 1kHz 为基准）

20Hz ~ 100kHz 为±3%，10Hz ~ 1MHz 为±5%，5Hz ~ 2MHz 为±7%。

（6）输入阻抗

≥10MΩ/30pF。

（7）输出特性

指标满量程时，输出电压约为 100mV、输出阻抗为 600Ω。

1.4.2 指针式电子毫伏表

1. 指针式电子毫伏表的基本操作方法

指针式电子毫伏表仍然被广泛使用，其操作方法如下。

（1）机械调零

将毫伏表水平置于桌面上，通电前先检查表头指针是否指零；若不指零，则调整面板上的机械调零旋钮使指针指示为零。

（2）电气调零

接通电源进行短路调零，即将两个输入端短路，将量程开关选在需要的挡位上，调节电气调零旋钮使表针指零；然后将量程开关置于高量程挡，拆除输入端的短路线。

当改变量程测量时，需要重新进行短路调零。DA-16 型电子毫伏表在小量程挡时，由于噪声的干扰，表针会出现微小抖动的现象，这是正常的。

（3）连接测量线路

电子毫伏表的灵敏度都比较高，为了防止指针式电子毫伏表的表针被撞击损坏，在接线时一定要先接地线（低电位线端），再接高电位线端；测量完毕拆线时，应先拆高电位线端，后拆卸低电位线端。

2. DA-16 型电子毫伏表的特殊点和测量技巧

DA-16 型电子毫伏表的输入端采用的是同轴电缆，电缆的外层为接地线。为安全起见，在使用毫伏级电压量程时，接线前最好将量程开关置于高电压挡，接线完毕后再选择所需量程。另外在测量毫伏级的电压量时，为避免外部环境的干扰，测量导线应尽可能短，且最好选用屏蔽线。

当所测的未知电压难以估计其大小时，就需要从大量程开始试测，逐渐降低量程直至合适为止。当使用较高灵敏度的挡位（毫伏级挡）时，应先接地线，然后再接另一输入端；将量程开关由高到低依次转换，直至表针指示满刻度值的 $\frac{2}{3}$ 以上时，即可读出被测电压值。

量程开关置于 10mV、100mV、1V 等挡时，从满刻度为 10 的上刻度盘读数；量程开关置于 30mV、300mV、3V 等挡时，从满刻度为 30 的下刻度盘读数。刻度盘的最大值（即满量程值）为量程开关所处挡的指示值。例如，量程开关置于 1V，则上刻度盘的满量程值就是 1V。

知识 5　直流稳压电源与万用电桥的使用

直流稳压电源是一种常用的电子仪器，它将交流电转换成电子设备所需要的直流电，为各种电子电路提供直流电源。直流稳压电源的种类很多，有单路和双路之分，有电流大小之分，有电压可调和不可调之分。常见的直流稳压电源一般是双路电压输出，电压在 0～30V 可调，电流最大为 3A。

1.5.1　WYIC-301A 稳压电源

WYIC-301A 稳压电源的面板图如图 1.9 所示。

图 1.9　WYIC-301A 稳压电源的面板图

1. WYIC-301A 稳压电源的主要技术指标

WYIC-301A 稳压电源的主要技术指标如下。

① 电压可调范围：0～30V 连续可调。

② 输出电流：0～1A。

③ 保护限流值：1.5A。

④ 纹波系数：<<1mV。

2. WYIC-301A 稳压电源的使用方法

① 接通电源后，将"指示选择"旋钮打在 A 挡，调整 A 组"电压调节"旋钮，观察电压表指示，就可以在 A 组输出端得到所调节的电压。同样，将"指示选择"旋钮打在 B 挡，调整 B 组"电压调节"旋钮，观察电压表指示，就可以在 B 组输出端得到所调节的电压。

② 当电路需要两组不同电压和时，可分别调好 A、B 两组电压，然后将 A、B 两组电压同时接入电路中。

③ 当需要正、负电压时，调整好 A、B 两组电压，将 A 组的负端与 B 组的正端相接作为接地端，那么 A 组的正端为正、负电源的正端，B 组的负端为负端。

1.5.2 万用电桥

万用电桥可以精密地测量电阻、电感、电容以及电感线圈的品质因数 Q，还可以测量电容器的损耗因数 D 等。图 1.10 所示为 QS18A 型万用电桥的外形图。

1. QS18A 型万用电桥的主要功能及指标

QS18A 型万用电桥的主要功能及指标如下。

电阻测量范围：0.01Ω～11MΩ。

电感测量范围：1.0μH～110H。

电容测量范围：1.0pF～1100μF。

品质因数测量范围：0～10。

电容损耗因数测量范围：0～0.1，0～10。

图 1.10　QS18A 型万用电桥的外形图

2. QS18A 型万用电桥的使用方法

（1）测量电容

① 估计被测电容的大小，选择合适量限。如被测电容为 500pF，则量限开关应放在 1000pF 的位置。

② 将测量选择开关置于"C"位置，损耗倍率开关置于"D×0.1"或"D×1"位置，损耗平衡旋钮置于 1 左右的位置，损耗微调旋钮逆时针方向旋到底。

③ 调节电桥读数盘使电桥平衡。先调节电桥"读数盘"，使指示电表的指针朝零刻度偏转。当"读数盘"的调节失去作用时，改为调节损耗平衡旋钮。使指针继续向零刻度偏转，反复调节读数盘和损耗平衡旋钮，使电表指零或近似指零。然后再将灵敏度增大，按上述方法重新调节读数盘和损耗平衡旋钮，使电表指零，直至灵敏度升到满足测量准确度的要求为止。

④ 电桥平衡时，若电桥读数盘的第一个盘指在 0.5，第二个盘指在 0.038，则被测电容为 1000×(0.5+0.038)pF=538pF。一般情况下，被测电容 C_x=量限×电桥读数盘的指示值，被测电容的损耗因数 D_x=损耗倍率指示值×损耗平衡旋钮指示值。

（2）测量电感

① 估计被测电感量的大小，选择合适量限。

② 将测量选择开关置于"L"位置，损耗倍率开关置于"Q×1"位置。

③ 仿照测量电容的步骤调节电桥平衡。

④ 电桥平衡时，由电桥的有关旋钮指示值计算出被测电感量 L_x 和品质因数 Q_x。L_x=电桥量限×读数盘的指示值，Q_x=损耗倍率指示值×损耗平衡旋钮指示值。

（3）测量电阻

① 估计被测电阻的大小，选择合适量限和测量选择旋钮的位置。若被测电阻值为 1～10Ω，选择旋钮开关应放在 $R \leqslant 10\Omega$；若被测电阻值在 10Ω 以上，选择旋钮开关应放在 $R > 10\Omega$。

② 调节电桥读数盘使电桥平衡。

③ 电桥平衡时，被测电阻 R_x=量限×电桥读数盘指示值

技能与技巧

【万用表的使用技巧】

技巧 1："舍近求远"

转动万用表的拨盘时，一定要顺时针旋转，例如，原来的挡位是 R×100，想要扭转到 R×1k 挡，就要旋转一大圈才行，这样能有效地保护万用表的多刀多掷开关，使之不损坏。

技巧 2："偷工减料"

测量电路的通断和测量二极管和晶体管的 PN 结时，不必做几挡的校准工作。

技巧 3："联合作战"

用万用表测量发光二极管时，尽量使用"R×1"和"R×10"低挡位，以减少电池的消耗。若表内没有 9V 电池而只能用"R×1k"挡，就不容易测量出发光二极管的正反向电路，因为此时表内的电池只有 1.5V，不能将 PN 结导通。采用两块万用表串联，将甲表的红表笔插入乙表的黑表笔插孔中，用甲表的黑表笔和乙表的红表笔来测量发光二极管。若仍用"R×1k"挡，则能明显看出正反向电阻的差别；若用"R×10"挡，则在正向导通时，可使发光二极管发光。

技巧 4："孤身迎敌"

在测量 220～380V 或高压直流电时，要用一只手握表笔进行测量，以免造成意外触电事故。

技巧 5：市电火线的判定

在没有试电笔的情况下，可以用万用表来判定市电的火线。方法是将万用表置于交流 250V 或 500V 挡，将一根表笔接电源的任一端，另一根表笔悬空，若此时表针产生少许偏转，则表笔所接一端即为火线；若表针不偏转，则为地线。

项目小结

1. 万用表有指针式万用表和数字式万用表之分，它是最常用的测量仪器。

2. 示波器是直接用于显示各种电信号幅度随时间变化的波形曲线的仪器，可以测定电压、电流、频率、周期、相位、失真度等。若配以传感器，还可以对压力、温度、密度、速度、声、光、磁等非电量进行测量。

3. 电子毫伏表是可以测量频率为 20Hz ~ 1MHz 的交流电压的专用仪器。

4. 低频信号发生器和高频信号发生器是专门用于产生不同频率的正弦波信号的仪器，在电路中作为信号源使用。

5. 直流稳压电源是专门用于给实验电路提供各种直流电源的仪器，其输出电压可调。

课后练习

1. 从指针偏转位置的角度解释用模拟万用表测量电流、电压或电阻时，应如何选择量程，才能使测量误差较小？

2. 模拟式万用表与数字式万用表都有红、黑两根表笔，使用电阻挡进行测量时，两类万用表的红、黑表笔所代表的电源极性有差别吗？为什么？

3. 试举例说明 XFG-7 型高频信号发生器的使用方法。

4. 测量大约为 2V、1kHz 的正弦波信号，DA-16 电子毫伏表的量程应打到哪一挡？

5. 示波器都有哪些测量功能？

6. 低频信号发生器的用途是什么？

7. 交流毫伏表能否测量电路的静态工作点？它和万用表有何区别？

8. 画出低频信号发生器、电子毫伏表和示波器联合使用的接线图。

9. 直流稳压电源的用途和主要组成部分是什么？

10. 使用直流稳压电源时应注意哪些问题？

11. 简述用万用表测量直流稳压电源的输入电压、输出电压和输出电流时的方法与 步骤。

12. 将下列测得数字保留 3 位有效数字：4.577V，3.6351V，3.806V，5.876V。

项目2

线性电子元器件的识别与检测技能训练

项目要求

通过对一个功率放大器的实际解剖，要求学生会识别线性电子元器件的种类，熟悉线性电子元器件的名称，了解线性电子元器件的作用，掌握线性电子元器件的检测方法。

【知识要求】

（1）掌握电阻器的种类、作用与标识方法。

（2）掌握电容器的种类、作用与标识方法。

（3）掌握电感器的种类、作用与标识方法。

【技能要求】

（1）能用目视法判断、识别常见线性电子元器件的种类，能正确说出线性电子元器件的名称。

（2）对线性电子元器件上标识的主要参数能正确识读，了解该电子元器件的作用和用途。

（3）会使用万用表对常见线性电子元器件进行正确测量，并对其质量做出评价。

项目实施

【项目实施器材】

（1）电子产品：功率放大器（或 VCD 机、电视机、收音机）若干台，两人配备一台机器。

（2）各种类型、不同规格的新线性电子元器件若干。

（3）各种类型、不同规格的已经损坏的线性电子元器件若干（可到电子产品维修部寻找）。

（4）每两个人配备指针式万用表和数字式万用表各一只。

【项目实施步骤】

（1）拆卸整机外壳，观看实际电子产品的内部结构，认识各种线性电子元器件的类型和名称，识读线性电子元器件外壳上的各种数字和其他标志。

（2）用万用表对电路板上的各种线性电子元器件进行在线检测。

（3）用万用表对与电路板上相同的线性电子元器件进行离线检测，并分析比较在线检测与离线检测的结果。

项目相关知识与操作

线性电子元器件是指电子元器件中的电阻器、电容器和电感器。电阻器、电容器和电感器是电子产品中用量最大的元器件，打开任何一台电子仪器设备，都会看到其内部的电路板上排满了各种电子元器件，其中有各种类型的电阻器、电容器和电感器。

知识 1 电阻器

2.1.1 电阻器的作用和类型

电阻器在电路中的作用可以简单记为串联分压、并联分流，即电阻器在串联电路中起着限流和分压的作用，在并联电路中起着分流的作用。

电阻器的文字符号用大写字母"R"表示，单位是欧姆（Ω），常用的单位还有千欧姆（kΩ）、兆欧姆（MΩ）。它们之间的换算关系为

$$1M\Omega=10^3k\Omega=10^6\Omega$$

电阻器从结构上可分为固定电阻器和可变电阻器两大类。常见电阻器和电位器的外形和图形符号如图 2.1 所示。

固定电阻器的阻值是固定不变的，阻值的大小即为它的标称阻值。固定电阻器按其材料的不同可分为碳膜电阻器、金属膜电阻器、线绕电阻器等。

图 2.1 常见电阻器和电位器的外形和图形符号

图 2.1　常见电阻器和电位器的外形和图形符号（续）

可变电阻器的阻值可以在一定的范围内调整，它的标称阻值是最大值，其滑动端到任意一个固定端的阻值在 0 和最大值之间连续可调。可变电阻器又有可调电阻器和电位器两种。可调电阻器有立式和卧式之分，分别用于不同的电路安装。

电位器就是在可调电阻器上再加一个开关，做成同轴联动形式，如收音机中的音量旋钮和电源开关就是一个电位器。

根据电阻器的使用场合不同，电阻器可分为精密电阻器、大功率电阻器、高频电阻器、高压电阻器、热敏电阻器、光敏电阻器、熔断电阻器等。

2.1.2　固定电阻器的主要参数

固定电阻器的主要参数有标称阻值、允许误差、额定功率等。

根据国家标准 GB 2470—1995 的规定，固定电阻器和电位器的型号由 4 个部分组成，如表 2.1 所示。

1. 电阻器的标称阻值和允许误差

电阻器上所标的阻值称为标称阻值。电阻器的实际阻值和标称值之差除以标称值所得到的百分数为电阻器的允许误差。误差越小的电阻器，其标称值规格越多。常用固定电阻器的标称阻值系列如表 2.2 所示，允许误差等级如表 2.3 所示。电阻器上的标称阻值是按国家规定的阻值系列标注的，在选用时必须按阻值系列去选用，使用时将表中的数值乘以 $10^n \Omega$（n 为整数），就成为这一阻值系列，如 E24 系列中的 2.8 就代表有 2.8Ω、28Ω、280Ω、2.8kΩ、280kΩ 等系列电阻值。

表 2.1 　　　　　　　　　　　　　　**电阻器和电位器的型号命名法**

第 一 部 分		第 二 部 分		第 三 部 分		第 四 部 分
用字母表示主称		用字母表示材料		用数字或字母表示特征		用字母和数字表示意义
符 号	意 义	符 号	意 义	符 号	意 义	
R	电阻器	T	碳膜	1，2	普通	包括：额定功率
		H	合成膜	3	超高频	
W	电位器	P	硼碳膜	4	高阻	标称阻值
		U	硅碳膜	5	高温	允许误差
		C	沉积膜	7	精密	精度等级等
		I	玻璃釉膜	8	电阻器－高压	
		J	金属膜	9	电位器－特殊函数	
		Y	氧化膜	G	高功率	
		S	有机实芯	T	可调	
		N	无机实芯	X	小型	
		X	线绕	L	测量用	
		R	热敏	W	微调	
		G	光敏	D	多圈	
		M	压敏			

表 2.2 　　　　　　　　　　　　　　**常用固定电阻器的标称阻值系列**

系 列	允 许 误 差	电 阻 系 列 标 称 值
E24	Ⅰ 级 ±5%	1.0　1.1　1.2　1.3　1.5　1.6　1.8　2.0　2.2　2.4　2.7　3.0　3.3　3.6　3.9 4.3　4.7　5.1　5.6　6.2　6.8　7.5　8.2　9.1
E12	Ⅱ 级 ±10%	1.0　1.2　1.5　1.8　2.2　2.7　3.3　3.9　4.7　5.6　6.8　8.2
E 6	Ⅲ 级 ±20%	1.0　1.5　2.2　3.3　4.7　6.8

表 2.3 　　　　　　　　　　　　　　**常用电阻器的允许误差等级**

允 许 误 差	± 0.5%	±1%	±5%	±10%	±20%
等 级	005	01	Ⅰ	Ⅱ	Ⅲ
文字符号	D	F	J	K	M

　　随着电子技术的发展，对器件数值的精密度要求也越来越高，所以近年来，国家又相继公布了 E48、E96、E192 系列标准，使电阻器的系列值得以增加，阻值误差也越来越小，E48、E96、E192 系列标准如表 2.4 所示。

表 2.4 　　　　　　　　　　　　　　**固定电阻器 E48、E96、E192 标称阻值系列**

系 列	允 许 误 差	电 阻 系 列 标 称 值									
E48	±1%	1.00	1.05	1.10	1.15	1.21	1.27	1.33	1.40	1.47	1.54
		1.62	1.69	1.78	1.87	1.96	2.05	2.15	2.26	2.37	2.49
		2.61	2.74	2.87	3.01	3.16	3.32	3.48	3.65	3.83	4.02
		4.22	4.42	4.64	4.87	5.11	5.36	5.62	5.90	6.19	6.49
		6.81	7.15	7.50	7.87	8.25	8.66	9.09	9.53		

系列	允许误差	电 阻 系 列 标 称 值									
E96	±1%	1.00	1.02	1.05	1.07	1.10	1.13	1.15	1.18	1.21	1.24
		1.26	1.27	1.29	1.30	1.32	1.33	1.35	1.37	1.38	1.40
		1.42	1.43	1.45	1.47	1.49	1.50	1.52	1.54	1.58	1.62
		1.65	1.69	1.74	1.78	1.82	1.87	1.91	1.96	2.00	2.05
		2.10	2.15	2.21	2.26	2.32	2.37	2.43	2.49	2.55	2.61
		2.67	2.74	2.80	2.87	2.94	3.01	3.09	3.16	3.24	3.32
		3.40	3.48	3.57	3.65	3.74	3.83	3.92	4.02	4.12	4.22
		4.32	4.42	4.53	4.64	4.75	4.87	4.99	5.11	5.23	5.36
		5.49	5.62	5.76	5.90	6.04	6.19	6.34	6.49	6.65	6.81
		6.98	7.15	7.32	7.50	7.68	7.87	8.06	8.25	8.45	8.66
		8.87	9.09	9.31	9.53	9.76	9.88				
E192	±1%	1.00	1.01	1.02	1.04	1.05	1.06	1.07	1.09	1.10	1.11
		1.13	1.14	1.15	1.17	1.18	1.20	1.21	1.23	1.24	1.26
		1.27	1.29	1.30	1.32	1.33	1.35	1.37	1.38	1.40	1.42
		1.43	1.45	1.47	1.49	1.50	1.52	1.54	1.56	1.58	1.60
		1.62	1.64	1.65	1.67	1.69	1.72	1.74	1.76	1.78	1.80
		1.82	1.84	1.87	1.89	1.91	1.93	1.96	1.98	2.00	2.03
		2.05	2.08	2.10	2.13	2.15	2.18	2.21	2.13	2.26	2.29
		2.32	2.34	2.37	2.40	2.43	2.46	2.49	2.52	2.55	2.61
		2.64	2.67	2.71	2.74	2.77	2.80	2.84	2.87	2.91	2.94
		2.98	3.01	3.05	3.09	3.12	3.16	3.20	3.24	3.28	3.32
		3.36	3.40	3.44	3.48	3.52	3.57	3.61	3.65	3.70	3.74
		3.79	3.83	3.88	3.92	3.97	4.02	4.07	4.12	4.17	4.22
		4.27	4.32	4.37	4.42	4.48	4.53	4.59	4.64	4.70	4.75
		4.81	4.87	4.93	4.99	5.05	5.11	5.17	5.23	5.30	5.36
		5.42	5.49	5.56	5.62	5.69	5.76	5.83	5.90	5.97	6.04
		6.12	6.19	6.26	6.34	6.42	6.49	6.57	6.65	6.73	6.81
		6.90	6.98	7.06	7.15	7.23	7.32	7.41	7.50	7.59	7.68
		7.77	7.87	7.96	8.06	8.16	8.25	8.35	8.45	8.56	8.66
		8.76	8.87	8.98	9.09	9.20	9.31	9.42	9.53	9.65	9.76
		9.88	9.96								

2. 电阻器阻值和允许误差的标志方法

电阻器阻值和允许误差常用的标志方法有下列 3 种。

（1）直接标志法

将电阻器的阻值和误差等级直接用数字印在电阻器上。对小于 1000Ω 的阻值只标出数值，不标单位；对 kΩ、MΩ 只标注 k、M。精度等级标Ⅰ级或Ⅱ级，Ⅲ级不标注。

（2）文字符号法

将需要标志的主要参数与技术指标用文字和数字符号有规律地标志在产品表面上，如欧姆用 Ω 表示，千欧用 k 表示，兆欧（10^6Ω）用 M 表示，吉欧（10^9Ω）用 G 表示，太欧（10^{12}Ω）用 T 表示。

（3）色环标志法

对体积很小的电阻和一些合成电阻器，其阻值和误差常用色环来标注，如图 2.2 所示。色环标志法有 4 环和 5 环两种。4 环电阻的第 1 道环和第 2 道环分别表示电阻的第 1 位和第 2 位有效数字，第 3 道环表示 10 的乘方数（10^n，n 为颜色所表示的数字），第 4 道环表示允许误差（若无第 4 道色环，则误差为 ±20%）。色环电阻的单位一律为 Ω。

图 2.2 电阻的色环标志法

颜色	第1色环 第1位数	第2色环 第2位数	第3色环 倍数	第4色环 误差
黑	0	0	10^0	
棕	1	1	10^1	
红	2	2	10^2	
橙	3	3	10^3	
黄	4	4	10^4	
绿	5	5	10^5	
蓝	6	6	10^6	
紫	7	7	10^7	
灰	8	8	10^8	
白	9	9	10^9	
金			10^{-1}	±5%
银			10^{-2}	±10%
无色				±20%

（a）普通型

颜色	第1有效数	第2有效数	第3有效数	倍数	允许偏差
黑	0	0	0	10^0	
棕	1	1	1	10^1	±1%
红	2	2	2	10^2	±2%
橙	3	3	3	10^3	
黄	4	4	4	10^4	
绿	5	5	5	10^5	±0.5%
蓝	6	6	6	10^6	±0.25%
紫	7	7	7	10^7	±0.1%
灰	8	8	8	10^8	
白	9	9	9	10^9	
金				10^{-1}	
银				10^{-2}	

（b）精密型

现在普遍使用的是精密电阻，精密电阻器一般用5道色环标注，它用前3道色环表示3位有效数字，第4道色环表示 10^n（n 为颜色所代表的数字），第5道色环表示阻值的允许误差。

采用色环标志的电阻器，颜色醒目，标志清晰，不易退色，从不同的角度都能看清阻值和允许偏差，目前在国际上广泛采用色环标志法。

3. 电阻器的额定功率

电阻器在交直流电路中长期连续工作所允许消耗的最大功率，称为电阻器的额定功率。电阻器的额定功率系列如表 2.5 所示，共分为 19 个等级，常用的有 0.05W，0.125W，0.25W，0.5W，1W，2W，5W，10W，20W 等。各种功率的电阻器在电路图中的符号如图 2.3 所示。

表 2.5　　　　　　　　　电阻器和电位器的额定功率系列

种类	额定功率（W）																
线绕电阻	0.05	0.125	0.25	0.5	1	2	3	4	8	10	16	25	40	50	75	100	150	250	500
非线绕电阻	0.05	0.125	0.25	0.5	1	2	5	10	25	50	100						

图 2.3 电阻器额定功率的符号表示

2.1.3 电位器的类型和主要参数

1. 电位器的类型

按照电位器上的电阻体所用的材料可将电位器分为碳膜电位器（WT）、金属膜电位器（WJ）、有机实心电位器（WS）、玻璃釉电位器（WI）和线绕电位器（WX）等。按照电位器的物理结构可将电位器分成单圈电位器、多圈电位器、单联电位器、双联电位器和多联电位器；按照电位器上开关的形式又有旋转式、推拉式、按键式；按照电位器阻值调节的方式又可分为旋转式和直滑式两种。

（1）碳膜电位器

碳膜电位器主要由马蹄形电阻片和滑动臂构成，其结构简单，阻值随滑动触点位置的改变而改变。碳膜电位器的阻值范围较宽（100Ω～4.7MΩ），工作噪声小、稳定性好、品种多，因此广泛用于无线电电子设备和家用电器中。电位器实物图和符号及连接方法如图2.4所示。

图2.4　电位器实物图和符号及连接方法

（2）线绕电位器

线绕电位器由合金电阻丝绕在环状骨架上制成。其优点是能承受大功率且精度高，电阻的耐热性和耐磨性较好。其缺点是分布电容和分布电感较大，影响高频电路的稳定性，故在高频电路中不宜使用。

（3）直滑式电位器

直滑式电位器的外形为长方体，电阻体为板条形，通过滑动触头改变阻值。直滑式电位器多用于收录机和电视机中，其功率较小，阻值范围为470Ω～2.2 MΩ。

（4）方形电位器

这是一种新型电位器，采用碳精接点，耐磨性好，装有插入式焊片和插入式支架，能直接插入印制电路板，不用另设支架。方形电位器常用于电视机的亮度、对比度和色饱和度的调节，阻值范围在470Ω～2.2 MΩ，这种电位器属旋转式电位器。

2. 电位器的主要参数

电位器的主要参数除与固定电阻器相同之外，还有如下参数。

（1）阻值的变化形式

这是指电位器的阻值随转轴旋转角度的变化关系，可分为线性电位器和非线性电位器。常用的阻值变化形式有直线式、对数式、指数式，分别用字母X、D、Z来表示。

直线式电位器适用于作分压器，常用于示波器的聚焦和万用表的调零等方面；对数式电位器常用于音调控制和电视机的黑白对比度调节，其特点是先粗调后细调；指数式电位器常用于收音机、录音机、电视机等的音量控制，其特点是先细调后粗调。X、D、Z字母符号一般印在电位器上，使用时应特别注意。

（2）动态噪声

由于电阻体阻值分布的不均匀性和滑动触点接触电阻的存在，电位器的滑动臂在电阻体上移动时会产生噪声，这种噪声对电子设备的工作将产生不良影响。

2.1.4 特殊电阻元件

1. 熔断电阻器

熔断电阻器又称为保险丝电阻器，是一种具有电阻和保险丝双重功能的元件。熔断电阻器的底色大多为灰色，用色环或数字表示其电阻值，额定功率则由电阻的尺寸大小所决定。在正常情况下使用时，它具有普通电阻器的电气特性；一旦电路发生故障，流过熔断电阻器的电流过大时，熔断电阻器就会在规定的时间内熔断，从而起到保护其他重要元件的作用。

目前国内外一般采用的是具有不可修复性质的（一次性）熔断电阻器。熔断电阻器的额定功率有 0.25W、0.5W、1W、2W 和 3W 等规格，阻值可以做到 0.22Ω ～ 5.1kΩ。熔断电阻器的外形有圆柱形、长方形等。

例如某电视机的行输出电流应小于或等于 180mA，若电流太大，则容易损坏行输出管。因为行输出管的价格较高，为保护行输出管，特采用阻值为 51Ω 的熔断电阻器串接在行输出管电路中，起到保护行输出管的作用。该熔断电阻器的功率计算应为 $P=I^2R=0.18^2\times51=2.66W$，可选用 RJ90-2W-51Ω 型金属膜熔断电阻器。

RJ90-2W-51Ω 型金属膜熔断电阻器的熔断电流为 600mA。当电路出现故障，流过行输出管的电流超过 600mA 时，熔断电阻器会因过负荷而熔断，从而保护了行输出管。

2. 有机实心电阻器

有机实心电阻器是把颗粒状导电物、填充料和黏合剂等材料混合均匀后热压在一起，然后装在塑料壳内的电阻器，它的引线直接压在电阻体内。有机实心电阻器的导体截面较大，因此它具有很强的过负荷能力，且可靠性高、价格低。有机实心电阻器的主要缺点是精度比较低。

有机实心电阻器一般用在负载不能断开的地方，如音频输出耳机的电路、彩色电视机视频输出接显像管阴极间串联的电阻，都必须使用有机实心电阻器。

3. 水泥电阻器

水泥电阻器是一种用陶瓷做外壳的功率型线绕电阻器，因为用白色水泥作为填充物，所以习惯上就称作水泥电阻。水泥电阻的额定功率有 2W、3W、5W、7W、8W、10W、15W、20W、30W和 40W 等规格。

水泥电阻具有额定功率大、散热效果好、阻值稳定和绝缘性能强的特点，它在电路过流的情况下会迅速熔断，起到保护电路的作用。水泥电阻的价格相对较高。

4. 敏感电阻器

敏感电阻器是指对温度、电压、湿度、光通量、气体流量、磁通量和机械力等外界因素比较敏感的电阻器。这类电阻器既可以作为把非电量变为电信号的传感器，也可以完成自动控制电路的某种功能。

如今，敏感电阻器在工业自动化、系统智能化和日常生活中被广泛应用。常用的敏感电阻器有热敏电阻器、压敏电阻器、光敏电阻器和湿敏电阻器。

（1）热敏电阻器

热敏电阻器的应用比较广泛。它的特点是其电阻阻值随温度会发生显著的变化。热敏电阻器主要分两大类：一种是阻值随温度升高而增大的热敏电阻器，被称为正温度系数热敏电阻器（用字母 PTC 表示）；另一种为阻值随温度升高而减小的热敏电阻器，被称为负温度系数热敏电阻器（用字母 NTC 表示）。

热敏电阻器上标称的阻值一般是指在 25℃条件下所呈现的的阻值。判断热敏电阻器对温度是否敏感，可以用万用表的电阻挡测量热敏电阻器的阻值，在测量过程中，把烧热的电烙铁靠近被测电阻器，看热敏电阻器的阻值是否产生变化，如果变化较明显，则说明此电阻器较敏感。

（2）压敏电阻器

压敏电阻器是一种很好的固态保险元件，常用于过压保护电路、消火花电路、能量吸收回路和防雷电路中。

压敏电阻器是以氧化锌（ZnO）为主要材料而制成的金属氧化物半导体陶瓷元件，在其外形上常常标有字母 MY，其中 M 代表敏感，Y 代表电压。当压敏电阻器两端的电压低于标称值时，其阻值为无穷大。当电阻器两端的电压高于标准值时，压敏电阻器的阻值急剧减小，故称为压敏电阻器。

压敏电阻器常和熔丝配合使用，当电路中的电流急剧增大时，熔丝就会熔断，起到保护电路的作用。

压敏电阻器有以下特点。

① 响应速度快。压敏电阻器的响应速度可达十几纳秒至几秒，选择好适当的参数，压敏电阻器就能在被保险元件损坏之前启动，可靠地保护了后面的电路。

② 耐冲击电流强。压敏电阻器在受到过压冲击后能迅速恢复初始状态，使用寿命长。

③ 规格多。压敏电阻器的击穿电压可以从几伏到几千伏多种规格中选择，能广泛用于各种级别的过压保护和防雷保护。

④ 价格低廉。

2.1.5　电阻器和电位器的检测方法

1. 普通电阻器的测试

当电阻器的参数标志因某种原因脱落或欲知道其精确阻值时，就需要用仪器对其进行测量。对于常用的碳膜电阻器、金属膜电阻器以及线绕电阻器的阻值，可用普通指针式万用表的电阻挡直接测量。在具体测量时应注意以下几点。

① 合理选择量程。先将万用表功能选择置于"Ω"挡。由于指针式万用电表的电阻挡刻度线是一条非均匀的刻度线，因此必须选择合适的量程，使被测电阻的指示值尽可能位于刻度线的 0 刻度到全程 2/3 的这一段位置上，这样可提高测量的精度。对于上百千欧的电阻（位）器，则应选用"R×10k"挡来进行测量。

② 注意调零。所谓"调零"就是将万用表的两只表笔短接，调节"调零"旋钮使表针指向表盘上的"0Ω"位置上。

2. 热敏电阻器的测试

目前在电路中应用较多的是负温度系数热敏电阻。要判断热敏电阻器性能的好坏，可在测量其电阻的同时，用手指捏在热敏电阻器上，使其温度升高，或者利用电烙铁对其加热（注意不要让电烙铁接触上电阻）。若其阻值随温度的变化而变化，说明其性能良好；若不随温度变化或变化很小，说明其性能不好或已损坏。

3. 电位器的测试

（1）测试要求

电位器的总阻值要符合标志数值，电位器的中心滑动端与电阻体之间要接触良好，其动噪声和静噪声应尽量小，其开关动作应准确可靠。

（2）检测方法

先测量电位器的总阻值，即两端片之间的阻值应为标称值，然后再测量它的中心端片与电阻体的接触情况。将一只表笔接电位器的中心焊接片，另一只表笔接其余两端片中的任意一个，慢慢将其转柄从一个极端位置旋转至另一个极端位置，其阻值则应从零（或标称值）连续变化到标称值（或零）。

操作 1 电阻器实际测量操作

按照下列要求将每次操作的结果填入表格中。

1. 功率放大器电路板上固定电阻器的直观识别

要求：对电路板上各种固定电阻器的类别、阻值大小、功率大小和允许误差进行直观识别，识别结果填入表 2.6 中。

表 2.6　　　　　　　　　　　　　　固定电阻器的直观识别记录表

序　号	电阻底色	电阻器类别	阻值标称方法 （色环、直标、文字符号）	标 称 阻 值	误差表示方法	误差大小

2. 固定电阻器的质量检测

要求：用万用表对碳膜电阻器、金属膜电阻器、线绕电阻器、水泥电阻器、热敏电阻器、压敏电阻器的阻值进行测量，对各电阻的标称阻值和实际测量阻值进行比较，测量和比较结果填入表 2.7 中。

表 2.7　　　　　　　　　　　　　　固定电阻器阻值的测量记录表

序　号	电 阻 类 型	电阻标称阻值	电阻实际测量阻值	标称阻值误差	实际阻值误差

3. 电位器的直观识别和质量检测

要求：先对各种电位器和可调电阻器进行直观识别，再用万用表对 X 型电位器、D 型电位器、Z 型电位器、立式可调电阻器、卧式可调电阻器的阻值进行测量，对各类电位器和可调电阻器的标称阻值和实际测量阻值进行比较，将测量和比较结果填入表 2.8 中。

表2.8　　　　　　　　　　　　　电位器和可调电阻器的测量记录表

序　号	电位器和可调电阻器类型	标 称 阻 值	实 际 测 量 阻 值	标称阻值误差	实际阻值误差

4. 敏感电阻器的检测

要求：先对不同规格的热敏电阻器和压敏电阻器进行直观识别，再用万用表对热敏电阻器和压敏电阻器的阻值进行测量，测量结果填入表2.9中。

表2.9　　　　　　　　　　　　　敏感电阻器的测量记录表

序　号	敏感电阻器类型	标 称 阻 值	室温下测量阻值	加热（压）后的测量阻值	阻值变化量
	热敏电阻1				
	热敏电阻2				
	热敏电阻3				
	压敏电阻1				
	压敏电阻2				
	压敏电阻3				

技能与技巧

【色环电阻阻值的读数技巧和额定功率的判别技巧】

在实践中发现，有些色环电阻的排列顺序不甚分明，往往容易读错，在识别时，可运用如下技巧加以判断。

技巧1：由误差色环排定色环顺序

最常用的表示电阻误差的颜色是金、银、棕，尤其是金环和银环，一般绝少用作电阻色环的第一环，所以在电阻上只要有金环和银环，就可以基本认定这是色环电阻的最末一环。

技巧2：对棕色环是否是误差环的判别

棕色环既常用作误差环，又常作为有效数字环，且常常在第1环和最末1环中同时出现，使人很难识别谁是第1环。在实践中，可以按照色环之间的间隔加以判别：如对于一个5道色环的电阻而言，第5环和第4环之间的间隔比第1环和第2环之间的间隔要宽一些，据此可判定色环的排列顺序。

技巧3：由电阻生产序列值来判别色环顺序

在仅靠色间距还无法判定色环顺序的情况下，还可以利用电阻的生产序列值来加以判别。例如，有一个电阻的色环读序是棕、黑、黑、黄、棕，其值为$100 \times 10^4 \Omega = 1M\Omega$误差为1%，属于正常的电阻系列值，若是反顺序读：棕、黄、黑、黑、棕，其值为$140 \times 10^0 \Omega = 140\Omega$，误差为1%。显然按照后一种排序所读出的电阻值，在电阻的生产系列中是没有的，故后一种色环顺序是不对的。

当然，如果上述方法均不奏效，就只好使用最后一招：用万用表对色环电阻的阻值进行直接测量。

技巧 4：小型电阻器额定功率的判别技巧

小型电阻器的额定功率一般在电阻体上并不标出，但根据电阻体的长度和直径的大小是可以确定其额定功率值大小的。表 2.10 给出了常用的不同长度和直径的碳膜电阻、金属膜电阻所对应的额定功率值，供读者使用时参考。

表 2.10　　　　　　碳膜电阻和金属膜电阻器的长度、直径与额定功率关系表

额定功率（W）	碳膜电阻（RT）		金属膜电阻（RJ）	
	长度（mm）	直径（mm）	长度（mm）	直径（mm）
1/8	11	3.9	6 ~ 7	2 ~ 2.5
1/4	18.5	5.5	7 ~ 8.3	2.5 ~ 2.9
1/2	28.5	5.5	10.8	4.2
1	30.5	7.2	13	6.6
2	48.5	9.5	18.5	8.6

【新器件与新产品】PTC 及其应用

热敏电阻器有负温度系数电阻器和正温度系数电阻器两种，过去常用的是负温度系数电阻器（NTC），一般将其用在放大器电路中，以稳定电路的工作点。现在正温度系数电阻器（PTC）也有了许多新用处，应用在许多新产品中。

正温度系数热敏电阻器的电阻值在达到某一个特定温度前，会随着温度的上升而缓慢下降，当温度超过这个特定温度时，其阻值会急剧增大，这个特定温度被称为居里点。正温度系数热敏电阻器的居里点可以在生产制造过程中，通过改变其组成材料中各成分的比例人为加以设定。

在彩色电视机中，有一个消磁线圈，就是用铜线圈和串联了一个正温度系数热敏电阻器制造而成的，当电视机通电时，在消磁线圈中产生一个随着时间不断减弱的磁场，达到给显像管消磁的目的。

在电饭锅中有一个温控器，当温度达到 103℃时，就自动切断电源，保证米饭不会糊锅，这也是正温度系数热敏电阻器所起的作用。

近几年来，市场上出现了一种新型电暖气，升温快且没有明火，当达到设定温度时，就会自动切断电源，当温度下降到一定温度时，又会自动接通电源，这就是 PTC 电暖气。PTC 电暖气还可以作成一幅画挂在墙上，又好看又实用。

【实用资料】常用各类电阻图形符号的网上地址

常用各类电阻图形符号的网上地址，可以采用在网上进行实名搜索，实名地址为 GB 4728—84 和 GB 4728—85。

知识 2　电容器

2.2.1　电容器的作用与类型

电容器是一种能存储电能的元件，其特性可用 12 字口诀来记忆：通交流、隔直流、通高频、阻低频。

电容器在电路中常用作交流信号的耦合、交流旁路、电源滤波、谐振选频等。

电容器的文字符号用大写字母 "C" 表示。电容的单位是法拉(F)，常用的单位还有毫法(mF)、微法（μF）、纳法（nF）、皮法（pF）。它们之间的换算关系为

$$1F=10^3 mF=10^6 \mu F=10^9 nF=10^{12} pF$$

电容器按结构可分为固定电容器和可变电容器，可变电容器中又有半可变（微调）电容器和全可变电容器之分。电容器按材料介质可分为气体介质电容器、纸介电容器、有机薄膜电容器、瓷介电容器、云母电容器、玻璃釉电容器、电解电容器、钽电容器等。电容器还可分为有极性和无极性电容器。常见电容器的外形和图形符号如图 2.5 所示。

图 2.5　常见电容器的外形和图形符号

根据国标 GB 2470—1995 的规定,电容器的产品型号一般由 4 部分组成,各部分含义如表 2.11 所示。

表 2.11   电容器型号命名法

第 一 部 分		第 二 部 分		第 三 部 分		第 四 部 分
用字母表示主体		用字母表示材料		用字母表示特征		用数字或字母表示序号
符 号	意 义	符 号	意 义	符 号	意 义	意 义
C	电容器	C	瓷介	T	铁电	包括：品种、尺寸代号、温度特性、直流工作电压、标称值、允许误差、标准代号等
		I	玻璃釉	W	微调	
		O	玻璃膜	J	金属化	
		Y	云母	X	小型	
		V	云母纸	S	独石	
		Z	纸介	D	低压	
		J	金属化纸	M	密封	
		B	聚苯乙烯	Y	高压	
		F	聚四氟乙烯	C	穿心式	
		L	涤纶			
		S	聚碳酸酯			
		Q	漆膜			
		H	纸膜复合			
		D	铝电解			
		A	钽电解			
		G	金属电解			
		N	铌电解			
		T	钛电解			
		M	压敏			
		E	其他电解材料			

2.2.2 电容器的主要参数和标志方法

1. 电容器的主要参数

电容器的主要参数有 2 个：容量和额定耐压。在电容器上标注的电容量值，称为标称容量。电容器的标称容量与其实际容量之差，再除以标称值所得的百分比，就是允许误差。电容器的允许误差一般分为 8 个等级，如表 2.12 所示。

表 2.12   电容器的允许误差等级

级 别	01	02	I	II	III	IV	V	VI
允许误差	1%	±2%	±5%	±10%	±20%	+20%～－30%	+50%～－20%	+100%～－10%

误差的标志方法一般有如下 3 种。

① 将容量的允许误差直接标志在电容器上。

② 用罗马数字 I、II、III 分别表示±5%、±10%、±20%。

③ 用英文字母表示误差等级，如用 J、K、M、N 分别表示±5%、±10%、±20%、±30%；用 D、F、G 分别表示±0.5%、±1%、±2%；用 P、S、Z 分别表示±100%～0%、±50%～20%、±80%～20%。

2. 电容器的标称容量系列

固定电容器的标称容量系列如表 2.13 所示，任何电容器的标称容量都满足表中标称容量系列

再乘以 10^n（n 为正或负整数）。

表 2.13		固定电容器容量的标称值系列							
电容器类别	允 许 误 差	标 　 称 　 值 　 系 　 列							
高频纸介质、云母介质、玻璃釉介质、高频（无极性）有机薄膜介质	±5%	2.0　2.1　2.1　2.3　2.5　2.6　2.8　2.0 2.2　2.4　2.7　3.0　3.3　3.6　3.9　4.3　4.7　5.1　5.6 6.2　6.8　7.5　8.2　9.1							
纸介质、金属化纸介质、复合介质、低频（有极性）有机薄膜介质	±10%	2.0　2.5　2.0　2.2　3.3　4.0　4.7　5.06.0　6.8　8.2							
电解电容器	±20%	2.0　2.5　2.2　3.3　4.7　6.8							

3．电容器容量的标志方法

电容器的容量标志方法有如下 4 种。

（1）直标法

直标法是在产品的表面上直接标志出产品的主要参数和技术指标，如在电容器上标志：33μF±%、32V。

（2）文字符号法

将需要标志的主要参数与技术性能用文字、数字符号有规律地组合标志在产品的表面上。采用文字符号法时，将容量的整数部分写在容量单位标志符号前面，小数部分放在单位符号后面，如 3.3pF 标志为 3p3，1000pF 标志为 1n，6800 标志为 6n8，2.2μF 标志为 2μ2。

（3）数字表示法

体积较小的电容器常用数字标志法。一般用 3 位整数，第 1 位、第 2 位为有效数字，第 3 位表示有效数字后面零的个数，单位为皮法（pF），但是当第 3 位数是 9 时表示 10^{-1}，如"243"表示容量为 24000 pF，而"339"表示容量为 $33×10^{-1}$ pF（3.3 pF）。

（4）色标法

电容器容量的色标法原则上与电阻（位）器类似，其单位为皮法（pF）。

4．电容器的额定耐压系列

电容器的额定耐压是指在规定温度范围下，电容器正常工作时能承受的最大直流电压。固定式电容器的耐压系列值有 2.6、6.3、10、16、25、32*、40、50、63、100、125*、160、250、300*、400、450*、500、1000V 等（带*号者只限于电解电容器使用）。耐压值一般直接标在电容器上，但有些电解电容器在正极根部用色点来表示耐压等级，如 6.3V 用棕色，10 V 用红色，16V 用灰色。电容器在使用时不允许超过这个耐压值，若超过此值，电容器就可能损坏或被击穿，甚至爆裂。

2.2.3　各种电容器的特点和选用原则

1．固定容量电容器的特点

（1）纸介电容器的特点

纸介电容器（CZ 型）的电极用铝箔或锡箔做成，绝缘介质用浸过蜡的纸相叠后卷成圆柱体密封而成。其特点是容量大、构造简单、成本低，但热稳定性差、损耗大、易吸湿，适合于在低频电路中用作旁路电容和隔直电容。金属纸介电容器（CJ 型）的两层电极是将金属蒸发后沉积在纸上形成的金属薄膜，其体积小，特点是被高压击穿后有自愈作用。

（2）有机薄膜电容器的特点

有机薄膜电容器（CB 或 CL 型）是用聚苯乙烯、聚四氟乙烯、聚碳酸酯或涤纶等有机薄膜代替纸介，以铝箔或在薄膜上蒸发金属薄膜作电极卷绕封装而成。其特点是体积小、耐压高、损耗小、绝缘电阻大、稳定性好，但是温度系数较大。有机薄膜电容器适于用在高压电路、谐振回路、滤波电路中。

（3）瓷介电容器的特点

瓷介电容器（CC 型）是以陶瓷材料作介质，在介质表面上烧渗银层作电极，有管状和圆片状两种。其特点是结构简单、绝缘性能好、稳定性较高、介质损耗小、固有电感小、耐热性好。但其机械强度低、容量不大。瓷介电容器适用于在高频高压电路和温度补偿电路。

（4）云母电容器的特点

云母电容器（CY 型）是以云母为介质，上面喷覆银层或用金属箔作电极后封装而成。其特点是绝缘性好、耐高温、介质损耗极小、固有电感小，因此其工作频率高、稳定性好、工作耐压高，应用广泛。云母电容器适于用在高频电路中和高压设备中。

（5）玻璃釉电容器的特点

玻璃釉电容器（CI 型）用玻璃釉粉加工成的薄片作为介质，其特点是介电常数大，体积也比同容量的瓷片电容器小，损耗更小。与云母和瓷介电容器相比，它更适合于在高温下工作，广泛用于小型电子仪器中的交直流电路、高频电路和脉冲电路中。

（6）电解电容器的特点

电解电容器以附着在金属极板上的氧化膜层作介质，阳极金属极片一般为铝、钽、铌、钛等，阴极是填充的电解液（液体、半液体、胶状），且有修补氧化膜的作用。氧化膜具有单向导电性和较高的介质强度，所以电解电容为有极性电容。新出厂的电解电容其长脚为正极，短脚为负极，在电容器的表面上还印有负极标志。电解电容在使用中一旦极性接反，则通过其内部的电流过大，导致其过热击穿，温度升高产生的气体会引起电容器外壳爆裂。

电解电容器的优点是其容量大，并且在短时间过压击穿后，能自动修补氧化膜并恢复绝缘。其缺点是误差大、体积大、有极性要求，并且其容量随信号频率的变化而变化，稳定性差，绝缘性能低，工作电压不高，寿命较短，长期不用时易变质。电解电容器适用于在整流电路中进行滤波、电源去耦、放大器中的耦合和旁路等。

在去耦电路和滤波电路中，常常可以见到在大容量的电解电容器旁边并联一个小容量的瓷片电容器。这是为什么呢？由电工学可知，电容量的大小与构成电容器的极板面积、介质的介电常数及极板之间的距离有关，所以，电解电容器为追求大的容量，必须使两极板的铝箔增大变长。但铝箔卷绕起来后就自然形成了一个较大的附加电感，在高频工作状态下，一个电解电容器不能认为是单纯的电容器，而是电容器和附加电感器相串联的混合体。在去耦电路和滤波电路中，为了消除附加电感对高频电流的阻抗，就需要在电解电容器上并联一个较小的固定电容器，即大容量的电解电容器对低频成分去耦和滤波，而对高频成分的去耦和滤波则由小容量的无感电容器来完成。

（7）独石电容器的特点

独石电容器是以碳酸钡为主材料烧结而成的一种瓷介电容器，其容量比一般瓷介电容大（10pF ～ 10μF），且具有体积小、耐高温、绝缘性好、成本低等优点，因而得到广泛应用。独石电容不仅可替代云母电容器和纸介电容器，还取代了某些钽电容器，广泛应用于小型和超小型电子设备中，如在液晶手表和微型仪器中就广泛使用了独石电容器。

2．可变电容器的特点

（1）空气可变电容器

这种电容器以空气为介质，用一组固定的定片和一组可旋转的动片（两组金属片）为电极，两组金属片互相绝缘。动片和定片的组数分为单连、双连、多连等。其特点是稳定性高、损耗小、精确度高，但体积大。空气可变电容器常用于收音机的调谐电路中。

（2）薄膜介质可变电容器

这种电容器的动片和定片之间用云母或塑料薄膜作为介质，外面加以封装。由于动片和定片之间距离极近，因此在相同的容量下，薄膜介质可变电容器比空气电容器的体积小，重量也轻。常用的薄膜介质密封单连和双连电容器在便携式收音机广泛使用。

（3）微调电容器

微调电容器有云母、瓷介和瓷介拉线等几种类型，其容量的调节范围极小，一般仅为几 pF ～几十 pF，常用于在电路中作补偿和校正等。

3．在电路中各种电容器的选用原则

（1）电容器的类型选择

在电源滤波和退耦电路中应选用电解电容器；在高频电路和高压电路中应选用瓷介和云母电容器；在谐振电路中可选用云母、陶瓷和有机薄膜等电容器；用作隔直时可选用纸介、涤纶、云母、电解等电容器；用在谐振回路时可选用空气或小型密封可变电容器。

（2）电容器的耐压选择

电容器的额定电压应高于其实际工作电压的 10% ～ 20%，以确保电容器不被击穿损坏。

（3）电容器允许误差的选择

在业余制作电路时一般不考虑电容的允许误差；对于用在振荡和延时电路中的电容器，其允许误差应尽可能小（一般小于 5%）；在低频耦合电路中的电容误差可以稍大一些（一般为 10% ～ 20%）。

（4）电容器的代用选择

电容器在代用时要与原电容器的容量基本相同，对于旁路和耦合电容器，容量可比原电容器大一些；耐压值要不低于原电容器的额定电压。在高频电路中，电容器的代用一定要考虑其频率特性应满足电路的频率要求。

2.2.4　电容器的检测方法

对电容器进行性能检查和容量的检测，应视电容器型号和容量的不同而采取不同方法。

1．电解电容器的检测

对电解电容器的性能测量，最主要的是容量和漏电流的测量。对正、负极标志脱落的电容器，还应进行极性判别。

用万用表测量电解电容的漏电流时，可用万用表电阻挡测电阻的方法来估测。万用表的黑表笔应接电容器的"＋"极，红表笔接电容器的"－"极，此时表针迅速向右摆动，然后慢慢退回，待指针不动时其指示的电阻值越大表示电容器的漏电流越小；若指针根本不向右摆，说明电容器内部已断路或电解质已干涸而失去容量。

用上述方法还可以鉴别电容器的正、负极。对失掉正、负极标志的电解电容器，或先假定某极为"＋"，让其与万用表的黑表笔相接，另一个电极与万用表的红表笔相接，同时观察并记住表针向右摆动的幅度；将电容放电后，把两只表笔对调重新进行上述测量。哪一次测量中，表针最后停留的摆动幅度较小，说明该次对其正、负极的假设是正确的。

2. 小容量无极性电容器的检测

这类电容器的特点是无正、负极之分，绝缘电阻很大，因而其漏电流很小。若用万用表的电阻挡直接测量其绝缘电阻，则表针摆动范围极小不易观察，用此法主要是检查电容器的断路情况。对于 0.01μF 以上的电容器，必须根据容量的大小，分别选择万用表的合适量程，才能正确加以判断，例如，测 300μF 以上的电容器可选择 "R×10k" 或 "R×1k" 挡；测 0.47 ~ 10μF 的电容器可用 "R×1k" 挡；测 0.01 ~ 0.47μF 的电容器可用 "R×10k" 挡等。具体方法是用两表笔分别接触电容的两根引线（注意双手不能同时接触电容器的两极），若表针不动，将表针对调再测，仍不动说明电容器断路。

对于 0.01μF 以下的电容器不能用万用表的电阻挡判断其是否断路，只能用其他仪表（如 Q 表）进行鉴别。

3. 可变电容器的检测

可变电容器主要是测其是否发生碰片（短接）现象。选择万用表的电阻（R×1）挡，将表笔分别接在可变电容器的动片和定片的连接片上。旋转电容器动片至某一位置时，若发现有直通（即表针指零）现象，说明可变电容器的动片和定片之间有碰片现象，应予以排除后再使用。

操作 2   电容器实际测量操作

1. 对功率放大器电路板上电容器的直观识别

要求：对电路板上各种电容器的类别、容量大小、额定耐压和允许误差进行直观识别，将识别结果填入表 2.14 中。

表 2.14   电容器的直观识别记录表

序　号	电容底色	电容器类别	容量标称方法 （直标、文字符号、色标）	标称容量	误差表示方法	误差大小

2. 用指针式万用表对电容器进行质量检测

要求：用指针式万用表的电阻挡对各种容量的高频瓷片电容器、云母电容器、涤纶电容器、铝电解电容器、钽电解电容器、瓷介微调电容器、双连可变电容器进行测量，将测量结果填入表 2.15 中。

表 2.15   电容器容量的测量记录表（指针式万用表的电阻挡）

序　号	电容器类型	电容器标称容量	电容器实际测量阻值	标称电容量误差	备　注

3. 用数字式万用表对电容器进行质量检测

要求：用数字式万用表的电容挡对各种小容量的高频瓷片电容器、云母电容器、涤纶电容器、瓷介微调电容器、双连可变电容器进行测量，将测量结果填入表 2.16 中。

表 2.16　　　　　　　　　电容器容量的测量记录表（数字式万用表的电容挡）

序　号	电容器类型	电容器标称容量	电容器实际测量阻值	标称电容量误差	备注

4. 电容器上标志的识读

要求：读取高频瓷片电容器、云母电容器、涤纶电容器、瓷介微调电容器、双连可变电容器、电解电容器上的标志，将识读结果填入表 2.17 中。

表 2.17　　　　　　　　　　　电容器上标志的识读记录表

序　号	电容器标志	电容器名称	电　容　值	额定耐压	误　差

5. 电容器容量的识读

要求：读取高频瓷片电容器、云母电容器、涤纶电容器、瓷介微调电容器、双连可变电容器、电解电容器上的容量标志，将识读结果填入表 2.18 中。

表 2.18　　　　　　　　　　　电容器上标志的识读记录表

序　号	电容器容量标志	容量说明	用数字表的电容挡测量电容值	误　差
	2P2			
	6n8			
	103			
	104			
	0.22			
	P33			
	10n			
	7/27			
	220			

技能与技巧

【用万用表估测电容量的大小】

用万用表的电阻挡可以估测电容器漏电阻和电容量的大小，并据此粗略判别电容器的好坏程度。

将万用表置于"R×1k"或"R×10k"挡，表笔与被测电容并接，表针会突然产生很大偏转，然后逐渐回转，若经过一段时间表针退回到最左边，说明被测电容的漏电阻极大；若表针回不到最左边，则示值即为被测电容的漏电阻值。普通电容的漏电阻应大于10MΩ，铝电解电容的漏电阻应超过200kΩ才能使用。若表针偏转一定角度后无逐渐回转现象，则说明被测电容已被击穿，不能使用了。

对于电容量在 0.02μF 以上的电容器，可用以下方法估测其电容量的大小：将万用表置于电阻挡，表笔并接于被测电容两端，在相接瞬间表针摆动幅度越大，表示电容量越大。

对于无极性标记的电解电容器，可用万用表判别其极性。具体方法是：将万用表置于"R×10k"挡，用交换表笔的方法分别测其正、反向漏电阻，对于所测电阻大的一侧，黑表笔所接为正极，红表笔所接为负极。

【新器件与新产品】片状陶瓷电容、片状钽电容和无极性电解电容器

近些年来，有许多新型的电容产品问世，片状陶瓷电容器、片状钽电容器和无极性电解电容器就是其中的典型产品。

片状电容器是一种新器件，主要有片状陶瓷电容器和片状钽电容器。

片状陶瓷电容器是片状电容器中产量最大的一种，有 3216 型和 3215 型两种。片状陶瓷电容器的容量范围宽（1～47800pF），耐压值为 25V 和 50V，常用于混合集成电路和电子手表电路中。

片状钽电容器的体积小、容量大。其正极使用钽棒并露出一部分，另一端是负极。片状钽电容的容量范围为 0.1～100μF，其耐压值常用的是 16V 和 35V。它广泛应用在台式计算机、手机、数码照相机和精密电子仪器等电路中。

无极性电解电容器是能用在电压极性变换电路中的电解电容器，其特点是容量大、无极性且耐高压，它实质上是在制造过程中，用两个有极性的电解电容器将负极对接而成的。

知识 3　电感器和变压器

2.3.1　电感器的类型与主要参数

电感器也是构成电子电路的基本元件，其基本特性也可用 12 字口诀来记忆：通直流、阻交流、通低频、阻高频。电感器在电路中常用作交流信号的扼流、电源滤波、谐振选频等。电感的用处还有许多，要根据其在电路中的位置具体分析。

电感器的文字符号用大写字母"L"表示。电感的单位是亨利（H），常用的单位还有毫亨（mH）、微亨（μH）。它们之间的换算关系是：

$$1H=10^3mH= 10^6μH$$

常见电感器和变压器的外形和图形符号如图 2.6 所示。

1. 电感器的类型

电感器可分为固定式电感器和可变式电感器式两大类。电感器按导磁性质可分为空心线圈、磁芯线圈和铜心线圈等；按用途可分为高频扼流线圈、低频扼流线圈、调谐线圈、退耦线圈、提升线圈和稳频线圈等；按结构特点可分为单层、多层、蜂房式、磁芯式等。

（1）小型固定式电感线圈

这种电感线圈将铜线绕在磁芯上，再用环氧树脂或塑料封装而成。它的电感量用直标法和色标法表示，又称色码电感。它具有体积小、重量轻、结构牢固和安装使用方便等优点，因而广泛用于收录机、电视机等电子设备中，在电路中用于滤波、陷波、扼流、振荡、延迟等。固定电感器有立式和卧式两种,其电感量一般为 0.1 ~ 3000μH,允许误差分为Ⅰ、Ⅱ、Ⅲ 3 挡,即 ± 5%、±10%、± 20%,工作频率在 10kHz ~ 200MHz。

图 2.6　常见电感器的外型和图形符号

（2）低频扼流圈

低频扼流圈又称滤波线圈,一般由铁芯和绕组等构成。其结构有封闭式和开启式两种,封闭式的结构防潮性能较好。低频扼流圈常与电容器组成滤波电路,以滤除整流后残存的交流成分。

（3）高频扼流圈

高频扼流圈用在高频电路中,用来阻碍高频电流的通过。在电路中,高频扼流圈常与电容器串联组成滤波电路,起到分开高频信号和低频信号的作用。

（4）可变电感线圈

在线圈中插入磁芯（或铜芯）,改变磁芯在线圈中的位置就可以达到改变电感量的目的,如磁棒式天线线圈就是一个可变电感线圈,其电感量可在一定的范围内调节。它还能与可变电容组成

电子技能训练

调谐器，用于改变谐振回路的谐振频率。

2．电感器的主要参数

（1）电感量标称值与误差

电感器的电感量也有标称值，单位有 μH（微亨）、mH（毫亨）和 H（亨利）。它们之间的换算关系为

$$1H=10^3mH=10^6\mu H$$

电感量的误差是指线圈的实际电感量与标称值的差异，对振荡线圈的要求较高，允许误差为0.2%～0.5%；对耦合阻流线圈要求则较低，一般为 10%～15%。电感器的标称电感量和误差的常见标志方法有直接法和色标法，标志方式类似于电阻（位）器的标志方法。目前大部分国产固定式电感器将电感量、误差直接标在电感器上。

（2）品质因数

电感器的品质因数 Q 是线圈质量的一个重要参数。它表示在某一工作频率下，线圈的感抗对其等效直流电阻的比值，Q 值越高，线圈的铜损耗越小。在选频电路中，Q 值越高，电路的选频特性也越好。

（3）额定电流

额定电流是指在规定的温度下，线圈正常工作时所能承受的最大电流值。对于阻流线圈、电源滤波线圈和大功率的谐振线圈，这是一个很重要的参数。

（4）分布电容

分布电容是指电感线圈匝与匝之间、线圈与地以及屏蔽盒之间存在的寄生电容。分布电容使Q 值减小、稳定性变差，为此可将导线用多股线或将线圈绕成蜂房式，对天线线圈则采用间绕法，以减少分布电容的数值。

2.3.2　变压器的类型及主要参数

1．变压器的类型

变压器在电路中被用做变换电路中电压、电流和阻抗的器件。变压器按工作频率的高低可分为低频变压器、中频变压器和高频变压器。

（1）低频变压器

低频变压器又分为音频变压器和电源变压器两种，它主要用在阻抗变换和交流电压的变换上。音频变压器的主要作用是实现阻抗匹配、耦合信号、将信号倒相等，因为只有在电路阻抗匹配的情况下，音频信号的传输损耗及其失真才能降到最小。电源变压器是将 220V 交流电压升高或降低，变成所需的各种交流电压。

（2）中频变压器

中频变压器是超外差式收音机和电视机中的重要元件，又叫中周。中周的磁芯和磁帽是用高频或低频特性的磁性材料制成的，低频磁芯用于收音机，高频磁芯用于电视机和调频收音机。中周的调谐方式有单调谐和双调谐两种，收音机多采用单调谐电路。常用的中周中，TFF-1、TFF-2、TFF-3 等型号为收音机所用；10TV21、10LV23、10TS22 等型号为电视机所用。中频变压器的适用频率范围从几 kHz～几十 MHz，在电路中起选频、耦合等作用，在很大程度上决定了接收机的灵敏度、选择性和通频带。

（3）高频变压器

高频变压器又分为耦合线圈和调谐线圈两类。调谐线圈与电容器可组成串、并联谐振回路，用于选频等。天线线圈、振荡线圈等都是高频线圈。

（4）行输出变压器

行输出变压器又称为逆行程变压器，接在电视机行扫描的输出级，将逆行程反峰电压升压后再经过整流、滤波，为显像管提供几万伏的阳极高压和几百伏的加速极电压、聚焦极电压以及其他电路所需的直流电压。新产品均为将整流和升压合为一体的行输出变压器。

2. 电感线圈和变压器的型号及命名方法

电感线圈型号的命名方法如图 2.7 所示，它由 4 部分组成。

区别代号，用字母表示

型式，用字母表示 (如 X 表示小型)

特征，用字母表示 (如 G 表示高频)

主称，用字母表示 (L 表示线圈，ZL 表示高频扼流线圈)

图 2.7　电感线圈的命名方法

中频变压器的型号由 3 部分组成。

第 1 部分：主称，用字母表示。

第 2 部分：尺寸，用数字表示。

第 3 部分：级数，用数字表示。

各部分的字母和数字所表示的意义如表 2.19 所示。

表 2.19　　　　　　　　　中频变压器型号各部分所表示的意义

主　　称		尺　　寸		级　　数	
字　母	名称、特征、用途	数　字	外形尺寸	数　字	用于中波级数
T	中频变压器	1	7mm×7mm×12mm	1	第一级
L	线圈或振荡线圈	2	10mm×10mm×14mm	2	第二级
T	磁性瓷心式	3	12mm×12mm×16mm	3	第三级
F	调幅收音机用	4	20mm×25mm×36mm		
S	短波段	5			

示例："TTF-2-1 型"表示调幅收音机用磁性瓷心式中频变压器，外形尺寸为 10mm×10mm×14mm，用于中波第一级。

主称部分字母表示的意义如表 2.20 所示。

表 2.20　　　　　　　　　变压器型号中主称部分字母所表示的意义

字　母	意　　义	字　母	意　　义
DB	电源变压器	HB	灯丝变压器
CB	音频输出变压器	SB 或 ZB	音频（定阻式）变压器
RB	音频输入变压器	SB 或 EB	音频（定压式或自耦式）变压器
GB	高频变压器		

3. 变压器的主要参数

（1）额定功率

额定功率是指在规定的频率和电压下，变压器能长期工作而不超过规定温升的最大输出视在功率，单位为 V·A。

（2）效率

效率是指在额定负载时，变压器的输出功率和输入功率的比值，即

$$\eta=(P_2/P_1)\times100\%$$

（3）绝缘电阻

绝缘电阻是表征变压器绝缘性能的一个参数，是施加在绝缘层上的电压与漏电流的比值，包括绕组之间、绕组与铁芯及外壳之间的绝缘阻值。由于绝缘电阻很大，一般只能用兆欧表（或万用表的"R×10k"挡）测量其阻值。如果变压器的绝缘电阻过低，在使用中可能出现机壳带电甚至将变压器绕组击穿烧毁。

2.3.3 电感器和变压器的检测方法

1. 电感器的测量

对电感器进行测量首先要进行外观检查，查看线圈有无松散，引脚有无折断、生锈现象。然后用万用表的电阻挡测量线圈的直流电阻，若为无穷大，说明线圈（或与引出线间）有断路；若比正常值小很多，说明有局部短路；若为零，则线圈被完全短路。对于有金属屏蔽罩的电感器线圈，还需检查它的线圈与屏蔽罩间是否短路；对于有磁芯的可调电感器，螺纹配合要好。

2. 变压器的测量

对变压器的测量主要是测量变压器线圈的直流电阻和各绕组之间的绝缘电阻。

（1）线圈直流电阻的测量

由于变压器线圈的直流电阻很小，因此一般用万用表的"R×1"挡来测绕组的电阻值，判断绕组有无短路或断路现象。对于某些晶体管收音机中使用的输入、输出变压器，由于它们体积相同，外形相似，一旦标志脱落，直观上很难区分，此时可根据其线圈直流电阻值进行区分。一般情况下，输入变压器的直流电阻值较大，一次多为几百欧姆，二次多为一二百欧姆；输出变压器的一次多为几十到上百欧姆，二次多为零点几到几欧姆。

（2）绕组间绝缘电阻的测量

变压器各绕组之间以及绕组和铁芯之间的绝缘电阻可用 500V 或 1000V 兆欧表（摇表）进行测量。根据不同的变压器，选择不同的摇表。一般电源变压器和扼流圈应选用 1000V 摇表，其绝缘电阻应不小于 1000MΩ；晶体管输入变压器和输出变压器用 500V 摇表，其绝缘电阻应不小于 100MΩ。若无摇表，也可用万用表的"R×10k"挡，测量时，表头指针应不动（相当电阻为∞）。

操作3 电感器实际测量操作

按照下列要求将每次操作的结果填入表格中。

1. 功率放大器电路板上电感器的直观识别

要求：对电路板上各种电感器的类别、电感量大小、额定电流进行直观识别，识别结果填入

表 2.21 中。

表 2.21　　　　　　　　　　　　　电感器的直观识别记录表

序　号	电感器底色	电感器类别	电感器标称方法 （色环、直标、文字符号）	标称电感量	额定电流	备　注

2. 电感器的质量检测

要求：用万用表对空心电感器、磁芯电感器、可变电感器、蜂房式电感器、收音机中周的阻值进行测量，对各电感器的标称电感量进行识读，将测量和识读结果填入表 2.22 中。

表 2.22　　　　　　　　　　　　电感器线圈阻值的测量记录表

序　号	电感器类型	电感器实测阻值	电感器标称电感量	额定电流	备　注

3. 色码电感器的识读

要求：对各种标志的色码电感器进行识读，将识读结果填入表 2.23 中。

表 2.23　　　　　　　　　　　　色码电感的识读记录表

型　号	色点颜色和从左至右　顺　序	电感器电感量	误　差　等　级	额　定　电　流	电流组别
LG1	黑橙黄金				A
LG400	金橙橙金				A
LG402	黑绿棕金				A
LG404	黑绿橙金				D
LGX	金橙绿金				B

4. 变压器的直观识别和质量检测

要求：先对各种变压器进行直观识别，再用万用表对磁芯变压器、铁芯变压器、带中心抽头式变压器各个绕组的阻值进行测量，将测量结果填入表 2.24 中。再将电源变压器的一次接上 220V 交流电，用万用表对电源变压器的二次输出电压进行空载测量，将测量结果填入表 2.24 中。

表 2.24　　　　　　　　　　　　变压器各绕组阻值的测量记录表

序　号	变压器类型	变压器一次绕组阻值	变压器二次绕组阻值	变压器额定功率	变压器二次标定输出电压	变压器二次实际输出电压

续表

序 号	变压器类型	变压器一次绕组阻值	变压器二次绕组阻值	变压器额定功率	变压器二次标定输出电压	变压器二次实际输出电压

项目小结

1. 电阻器的作用在串联电路中起着限流和分压的作用，在并联电路中起着分流的作用。

2. 电阻器的检测方法主要是使用万用表来测量其阻值。

3. 电容器的特性是通交流、隔直流、通高频、阻低频，在电路中常用作耦合、旁路、滤波、选频等。

4. 电容器的最简单检测方法是使用万用表来测量其充电过程，从阻值的变化和大小上可以进行一般的质量判断。

5. 电感器的特性是通直流、阻交流、通低频、阻高频，在电路中常用作扼流、滤波、选频等。

6. 电感器的最简单检测方法是使用万用表来测量其线圈的阻值。

课后练习

1. 电阻器有何作用？如何分类？其型号是如何命名的？有哪些性能参数？

2. 电位器有何作用？有哪些类型？如何用万用表测量电位器的性能？

3. 电容器有何作用？有哪些类别？如何命名？标志方法有哪些？如何用万用表测量电容器的好坏？

4. 电感器有何作用？有何种类？如何用万用表测量电感器的好坏？

5. 变压器有何作用？有何种类？如何用万用表测量变压器的好坏？

6. 写出下列标有色环的电阻器的标称阻值和误差，并指出其标志方法。

红黄绿金棕　　棕绿黑棕棕　　橙蓝黑黑棕　　黄紫绿金棕

7. 读出下列标有数字的磁片电容器的标称阻值和误差，并指出其标志方法。

103K　　4n7J　　220n　　104　　200　　224j　　2200　　68　　0.47k

项目 3

非线性电子元器件的检测技能训练

项目要求

非线性电子元器件是指电子元器件中的半导体二极管、三极管、场效应管和集成电路。半导体器件是近 60 年来发展起来的新型电子器件，具有体积小、重量轻、耗电省、寿命长、工作可靠等一系列优点，应用十分广泛。

本项目通过对一个功率放大器的实际解剖，要求学生会识别半导体二极管、三极管、场效应管和集成电路的种类，熟悉各种二极管、三极管、场效应管和集成电路的名称，了解不同类型的二极管、三极管、场效应管和集成电路的作用，掌握用万用表检测二极管、三极管、场效应管和集成电路的方法。

【知识要求】

（1）掌握二极管、三极管、场效应管和集成电路的种类、作用与标识方法。

（2）掌握各种二极管、三极管、场效应管和集成电路的主要参数。

【技能要求】

（1）能用目视法判断、识别常见二极管、三极管、场效应管和集成电路的种类，能正确叫出各种二极管、三极管、场效应管和集成电路的名称。

（2）对二极管、三极管、场效应管和集成电路上标识的型号能正确识读，知晓该元器件的作用和用途。

（3）会用万用表对各种二极管、三极管、场效应管和集成电路进行正确测量，并对其质量做出评价。

项目实施

【项目实施器材】

（1）电子产品：功率放大器若干台，两人配备一台机器。

（2）各种类型、不同规格的新非线性电子元件若干。

（3）各种类型、不同规格的已经损坏的非线性电子元件若干（可到电子产品维修部寻找）。

（4）每两个人配备指针式万用表和数字式万用表各一只。

【项目实施步骤】

（1）拆卸整机外壳，观看实际电子产品的内部结构，认识各种非线性电子元器件的类型和名称，识读非线性电子元器件外壳上的各种数字和其他标志。

（2）用万用表对板上的各种非线性电子元器件进行在线检测。

（3）用万用表对与板上相同的非线性电子元器件进行离线检测，并分析比较在线检测与离线检测的结果。

项目相关知识与操作

非线性电子元器件可以分成半导体分立元器件和集成电路两大类。

常用的半导体分立元器件包括半导体二极管、三极管、场效应管等。各种半导体二极管、三极管、场效应管的外形和封装形式如图 3.1 所示。

国产半导体器件的型号由 5 部分组成，如表 3.1 所示。

图 3.1　常用半导体分立元器件的外形和封装形式

图 3.1 常用半导体分立元器件的外形和封装形式（续）

表 3.1 国产半导体器件的型号命名法

第 1 部 分		第 2 部 分		第 3 部 分		第 4 部 分	第 5 部 分
用数字表示器件的电极数目		用字母表示器件的材料和类性		用字母表示器件的用途		用数字表示序号	用字母表示规格
符 号	意 义	符 号	意 义	符 号	意 义	意 义	意 义
2	二极管	A	N 型，锗材料	P	小信号管	反映了极限参数、直流参数和交流参数的差别	反映承受反向击穿电压的程度，如规格号为 A、B、C、D…其中 A 承受的反向击穿电压最低，B 次之……
		B	P 型，锗材料	V	混频检波器		
		C	N 型，硅材料	W	稳压管		
		D	P 型，硅材料	C	变容器		
3	三极管	A	PNP 型，锗	Z	整流管		
		B	NPN 型，锗	S	隧道管		
		C	PNP 型，硅	GS	光电子显示器		
		D	NPN 型，硅	K	开关管		
		E	化合材料	X	低频小功率管		
				G	高频小功率管		
				D	低频大功率管		
				A	高频大功率管		
				T	半导体闸流管		
				Y	体效应器件		
				B	雪崩管		
				J	阶跃恢复管		
				CS	场效应器件		
				BT	半导体特殊器件		
				FH	复合管		
				PIN	PIN 管		
				GJ	激光管		

知识 1 半导体二极管的识别与检测

3.1.1 半导体二极管的类型与用途

二极管的外包装材料有塑料、玻璃和金属 3 种。二极管按照其结构材料可分为硅和锗两种；按照其制作工艺可分为点接触型和面接触型；按照其用途可分为整流二极管、检波二极管、稳压二极管、变容二极管、双向二极管、开关二极管、阻尼二极管、高压硅堆和敏感类二极管（光敏、温敏、压敏、磁敏等）。

1. 整流二极管

整流二极管主要用于把交流电变换成脉动的直流电。整流二极管的结构为面接触型，其结电容较大，因此工作频率范围较窄（3kHz 以内）。整流二极管常用的型号有 2CZ 型、2DZ 型等，还有用于高压和高频整流电路的高压整流堆，如 2CGL 型、DH26 型、2CL51 型等。

选择整流二极管时主要考虑其最大整流电流、最高反向工作电压是否满足要求，常用的硅桥（硅整流组合管）为 QL 型。

2. 检波二极管

检波二极管的主要作用是把高频信号中的低频信号检出，其结构为点接触型。检波二极管的结电容比较小，一般为锗管。检波二极管常采用玻璃外壳封装，主要型号有 2AP 型和 1N4148（国外型号）等。

选用检波二极管时，主要使其工作频率符合要求。常用的检波二极管有 2AP 系列，还可用锗开关管 2AK 型代用。

3. 稳压二极管

稳压二极管也常简称为稳压管，它是用特殊工艺制造的面接触型半导体二极管，一般都是采用硅材料制作。稳压二极管的特点是它工作于反向击穿区，当其被反向击穿后，若外加电压减小或消失，稳压二极管的 PN 结能自动恢复而不至于损坏。

稳压管主要用于电路中的稳压环节和直流电源电路，常用的有 2CW 型和 2DW 型。

4. 变容二极管

当 PN 结加上反向电压时，此时的 PN 结就相当于一个小电容。反偏电压越大，该 PN 结的绝缘层越宽，其结电容就越小。利用这个原理制作的二极管就叫做变容二极管。例如，2CB14 型变容二极管，当反向电压在 3 ～ 25V 变化时，其结电容在 20 ～ 30pF 变化。

变容二极管主要用在高频电路中作自动调谐、调频、调相等，如在彩色电视机的高频头中用作电视频道的自动选择。

5. 双向二极管

双向二极管是一个二端器件，在满足一定条件下，等效于一个双向开关。双向二极管的正反向特征完全对称。当加在双向二极管两端的电压小于某一个值时，它呈断路状态；当加在双向二极管两端的电压大于该值时，它呈短路状态。这个电压值称为正向和反向转折电压。也就是说，当加在双向二极管两端的电压小于转折电压时，它相当于一个断开的开关，呈断路状态；当加在双向二极管两端的电压大于转折电压时，它相当于一个闭合的开关，呈短路状态。双向二极管只有导通和截止两种工作状态。

双向二极管的转折电压值大致分为 3 个等级：20 ～ 60V、100 ～ 150V 及 200 ～ 250V。在实际应用中，除根据电路的要求选择适当的转折电压外，还应选取转折电流小、转折电压偏差小的双向二极管。

双向二极管主要用在触发电路中。当触发电平超过双向二极管的转折电压时，双向二极管就把该电路导通。

3.1.2　半导体二极管的检测方法

1. 用万用表测试普通二极管的方法

普通二极管外壳上均印有型号和标志。标志方法有箭头、色点、色环 3 种，箭头所指方向或靠近色环的一端为二极管的负极，有色点的一端为正极。若型号和标志脱落时，可用万用表的电阻挡进行判别，主要原理是根据二极管的单向导电性，其反向电阻远远大于正向电阻。具体过程如下。

（1）判别极性

将万用表选在"R×100"或"R×1k"挡，两表笔分别接二极管的两个电极。若测出的电阻值较小（硅管为几百到几千欧姆，锗管为 100Ω ~ 1kΩ），说明是正向导通，此时黑表笔接的是二极管的正极，红表笔接的则是负极；若测出的电阻值较大（几十千欧姆到几兆欧姆），为反向截止，此时红表笔接的是二极管的正极，黑表笔为负极。

（2）检查好坏

可通过测量正、反向电阻来判断二极管的好坏。一般小功率硅二极管正向电阻为几千欧姆到几兆欧姆，锗管为 100Ω ~ 1kΩ。

（3）判别硅、锗管

若不知被测的二极管是硅管还是锗管，可根据硅管、锗管的导通压降不同的原理来判别。将二极管接在电路中，当其导通时，用万用表测其正向压降，硅管一般为 0.6 ~ 0.7V，锗管为 0.1 ~ 0.3V。也可以用数字万用表直接测量二极管的正向压降，马上判断出该二极管的材料。

2. 用万用表测试稳压管二极管的方法

（1）极性的判别

稳压二极管的极性判别方法与普通二极管的判别方法相同。

（2）检查好坏

将万用表置于"R×10k"挡，黑表笔接稳压管的"–"极，红笔接"+"极，若此时的反向电阻很小（与使用"R×1k"挡时的测试值相比较），说明该稳压管正常。因为万用表"R×10k"挡的内部电压都在 9V 以上，可达到被测稳压管的击穿电压，使其阻值大大减小。

3. 用万用表测试双向二极管的方法

（1）万用表测试法

将万用表置于"R×1k"或"R×10k"挡，测量双向二极管的正反向电阻。因为双向二极管的转折电压值均在 20V 以上，所以测量任一正常双向二极管的正、反向电阻的阻值都应是无穷大。

（2）外加电源测量法

给双向二极管外加一个能高于双向二极管转折电压的电源，一般小管子 50V 就够了。测量时，将万用表的电流挡串接在电路中，逐渐增加电源电压，当电流表的指针有较明显摆动时，就说明该双向二极管导通了，此时的电压就可认为是双向二极管的转折电压。

然后再改变电源的极性，可测出双向二极管另一方向的转折电压。两次转折电压值的差，即为转折电压偏差值ΔU_B，双向二极管的转折电压偏差值ΔU_B愈小愈好。

（3）使用兆欧表和万用表检测双向二极管

使用兆欧表的目的是由兆欧表提供一个击穿电压。将兆欧表和双向二极管并联，再将万用表置于直流电压挡也与双向二极管并联，慢慢加速摇动兆欧表，观察直流电压表指针的变化。当直流电压表的指示突然下降时，在下降前的直流电压值，即为双向二极管的转折电压值。然后调换双向二极管的电极，测出双向二极管的反向转折电压值，即可求出双向二极管的转折电压偏差值ΔU_B。

技能与技巧

【不用万用表判别发光二极管极性的技巧】

发光二极管的管壳一般都是用透明塑料制成的，所以可以用眼睛观察来区分发光二极管的正、负电极：将管子拿起置于光线较明亮处，从侧面仔细观察两条引出线在管体内所焊接的电极的形状，电极较小的引线就是发光二极管的正极，电极较大的一端就是发光二极管的负极。

操作1　二极管的实际测量操作

按照下列要求将每次操作的结果填入表格中。

1. 功率放大器电路板上二极管的直观识别

要求：对电路板上的各种二极管进行直观识别，识别结果填入表3.2中。

表3.2　　　　　　　　　　电路板上二极管的直观识别记录表

序　号	该二极管外形	该二极管的型号	该二极管的材料（硅或锗）	该二极管在电路中用途	备　注

2. 用指针式万用表对二极管进行质量检测

要求：用指针式万用表对各种二极管的正向电阻和反向电阻进行测量，将测量和判断结果填入表3.3中。

表3.3　　　　　　　　　　二极管的正向电阻和反向电阻的测量记录表

序　号	二极管型号	二极管的正向电阻	二极管的反向电阻	万用表的挡位	二极管质量判断结果	备　注

3. 用数字式万用表对二极管进行质量检测

要求：用数字式万用表对各种二极管的正、反向压降进行测量，将测量和判断结果填入表 3.4 中。

表 3.4   二极管的正向压降的测量记录表

序　号	二极管型号	二极管的正向压降	二极管的反向压降	万用表的挡位	二极管质量判断结果	备　注

技能与技巧

【稳压二极管与普通二极管的区分】

常用稳压二极管的外形与普通小功率整流二极管的外形基本相似。当其壳体上的型号标记清楚时，可根据型号加以鉴别；当其型号标志脱落时，可使用万用表电阻挡很准确地将稳压二极管与普通整流二极管区分开来。

具体方法：首先利用万用表"R×1k"挡，按前述方法把被测管的正、负电极判断出来。然后将万用表拨至"R×10k"挡，黑表笔接被测管的负极，红表笔接被测管的正极，若此时测得的反向电阻值比用"R×1k"挡测量的反向电阻小很多，说明被测管为稳压管；反之，如果测得的反向电阻值仍很大，说明该管为整流二极管或检波二极管。

判别原理：万用表"R×1k"挡内部使用的电池电压为 1.5V，一般不会将被测管反向击穿，使测得的电阻值比较大，而"R×10k"挡测量时，万用表内部电池的电压一般都在 9V 以上，当被测管为稳压管，且稳压值低于电池电压值时，即被反向击穿，使测得的电阻值大为减小，但如果被测管是一般整流或检波二极管时，则无论用"R×1k"挡测量还是用"R×10k"挡测量，所得阻值都不会相差很悬殊。

注意，当被测稳压二极管的稳压值高于万用表"R×10k"挡的电压值时，用这种方法是无法进行区分鉴别的。

【实用资料】1N 系列硅整流二极管和 2CW 系列稳压二极管的主要参数

1. 1N 系列硅整流二极管的主要参数

1N 系列二极管是近年来被广泛使用的电子元件，其参数如表 3.5 所示。

表 3.5   1N 系列硅整流二极管的主要参数

型号＼参数	最高反向工作电压(V_{RM})/V	额定整流电流(I_F)/A	最大正向压降(V_{FM})/V	最高结温(T_{JM})/℃	封装形式	国内对照型号
1N4001	50					
1N4002	100	1.0	≤1.0	175	DO-41	2CZ11 ~ 2CZ11J
1N4003	200					
1N4004	400					

续表

型号\参数	最高反向工作电压(V_{RM})/V	额定整流电流(I_F)/A	最大正向压降(V_{FM})/V	最高结温(T_{JM})/℃	封装形式	国内对照型号
1N4005	600					2CZ55B
1N4006	800	1.0	≤1.0	1.75	DO-41	~
1N4007	1000					2CZ55M
1N5391	50					
1N5392	100					
1N5393	200					2CZ86B
1N5394	300					
1N5295	400	1.5	≤1.0	175	DO-15	~
1N5396	500					2CZ86M
1N5397	600					
1N5398	800					
1N5399	1000					
1N5400	50					2CZ12~
1N5401	100					2CZ12J
1N5402	200					2DZ2~
1N5403	300					2DZ2D
1N5404	400	3.0	≤1.2	170	DO-27	2CZ56B
1N5405	500					~
1N5406	600					2CZ56M
1N5407	800					
1N5408	1000					

2. 国产 2CW 系列稳压二极管的主要参数

2CW 系列稳压二极管的主要参数如表 3.6 所示。

表 3.6　　　　　　　　2CW 系列稳压二极管的主要参数

型　号	稳定电压/V	最大工作电流/mA
2CW50	1.0~2.8	33
2CW51	3.5~3.8	71
2CW52	3.2~4.5	55
2CW53	4.0~5.8	41
2CW54	5.5~6.5	38
2CW55	6.2~7.5	33
2CW56	7.0~8.8	27

知识 2　半导体三极管的识别与检测

半导体三极管又称双极型晶体管，简称三极管，是一种电流控制型器件，最基本的作用是放大，它具有体积小、结构牢固、寿命长、耗电省等优点，被广泛应用于各种电子设备中。

3.2.1　半导体三极管的类型

三极管按材料与工艺可分为硅平面管和锗合金管；按结构可分为 NPN 型与 PNP 型；按工作

频率可分为低频管和高频管；按用途可分为电压放大管、功率管和开关管等。

有些三极管的壳顶上标有色点，作为 $\overline{\beta}$ 值的色点标志，为选用三极管带来了很大的方便。其分挡标志如下：

0 ～ 15 ～ 25 ～ 40 ～ 55 ～ 80 ～ 120 ～ 180 ～ 270 ～ 400 ～ 600

棕　红　橙　黄　绿　蓝　紫　灰　白　黑

3.2.2　半导体三极管检测方法

常用的小功率管有金属外壳封装和塑料封装两种，可直接观测出 3 个电极 e、b、c，但只看出 3 个电极不能说明管子的一切问题，仍需进一步判断管型和管子的好坏。一般可用万用表的"R×100"和"R×1k"挡来进行判别。

（1）三极管的基极和管型的判断

将黑表笔接任一极，红表笔分别依次接另外两极。若在两次测量中表针均偏转很大（说明管子的 PN 结已通，电阻较小），则黑笔接的电极为 b 极，同时该管为 NPN 型；反之，将表笔对调（红表笔接任一极），重复以上操作，则也可确定管子的 b 极，其管型为 PNP 型。

（2）三极管的质量好坏的判断

若在以上操作中无一电极满足上述现象，则说明管子已坏。用万用表的"h$_{FE}$"挡也可进行判别。当管型确定后，将三极管插入"NPN"或"PNP"插孔，将万用表置于"h$_{FE}$"挡，若 h_{EF}（β）值不正常（如为零或大于 300），则说明管子已坏。

3.2.3　功率三极管的散热问题

功率三极管在工作时，除了向负载提供功率外，本身也要消耗一部分功率来产生热量。因为功率三极管在正常工作时，其集电结是反偏的，因此管子的耗散功率主要集中在集电结上，这就使集电结的结温迅速升高，而引起整个管子的温度升高，严重时会使管子烧毁。因此，要保证管子的安全，必须将管子的热量散发出去。散热条件越好，则对应于相同结温所允许的管耗就越大，输出功率也就越大。为了减小热阻，改善散热条件，一般大功率三极管都必须加装散热片。

表 3.7 列出了两种大功率三极管的在达到额定功率所要求的散热片的尺寸，还给出了没有加散热片时的输出功率情况。

表 3.7　　　　　　两种大功率三极管所需要的散热片尺寸（铝材）

型　号	额定功率	不加散热片时的输出功率	达到几种典型功率所要求的散热片尺寸（长×宽×高）	
3AD6	10W	1W	5W	50mm×50mm×3mm
			10W	140mm×130mm×3mm
3AD30	20W	2W	15W	175mm×175mm×3mm
			20W	220mm×220mm×3mm

操作 2 三极管的实际测量操作

按照下列要求将每次操作的结果填入表格中。

1. 功率放大器电路板上三极管的直观识别

要求：对电路板上各种三极管进行直观识别，将识别结果填入表 3.8 中。

表 3.8　　　　　　　　　　　　三极管的直观识别记录表

序　号	该三极管外形	该三极管型号	该三极管的材料（硅或锗）	该三极管在电路中的用途	备　注

2. 三极管的质量检测

要求：用指针式万用表对各种三极管的正向电阻和反向电阻进行测量，将测量和判断结果填入表 3.9 中。

表 3.9　　　　　　　　　　　三极管的正向电阻和反向电阻的测量记录表

序　号	三极管的型号	三极管的正向电阻	三极管的反向电阻	万用表的挡位	三极管质量判断结果	备　注

3. 三极管的型号及其代表意义

要求：根据给定的三极管型号，查阅资料并按照表 3.10 的要求进行填写。

表 3.10　　　　　　　　　　　三极管的型号及其代表意义

序　号	三极管的型号	哪国产品	管　型	材　料	额定功率	最大集电极电流
	3DD6					
	3DA87					
	3CG22					
	3AD30					
	3DG8					
	2SC181S					
	H2NS401B					
	9013					
	9012					
	8050					
	8550					

4. 三极管型号判别

根据表 3.11 中给出的在放大电路中测得的三极管各个极的对地电压，判断各个极的名称、管型和材料。

表 3.11　　　　　　　　　　　　三极管的各个极对地电压及其判断

序　号	三极管的三个极 A、B、C 对地电压	基极	发射极	集电极	管型	材料
	$U_A=-2.3V$　$U_B=-3V$ $U_C=-6V$					
	$U_A=-9V$　$U_B=-6V$ $U_C=-6.3V$					
	$U_A=6V$　$U_B=5.7V$　$U_C=2V$					
	$U_A=0V$　$U_B=-0.7V$ $U_C=-6V$					
	$U_A=3V$　$U_B=3.7V$　$U_C=6V$					

【实用资料】 90 系列三极管和 8050、8550 三极管的参数

近些年来由国外引进了一些型号的三极管，在电子产品上的用量很大，国内厂家也生产出相应的产品，其型号规定与我国的标准不同，其参数也很难查找，这里给出在电子产品上常用的韩国三星公司的产品，他们是以 4 位数来命名的。例如 9011、9018 等，还有常用的中功率三极管，如 8050 和 8550。这些三极管的参数如表 3.12 所示。9011 一般用于高频放大，9012 和 9013 一般用于小功率放大，9014 和 9015 一般用于低频放大，而 9016 和 9018 一般用于超高频放大。

表 3.12　　　　　　　　　　　90 系列和 8050、8550 三极管的参数

型号　　参数	集电极最大允许电流 (I_{CM})/mA	基极最大允许电流 (I_{BM})/μA	集电极最大允许功耗 (P_{CM})/mW	集电极发射极耐压 (U_{CEO})/V	电流放大系数 (β)	集电极发射极饱和电压 (U_{CES})/V	集电极发射极反向电流 (I_{CEO})/μA	双极型晶体管类型
8050	1500	500	800	25	85～300	0.5	1	NPN
8550	1500	500	800	−25	85～300	0.5	1	PNP
9011	30	10	400	30	28～198	0.3	0.2	NPN
9012	500	100	625	−20	64～202	0.6	1	PNP
9013	500	100	625	20	64～202	0.6	1	NPN
9014	100	100	450	45	6～1000	0.3	1	NPN
9015	100	100	450	−45	60～600	0.7	1	PNP
9016	25	5	400	20	28～198	0.3	1	NPN
9018	50	10	400	15	28～198	0.5	0.1	NPN

9013、9012、9011 的工作频率可达 150MHz，9014 和 9015 的工作频率只有 80MHz，而 9016 和 9018 的工作频率可达 500MHz。

知识 3　场效应管的识别与检测

场效应晶体管简称为场效应管（FET），又称单极型晶体管，它属于电压控制型半导体器件。

其特点是输入电阻很高（$10^7 \sim 10^{15}\Omega$）、噪声小、功耗低、无二次击穿现象，受温度和辐射影响小，特别适用于要求高灵敏度和低噪声的电路。场效应管和三极管一样都能实现信号的控制和放大，但由于它们的构造和工作原理截然不同，所以二者的差别很大。在某些特殊应用方面，场效应管优于三极管，是三极管所无法替代的。

3.3.1 场效应管的类型和特点

1. 场效应管的类型

场效应管分为结型（JEET）和绝缘栅型（MOS）。结型场效应管又分为 N 沟道和 P 沟道两种；绝缘栅型场效应管除有 N 沟道和 P 沟道之分外，还有增强型与耗尽型之分。

场效应管和三极管二者的比较情况如表 3.13 所示。

表 3.13　　　　　　　　　　　　三极管与场效应管的比较

器件 项目	三　极　管	场　效　应　管
导电机构	既用多子，又用少子	只用多子
导电方式	载流子浓度扩散及电场漂移	电场漂移
控制方式	电流控制	电压控制
类型	PNP、NPN	P 沟道、N 沟道
放大参数	$\beta = 50 \sim 100$ 或更大	$g_m = 1 \sim 6\text{ms}$
输入电阻	$10^2 \sim 10^4\Omega$	$10^7 \sim 10^{15}\Omega$
抗辐射能力	差	在宇宙射线辐射下，仍能正常工作
噪声	较大	小
热稳定性	差	好
制造工艺	较复杂	简单，成本低，便于集成化

2. 场效应管的特点

（1）场效应管是单极性晶体管

场效应管靠多子导电，管中运动的只是一种极性的载流子；三极管既用多子，又利用少子。由于多子浓度不易受外因的影响，因此在环境变化较强烈的场合，采用场效应管比较合适。

（2）场效应管的输入阻高

场效应管适用于高输入电阻的场合。场效应管的噪声系数小，适用于低噪声放大器的前置级。

3. 场效应管的主要参数

场效应管的直流参数主要有夹断电压 $U_{GS(Off)}$、开启电压 $U_{GS(th)}$ 和饱和漏极电流 I_{DSS}；交流参数主要有低频跨导 g_m 和极间电容等；极限参数包括最大耗散功率 P_{DM}、漏源击穿电压 $U_{(BR)DS}$ 和栅源击穿电压 $U_{(BR)GS}$ 等，可查阅有关晶体管手册。

4. 场效应管的选择和使用

（1）选择场效应管要适应电路的要求

当信号源内阻高，希望得到好的放大作用和较低的噪声系数时；当信号为超高频和要求低噪声时；当信号为弱信号且要求低电流运行时；当要求作为双向导电的开关等场合，都可以优先选用场效应管。

（2）使用场效应管注意事项

结型场效应管的栅源电压不能反接，但可以在开路状态下保存。MOS 管在不使用时，必须将各极引线短路。焊接时，应将电烙铁外壳接地，以防止由于烙铁带电而损坏管子。不允许在电源接通的情况下拆装场效应管。

结型场效应管可用万用表定性检查管子的质量，而绝缘栅型场效应管则不能用万用表检查，必须用测试仪。测试仪需有良好的接地装置，以防止绝缘栅击穿。

在输入电阻较高的场合使用时应采取防潮措施，以免输入电阻降低。陶瓷封装的"芝麻管"具有光敏特性，应注意使用。

3.3.2 　场效应管的测试方法

下面以结型场效应管（JFET）为例说明场效应管的测试方法。

1. 场效应管的电极的判别

根据 PN 结的正、反向电阻值不同的现象，可以很方便地判别出结型场效应管的 G、D、S 极。

方法一：将万用表置于"R×1k"挡，任选两电极，分别测出它们之间的正、反向电阻。若正、反向的电阻相等（约几千欧），则该两极为 D 极和 S 极（结型场效应管的 D、S 极可互换），余下的则为 G 极。

方法二：用万用表的黑表笔接任一个电极，红表笔依次接触其余两个电极，测其阻值。若两次测得的阻值近似相等，则该黑表笔接的为 G 极，余下的两个为 D 极和 S 极。

2. 场效应管放大倍数的测量

将万用表置于"R×1k"挡或"R×100"挡，两只表笔分别接触 D 极和 S 极，用手靠近或接触 G 极，此时表针右摆，且摆动幅度越大，放大倍数越大。

对 MOS 管来说，为防止栅极击穿，一般测量前先在其 G 极和 S 极间接一只几兆欧的大电阻，然后按上述方法测量。

3. 场效应管的质量好坏的判别

检查场效应管的两个 PN 结的单向导电性，PN 结正常，管子是好的，否则为坏的。测漏极和源极间的电阻 R_{DS}，应约为几千欧；若 $R_{DS} \to 0$ 或 RDS$\to \infty$，则说明管子已损坏。测 R_{DS} 时，用手靠近栅极，表针应有明显摆动，摆幅越大，管子的性能越好。

知识 4　集成电路的识别

集成电路是近 40 年来发展起来的高科技产品，其发展速度异常迅猛，从小规模集成电路（含有几十个晶体管）发展到今天的超大规模集成电路（含有几千万个晶体管或近千万个门电路）。集成电路的体积小、耗电低、稳定性好，从某种意义上讲，集成电路是衡量一个电子产品是否先进的主要标志。常见集成电路的外形和封装形式如图 3.2 所示。

图 3.2 常见集成电路的外形和封装形式

3.4.1 集成电路的种类

集成电路按功能可分为数字集成电路和模拟集成电路两大类；按其制作工艺可分为半导体集成电路、薄膜集成电路、厚膜集成电路、混合集成电路等；按其集成度可分为小规模集成电路(SSI)、中规模集成电路（MSI）、大规模集成电路（LSI）和超大规模集成电路（VLSI），它表示了在一个硅基片上所制造的元器件的数目。

集成电路的封装形式有晶体管式封装、扁平封装和直插式封装。集成电路的管脚排列次序有一定的规律，一般是从外壳顶部向下看，从左下脚按逆时针方向读数，其中第一脚附近一般有参考标志，如凹槽、色点等。

1. 数字集成电路

（1）数字集成电路的分类

数字集成电路按结构的不同可分为双极型和单极型电路。其中双极型电路有 DTL、TTL、ECL、HTL 等多种形式；单极型电路有 JFET、NMOS、PMOS、CMOS 4 种形式。

（2）数字集成电路的型号命名法

国产半导体集成电路的型号一般由 5 部分组成，各部分的符号及含义如表 3.14 所示。

表 3.14   国产半导体集成电路型号命名法

第 1 部 分	第 2 部 分	第 3 部 分	第 4 部 分	第 5 部 分
中 国 制 造	器 件 类 型	器件系列品种	工 作 温 度 范 围	封 装
C	T:TTL H:HTL E:ECL C:CMOS M:存储器 μ:微型机电路 F:线性放大器 W:稳压器 D:音响电视电路 B:非线性电路 J:接口电路 AD:A/D 转换器	TTL 电路分为: 54/74×××① 54/74H×××② 54/74L×××③ 54/74S××× 54/74LS×××④ 54/74AS××× 54/74ALS××× 54/74F××× CMOS 电路为:	C:0℃～70℃⑤ G:−25℃～70℃ L:−25℃～85℃ E:−40℃～85℃ R:−55℃～85℃ M−55℃～125℃⑥	D: 多层陶瓷双列直插 F: 多层陶瓷扁平 B: 塑料扁平 H: 黑瓷扁平 J: 黑瓷双列直插 P: 塑料双列直插 S: 塑料单列直插 T: 金属圆壳 K: 金属菱形 C: 陶瓷芯片载体 E: 塑料芯片载体

第 1 部 分	第 2 部 分	第 3 部 分	第 4 部 分	第 5 部 分
中 国 制 造	器 件 类 型	器 件 系 列 品 种	工 作 温 度 范 围	封　装
C	DA:D/A 转换器 SC:通信专用电路 SS:敏感电路 SW:钟表电路 SJ:机电仪电路 SF:复印机电路 …	4000 系列 54/74HC××× 54/74HCT×××		G: 网络针棚阵列封装 … SOIC: 小引线封装 PCC: 塑料芯片载体 LCC: 陶瓷芯片载体

注：①74 表示国际通用 74 系列（民用）；54 表示国际通用 54 系列（军用）。②H 表示高速。③L 表示低速。④LS 表示低功耗。⑤C 表示只出现在 74 系列。⑥M 表示只出现在 54 系列。

（3）TTL 数字集成电路

在实际工程中，最常用的数字集成电路主要有 TTL 和 CMOS 两大系列。

TTL 集成电路是用双极型晶体管作为基本元件集成在一块硅片上制成的，其品种、产量最多，应用也最广泛。国产的 TTL 集成电路有 T1000～T4000 系列，T1000 系列与国标 CT54/74 系列及国际 SN54/74 通用系列相同。

54 系列与 74 系列 TTL 集成电路的主要区别是在其工作环境的温度上。54 系列的工作环境温度为-55℃～+125℃；74 系列的工作环境温度为 0℃～70℃。

（4）CMOS 集成电路

CMOS 集成电路以单极型晶体管为基本元器件制成，它发展迅速，主要是因为它具有功耗低、速度快、工作电源电压范围宽（如 CC4000 系列的工作电源电压为 3～18V）、抗干扰能力强、输入阻抗高、扇出能力强、温度稳定性好及成本低等优点，尤其是它的制造工艺非常简单，为大批量生产提供了方便。

2. 模拟集成电路

模拟集成电路按用途可分为运算放大器、直流稳压器、功率放大器和电压比较器等。模拟集成电路与数字集成电路的差别不仅是在信号的处理方式上，而且在电源电压上的差别更大。模拟集成电路的电源电压根据型号的不同可以不相同而且数值较高，视具体用途而定。

（1）集成运算放大器

自从 1964 年美国仙童公司制造出第 1 个单片集成运放μA702 以来，集成运放得到了广泛的应用，目前它已成为线性集成电路中品种和数量最多的一类。

国标统一命名法规定，集成运放各个品种的型号由字母和阿拉伯数字两部分组成。字母在首部，统一采用两个字母，第 1 个字母表示国别，第 2 个字母表示器件类型，其后的数字表示集成运放的类型。

（2）集成直流稳压器

直流稳压电源是电子设备中不可缺少的单元，集成稳压器是构成直流稳压电源的核心，它体积小、精度高、使用方便，因而被广泛应用。

① 集成稳压器的型号命名法。集成稳压器的型号由两部分组成。第一部分是字母，国标用

CW 表示，其中 C 代表中国，W 代表稳压器。国外产品有 LM（美国 NC 公司）、A(美国仙童公司)、MC（美国摩托罗拉公司）、TA（日本东芝）、PC(日本日电)、HA（日立）、L（意大利 SGS 公司）等。第二部分是数字，表示不同的型号规格，国内外同类产品的数字意义完全一样。

② CW78×× 系列的典型用法。三端集成稳压器具有较完善的过流、过压和过热保护装置，其典型用法如图 3.3 所示。工作过程如下：从变压器输出的交流电压经过整流滤波后加至 CW78××的输入端，在 CW78×× 的输出端就可以得到直流稳压电压输出。电容器 C_i 用于减小纹波，对输入端过压也有抑制作用，电容器 C_o 可改善负载的瞬态响应（C_i、C_o 均取 $0.33 \sim 1\mu F$）。

图 3.3 CW7800 系列稳压器的典型应用电路

（3）集成功率放大器

集成功率放大器分为小、中、大功率放大器，其输出功率从几百毫瓦到几百瓦不等。常用的小功率集成功率放大器有 CD4100、CD4101、CD4102 系列，该系列产品的特点是功率体积比大、使用单电源，主要用于收音机、录音机等小功率放大电路中。

（4）片状集成电路

片状集成电路具有引脚间距小、集成度高等优点，广泛用于彩电、笔记本电脑、移动电话、DVD 等高新技术电子产品中。

片状集成电路的封装有小型封装和矩形封装两种形式。小型封装有 SOP 和 SOJ 两种封装形式，这两种封装电路的引脚间距大多为 1.27mm、1.0mm 和 0.76mm。其中 SOJ 占用印制电路板的面积更小，应用较为广泛。矩形封装有 QFP 和 PLCC 两种封装形式，PLCC 比 QFP 更节省印制电路板的面积，但其焊点的检测较为困难，维修时拆焊更困难。此外，还有 COB 封装，即通常所称的"软黑胶"封装。它是将 IC 芯片直接粘在印制电路板上，通过芯片的引脚实现与印制电路板的连接，最后用黑色的塑胶包封。

3.4.2 常用音乐集成电路

音乐集成电路是一种乐曲发生器，它可以向外发送固定存储的乐曲，具有声音悦耳、外接元器件少、价格低、功能全和使用方便等特点，因而音乐集成电路在家用电器、时钟、电子玩具等领域得到了广泛的应用。

目前，音乐集成电路已发展成许多系列，在一片音乐集成电路内，有的存储一首乐曲，还有的存储有多首乐曲，而且在控制功能上也各不相同。近几年还有各种中文语音集成电路问世，如在汽车中安装的语音告警电路就是这种音乐集成电路。

1. CW9300 型音乐集成电路

CW9300 型音乐集成电路的外形和引脚功能如图 3.4 所示。

(a) 外形　　　　　　　(b) 原理图

图 3.4　CW9300 型音乐集成电路的外形和引脚功能

CW9300 是最常用的音乐集成电路之一，它的乐曲种类很多，相同型号的音乐集成电路、不同的音乐片内部的音乐各不相同。该系列音乐集成电路用法灵活，用途极广，广泛应用在电子玩具、电话、门铃、钟表及各种仪器仪表中作发声装置。

2. HY-100 型音乐集成电路

HY-100 型音乐集成电路的外形和引脚功能如图 3.5 所示。

(a) 印制电路板　　　　　　　(b) 原理图

图 3.5　HY-100 型音乐集成电路的外形和引脚功能

HY-100 型音乐集成电路是一个可以用作门铃的电路，可直接驱动 2.5 英寸的动线圈式扬声器发声。当 HY-100 型音乐集成电路受到脉冲信号触发时，就会自动演奏长约 20s 的乐曲。如果要改变演奏乐曲的速度，则只需要改变电阻 R 的阻值即可。

3. CH-105 型音乐集成电路

CH-105 型音乐集成电路的外形和引脚功能如图 3.6 所示。

(a) 印制电路板　　　　　　　(b) 原理图

图 3.6　CH-105 型音乐集成电路的外形和引脚功能

CH-105 型音乐集成电路的接法简单，合上电源开关电路就可以工作，进行乐曲的演奏无需有外触发信号。发声元件采用 HTD-20 或 HTD-27 型压电陶瓷片。

4. CW9561 型音乐集成电路

CW9561 型音乐集成电路的外形和引脚功能如图 3.7 所示。

图 3.7　CW9561 型音乐集成电路的外形和引脚功能

CW9561 型音乐集成电路是一种能发出警报声、汽笛声、警车声、机枪声的四声音乐集成电路。当开关 S_2 分别置于 A、B、C 位置时，电路可发出警报声、汽笛声、警车声；当开关 S_1 闭合时，不论 S_2 置于何处，电路均发出连续的机枪声。还有一种 CW9561 型音乐集成电路，S_2 为一个双刀四掷开关，当 S_2 置于不同的挡位时，电路就会发出警报声、汽笛声、警车声和机枪声。

项目小结

1. 二极管的最常用的主要技术指标有两个：正向最大整流电流和额定耐压。测量二极管的主要方法是用万用表的电阻挡对其进行测量，需要测量两次才能对二极管的质量做出判断，即正向电阻比较小，反向电阻非常大，则该二极管一般为正常，同时能检测出二极管管脚的极性。一般小功率的二极管在管壳上都有标志，通常是在管壳的一端涂有黑颜色的圈或点，则靠近标志的管脚为二极管的负极。

2. 三极管最常用的主要技术指标是放大倍数。测量三极管的主要方法是用万用表的电阻挡对其两个 PN 结进行测量，每个 PN 结需要测量两次才能作出判断，即每个 PN 结的正向电阻都比较小，反向电阻都非常大，则该三极管一般为正常，同时能检测出三极管管脚的极性。也可以直接使用万用表上测量三极管 β 值的插孔对三极管进行测量，在三极管的管脚正确插入万用表的对应插孔后，若指针读数在 300 以内时，表示该三极管基本正常。

3. 集成电路的测量一般都是通过替换法来进行的。对于没有专用仪器的维修人员，都是用一个好的该型号的集成电路对怀疑有问题的集成电路进行替换，若故障排除，则表示原来的集成电路已经损坏。

课后练习

1. 如何用万用表测量二极管的好坏和电极极性？
2. 如何用万用表测量三极管的好坏和电极极性？

电子元器件的焊接技能训练

项目要求

通过对电子元器件进行实际焊接和用细导线焊接成各种造型，达到掌握手工焊接的基本技能，能对焊点的质量作出判断，能按照电路要求完成元器件和导线的焊接工作，达到合格的焊接标准。

通过该项目的学习和训练，要求学生熟练掌握手工焊接和拆焊的技能，并了解工厂在进行大批量生产时使用机器进行焊接的种类和设备。

【知识要求】

（1）了解手工锡焊所需要的各种工具的用途和性能。

（2）掌握手工锡焊的质量判别标准。

（3）掌握手工拆焊的原则，了解拆焊所需要的工具和特点。

（4）了解工厂锡焊所用的各种设备机器特点。

【技能要求】

（1）能熟练使用手工焊接工具，并会对新电烙铁进行挂锡处理。

（2）能熟练使用电烙铁给电子元器件引脚上锡和给导线头上锡。

（3）能将电子元器件牢固地焊接到电路板上，焊点达到质量标准。

项目实施

【项目实施器材】

（1）可焊接的印制电路板，细铜导线若干。

（2）电阻、电容、集成电路插座、单芯导线、屏蔽线、铸塑元件、铝板、废旧收音机电路板。

（3）焊接工具一套：电烙铁、剪刀、镊子等工具。

（4）焊锡丝：39号锡铅焊料。

（5）松香水、电烙铁。

【项目实施步骤】

（1）手工锡焊技能训练。

① 电阻、电容元件在电路板上的焊接。

② 集成电路插座的焊接。

③ 单芯导线之间的焊接。

④ 单芯导线和铸塑元器件引脚之间的焊接。

⑤ 屏蔽线与电路板之间的焊接。

⑥ 屏蔽线与铸塑元器件之间的焊接。

⑦ 多股导线与铝板之间的焊接。

⑧ 收音机元器件的焊接。

⑨ 用细铜导线焊接一个五角星（或其他造型）。

（2）拆焊技能训练。

① 电阻、电容元件在电路板上的拆焊。

② 集成电路插座的拆焊。

③ 单芯导线和铸塑元器件引脚之间的拆焊。

④ 屏蔽线与电路板之间的拆焊。

⑤ 收音机中周的拆焊。

（3）到电子产品生产企业参观焊接流水线。

项目相关知识

电子元器件是组成电子产品的基本单元，把电子元器件牢固地焊接到印制电路板上，是电子装配的重要环节。掌握焊接的基本知识和基本技能是衡量学生掌握电子技术基本技能的一个重要项目，也是从事电子技术工作人员所必须掌握的技能。有一个资深的电子设备维修人员说过：若一个人能把一块集成电路从板上拆装十遍而保证元件和印制电路板完好，那他就是一个合格的焊接高级工了。

知识1　手工锡焊

焊接是电子产品装配过程中的一个重要步骤，采用合适的焊接工具是保证电子产品焊接质量的关键环节。

4.1.1　手工锡焊工具

电烙铁是最常用的手工焊接工具之一，被广泛用于各种电子产品的生产与维修，常见的电烙铁及烙铁头形状如图 4.1 所示。

（a）外热式　　　　　　　　　　（b）内热式　　　　　　　　（c）各种形状的烙铁头

图 4.1　常见的电烙铁及烙铁头形状

1. 电烙铁的分类

常见的电烙铁分为内热式、外热式、恒温式和吸锡式。

（1）内热式电烙铁

内热式电烙铁具有发热快、体积小、重量轻、效率高等特点，因而得到普遍应用。

常用的内热式电烙铁的规格有 20W、35W、50W 等，20W 烙铁头的温度可达 350℃左右。电烙铁的功率越大，烙铁头的温度就越高，可焊接的元器件就越大。焊接集成电路和小型元器件选用 20W 内热式电烙铁即可。

（2）外热式电烙铁

外热式电烙铁的功率比较大，常用的规格有 35W、45W、75W、100W 等，适合于焊接被焊接物较大的元器件。它的烙铁头可以被加工成各种形状以适应不同焊接面的需要。

（3）恒温式电烙铁

恒温电烙铁用电烙铁内部的磁控开关来控制烙铁的加热电路，使烙铁头保持恒温。当磁控开关的软磁铁被加热到一定的温度时，便失去磁性，使电路中的触点断开，自动切断电源。

（4）吸锡式烙铁

吸锡式烙铁是拆除焊件的专用工具，可将焊接点上的焊锡融化后吸除，使元器件的引脚与焊盘分离。操作时，先将烙铁加热，再将烙铁头放到焊点上，待焊接点上的焊锡融化后，按动吸锡开关，即可将焊点上的焊锡吸入腔内，这个步骤有时要反复进行几次才行。

2. 电烙铁的使用

（1）安全检查

先用万用表检查烙铁的电源线有无短路和开路，测量烙铁是否有漏电现象，检查电源线的装接是否牢固、固定螺丝是否松动、手柄上的电源线是否被螺丝顶紧、电源线的套管有无破损。

（2）新烙铁头的处理

新买的烙铁一般不能直接使用，要先将烙铁头进行"上锡"后方能使用。"上锡"的具体操作方法是将电烙铁通电加热，趁热用锉刀将烙铁头上的氧化层锉掉，在烙铁头的新表面上熔化带有松香的焊锡，直至烙铁头的表面薄薄地镀上一层锡为止。

3. 其他焊接工具

（1）尖嘴钳

尖嘴钳的主要作用是在连接点上夹持导线或元器件引线，也用来对元器件引脚加工成形。

（2）偏口钳

偏口钳又称斜口钳，主要用于切断导线和剪掉元器件过长的引线。

（3）镊子

镊子的主要用途是摄取微小元器件，在焊接时夹持被焊件以防止其移动和帮助散热。

（4）旋具

旋具又称改锥或螺丝刀。旋具分为十字旋具和一字旋具，主要用于拧动螺钉及调整元器件的可调部分。

（5）小刀

小刀主要用来刮去导线和元器件引线上的绝缘物和氧化物，使之易于上锡。

4.1.2　手工锡焊方法

1. 手工锡焊的手法

（1）焊锡丝的拿法

经常使用烙铁进行锡焊的人，在连续进行焊接时，锡丝的拿法应为用左手的拇指、食指和中指夹住锡丝，用另外两个手指配合就能把锡丝连续向前送进。

（2）电烙铁的握法

根据电烙铁的大小、形状和被焊件要求的不同，电烙铁的握法一般有 3 种形式：正握法、反握法和握笔法。

2. 手工焊接的基本步骤

手工焊接时，常采用 5 步操作法，如图 4.2 所示。

图 4.2　手工锡焊 5 步操作法

（1）准备工作

首先把被焊件、锡丝和烙铁准备好，处于随时可焊的状态。

（2）加热被焊件

把烙铁头放在接线端子和引线上进行加热。

（3）放上焊锡丝

被焊件经加热达到一定温度后，立即用手中的锡丝接触被焊件，使之熔化。

（4）移开焊锡丝

当锡丝熔化一定量后（焊料不能太多），迅速移开锡丝。

（5）移开电烙铁

当焊料的扩散范围达到要求后移开电烙铁。

（6）焊料多少的控制

若使用焊料过多，则多余的焊锡会流入管座的底部，降低管脚之间的绝缘性；若使用焊料太少，则被焊接件与焊盘不能良好结合，机械强度不够，容易造成开焊。

焊盘上焊料多少的控制如图 4.3 所示。

4.1.3　手工锡焊的操作技巧

为了保证焊接质量，焊接技术人员总结了 5 个 "对"，可以作为焊接的诀窍。

1. 对焊件要先进行表面处理

手工焊接中遇到的焊件是各种各样的电子元器件和导线，除非在规模生产条件下使用 "保鲜期" 内的电子元器件，一般情况下遇到的焊件都需要进行表面清理工作，去除焊接面上的锈迹、油污等影响焊接质量的杂质。手工操作中常用机械刮磨和酒精擦洗等简单易行的方法处理焊件表面。

2. 对元器件引线要进行镀锡

镀锡就是将要进行焊接的元器件引线或导线的焊接部位预先用焊锡润湿，一般也称为上锡。镀锡对手工焊接，特别是进行电路维修和调试，是必不可少的。图 4.4 所示为给元器件引线镀锡的方法。

图 4.3　焊盘上焊锡量的控制　　　　图 4.4　给元器件引线镀锡

3. 对助焊剂不要过量使用

适量的焊剂是必不可缺的，但不要认为越多越好。过量的松香不仅增大焊接后焊点周围需要清洗的工作量，而且延长了加热时间（松香熔化、挥发需要并带走热量），降低了工作效率。若加热时间不足，非常容易将松香夹杂到焊锡中形成 "夹渣" 缺陷；对开关类元件的焊接，过量的助焊剂容易流到触点处，从而造成开关接触不良。

合适的助焊剂量应该是松香水仅能浸湿将要形成的焊点，不要让松香水透过印制电路板流到元器件面或插座孔里（如 IC 插座）。若使用有松香芯的焊锡丝，则基本上不需要再涂助焊剂。

4. 对烙铁头要经常进行擦蹭

在焊接过程中烙铁头长期处于高温状态，又接触助焊剂等受热分解的物质，其铜表面很容易氧化而形成一层黑色杂质，这些杂质形成了隔热层，使烙铁头失去了加热作用。因此，要随时在烙铁架上蹭去烙铁头上的杂质。用一块湿布或湿海绵随时擦蹭烙铁头，也是非常有效的方法。

5. 对焊盘和元器件加热要有焊锡桥

在手工焊接时，要提高烙铁头加热的效率，需要形成热量传递的焊锡桥。所谓焊锡桥，就是靠烙铁上保留少量的焊锡作为加热时烙铁头与焊件之间传热的桥梁。显然由于金属液体的导热效率远高于空气，因此元器件很快可以被加热到适于焊接的温度。

4.1.4 具体焊件的锡焊技巧

掌握焊接的原则和要领对正确操作是必要的，但仅仅依照这些原则和要领并不能解决实际操作中的各种问题，实际经验是不可缺少的。借鉴他人的成功经验，遵循成熟的焊接工艺是初学者掌握焊接技能的必由之路。

1. 印制电路板的焊接

印制电路板的焊接在整个电子产品制造中处于核心的地位，掌握印制电路板的焊接是至关重要的。可以按照下列方法进行操作。

（1）对印制电路板和元器件进行检查

焊接前应对印制电路板和元器件进行检查，内容主要包括印制电路板上的铜箔、孔位及孔径是否符合图纸要求，有无断线、缺孔等，表面处理是否合格，有无污染，元器件的品种、规格及外封装是否与图纸吻合，元器件的引线有无氧化和锈蚀。

（2）对印制电路板焊接的注意事项

焊接印制电路板，除了要遵循锡焊要领外，需特别注意以下几点。

一般应选内热式 20～35W 或调温式电烙铁，其温度不超过 300℃。烙铁头形状的选择也很重要，应根据印制电路板焊盘的大小采用凿形或锥形烙铁头。目前印制电路板的发展趋势是小型密集化，因此常用小型圆锥烙铁头为宜。给元件引线加热时应尽量使烙铁头同时接触印制电路板上的铜箔，对较大的焊盘（直径大于 5mm）进行焊接时可移动烙铁使烙铁头绕焊盘转动，以免长时间对某点焊盘加热导致局部过热，如图 4.5 所示。

图 4.5 对大焊盘的加热焊接

图 4.6 对金属化孔的焊接

对双层印制电路板上的金属化孔进行焊接时，不仅要让焊料润湿焊盘，而且孔内也要润湿填充，如图 4.6 所示，因此对金属化孔的加热时间应稍长。

焊接完毕后，要剪去元器件在焊盘上的多余引线，检查印制电路板上所有元器件的引线焊点是否良好，及时进行焊接修补。对有工艺要求的要用清洗液清洗印制电路板，使用松香焊剂的印制电路板一般不用清洗。

2．导线的焊接

导线的焊接在电子产品中占有重要位置，导线焊点的失效率高于元器件在印制电路板上的焊点，所以要对导线的焊接工艺给予特别的重视。

（1）常用连接导线

在电子电路中常使用的导线有 3 类：单股导线、多股导线和屏蔽线。

（2）导线的焊前处理

导线在焊接前要除去其末端的绝缘层，剥绝缘层可以用普通工具或专用工具。在工厂的大规模生产中使用专用机械给导线剥绝缘层，在检查和维修过程中，一般可用剥线钳或简易剥线器给导线剥绝缘层，如图 4.7 所示。简易剥线器可用 0.5 ~ 1mm 厚度的铜片经弯曲后固定在电烙铁上制成，使用它的最大好处是不会损伤导线。

使用普通偏口钳剥除导线的绝缘层时，要注意对单股线不应伤及导线，对多股线和屏蔽线要注意不断线，否则将影响接头质量。

剥除多股导线绝缘层的技巧是将线芯拧成螺旋状，采用边拽边拧的方式，如图 4.8 所示。

图 4.7　简易剥线器的制作　　　　图 4.8　多股导线的剥线技巧

对导线进行焊接，挂锡是关键的步骤。尤其是对多股导线的焊接，如果没有这步工序，焊接的质量很难保证。

（3）导线与接线端子之间的焊接

导线与接线端子之间的焊接有 3 种基本形式：绕焊、钩焊和搭焊，如图 4.9 所示。绕焊是把已经挂锡的导线头在接线端子上缠一圈，用钳子拉紧缠牢后再进行焊接。注意导线一定要紧贴端子表面，使绝缘层不接触端子，一般 $L=1 \sim 3mm$ 为宜。这种连接可靠性最好。钩焊是将导线端子弯成钩形，钩在接线端子的孔内，用钳子夹紧后施焊。这种焊接方法强度低于绕焊，但操作比较简便。搭焊是把经过挂锡的导线搭到接线端子上施焊。这种焊接方法最方便，但强度可靠性最差，仅用于临时焊接或不便于缠、钩的地方。

（a）导线弯曲形状　　　　（b）绕焊　　　　（c）钩焊　　　　（d）搭焊

图 4.9　导线与端子之间的焊接形式

（4）导线与导线之间的焊接

导线之间的焊接以绕焊为主，如图4.10所示。其操作步骤如下：先给导线去掉一定长度的绝缘皮；再给导线头挂锡，并穿上粗细合适的套管；然后将两根导线绞合后施焊；最后趁热套上套管，使焊点冷却后套管固定在焊接头处。

图4.10　导线与导线之间的焊接

3. 铸塑元器件的锡焊技巧

许多有机材料，如有机玻璃、聚氯乙烯、聚乙烯、酚醛树脂等，现在被广泛用于电子元器件的制造，如各种开关和插接件等。这些元器件都是采用热铸塑的方式制成的，它们最大的弱点就是不能承受高温。当需要对铸塑材料中的导体接点施焊时，如控制不好加热时间，极容易造成塑件变形，导致元器件失效或性能降低。图4.11所示为一个钮子开关因为焊接技术不当而造成失效的例子。

图4.11　因焊接不当造成铸塑开关失效

对铸塑元器件焊接时要掌握的技巧如下。

① 先处理好接点，保证一次镀锡成功，不能反复镀锡。

② 将烙铁头修整得尖一些，保证焊一个接点时不碰到相邻的焊接点。

③ 加助焊剂时量要少，防止助焊剂浸入电接触点。

④ 焊接时不要对接线片施加压力。

⑤ 焊接时间在保证润湿的情况下越短越好。

4. 弹簧片类元器件的锡焊技巧

弹簧片类元器件如继电器、波段开关等，它们的共同特点是在簧片制造时施加了预应力，使之产生适当的弹力，保证电接触性能良好。如果在安装和施焊过程中对簧片施加外力过大，则会破坏接触点的弹力，造成元器件失效。

对弹簧片类元器件的焊接技巧如下。

① 有可靠的镀锡。

② 加热时间要短。

③ 不可对焊点的任何方向加力。

④ 焊锡量宜少不宜多。

5. 集成电路的焊接技巧

对集成电路进行焊接时，需要掌握的焊接技巧如下。

① 集成电路的引线如果是镀金处理的，不要用刀刮，只需用酒精擦洗或用绘图橡皮擦干净就可以进行焊接了。

② CMOS 型集成电路在焊接前若已将各引线短路，焊接时不要拿掉短路线。

③ 焊接时间在保证润湿的前提下，尽可能要短，不要超过 3s。

④ 最好是采用恒温 230℃、功率为 20W 的电烙铁，接地线应保证接触良好。

⑤ 烙铁头应修整得窄一些，保证焊接一个端点时不会碰到相临的端点。

⑥ 集成电路若直接焊到印制电路板上时，焊接顺序应为：地端—输出端—电源端—输入端。

知识 2　手工拆焊

在电子产品的焊接和维修过程中，经常需要拆换已焊好的元器件，这就是拆焊，也叫做解焊。在实际操作中，拆焊比焊接要困难得多，若拆焊不得法，很容易损坏元器件或破坏电路板上的焊盘及铜箔。

4.2.1　手工拆焊的原则与工具

1. 拆焊操作的适用范围

拆焊技术适用于拆除误装误接的元器件和导线，在维修或检修过程中需更换的元器件，在调试结束后需拆除临时安装的元器件或导线等。

2. 拆焊操作的原则

拆焊时不能损坏需拆除的元器件及导线；拆焊时不能损坏焊盘和印制电路板上的铜箔；在拆焊过程中不要乱拆和移动其他元器件，若确实需要移动其他元器件时，在拆焊结束后应做好移动元器件的复原工作。

3. 拆焊操作所使用的工具

（1）一般工具

拆焊可用一般电烙铁来进行，烙铁头不要蘸锡，先用烙铁使焊点上的焊锡熔化，然后迅速用镊子拔下元器件的引脚，再对原焊点进行清理，使焊盘孔露出来，以备重新安装元器件时使用。用一般的电烙铁拆焊时，可以配合其他辅助工具来进行，如吸锡器、排焊管、划针等。

（2）专用工具

拆焊的专用工具是吸锡电烙铁，它自带一个吸锡器，烙铁头是中空的。拆焊时先用烙铁头加热焊点，当焊点熔化时按下吸锡电烙铁上的吸锡开关，焊锡就会被吸入烙铁内的吸管内。专用工具适用于拆除集成电路、中频变压器等多引脚元器件。

4. 拆焊操作的具体要求

① 严格控制加热时间。

② 仔细掌握好用力尺度。

4.2.2　具体元器件的拆焊操作技巧

1. 少引脚元器件的拆焊方法

一般电阻、电容、二极管、三极管等元器件的管脚不多，对这些元器件可直接用烙铁进行触焊，如图 4.12 所示。

　　焊接时，将印制电路板竖起来夹住，一边用烙铁加热待拆元器件的一个焊点，一边用镊子或尖嘴钳子夹住器件的引线，待焊点熔化后将元器件引线轻轻地拉出。用同样方法，将元器件的另一个引线也拔除，该元器件就被从电路板上拆下来了。将元器件拆除后，必须将该元器件原来焊盘上的焊锡清理干净，使焊盘孔暴露出来，以便再安装元器件时使用。在需要多次在一个焊点上反复进行拆焊操作的情况下，可用图 4.13 所示的"断线拆焊法"。

图 4.12　少引脚元器件的拆焊方法

图 4.13　用断线拆焊法更换元器件

2. 多引脚元器件的拆焊方法

　　当需要拆下有多个引线的元器件或虽然元器件的引线数少但引线比较硬时，如要拆下一个 16 脚的集成电路，用上述方法就不行了。可以根据条件采用以下两种方法进行拆焊。

图 4.14　用自制专用工具拆焊

　　① 采用自制专用工具拆焊，如图 4.14 所示。自己制作一个专用烙铁头，形状可以是线状或半工字状，一次就可将待拆元器件的所有焊点加热。用这种方法拆焊速度快，但需要制作专用工具，同时烙铁的功率也需要比较大一些。显然这种方法对于不同的元器件需要制作不同形状的专用工具，有时并不是很方便，但对于专业搞维修的技术人员来说，还是比较实用的。

　　② 采用吸锡烙铁或吸锡器拆焊。吸锡烙铁对拆焊是很有用的，既可以拆下待换的元件，又可同时使焊孔暴露出来，而且不受元器件形状和种类的限制。但这种方法须逐个将焊点除锡，工作效率不高，而且还需要定期将吸入烙铁吸锡腔中的焊锡清除。

　　在没有吸锡烙铁的条件下，如何将其从板上拆下来而又不破坏板和元器件呢？采用"拖线拆焊法"不失为一种简便易行的好方法。

　　找一段多股软导线，剥掉一段塑料皮，露出多股细铜线，将其在松香水中浸一下，或是用热烙铁的背面（正面有锡），将多股铜线压在松香块上浸上一层薄薄的松香，然后将多股铜线放在多引脚元器件的焊点上，用烙铁加热，使焊盘上的焊锡都吸到导线上，在加热的过程中，将导线顺着焊点拖动，再将已吸满焊锡的那段导线剪下。反复运用拖线吸焊锡的方法将多引脚元器件的焊盘孔全露出来，就可以很容易地将多引脚元器件从板上拆下来了。

　　利用屏蔽电缆的铜丝编织线作为吸收焊锡的拖线，也是在业余拆焊中一种既实用又方便的拆焊方法。采用"拖线拆焊法"简便易行，且不损伤印制电路板和元器件，是业余维修人员进行拆焊操作的好方法。

知识 3　工厂锡焊

电子产品的工业焊接技术是指大批量生产的自动焊接技术，如浸焊、波峰焊、再流焊等。这些焊接都是采用自动焊接机完成的。

4.3.1　工厂锡焊设备

1. 浸锡焊接设备

浸锡焊接设备是适用于小型工厂进行小批量生产电子产品的焊接设备，能完成对元器件引线、导线端头、焊片及接点等焊接功能。目前使用较多的有普通浸锡设备和超声波浸锡设备两种类型。

（1）普通浸锡设备

普通浸锡设备是在一般锡炉的基础上加滚动装置及温度调整装置构成的。操作时，将待浸锡的元器件先浸蘸助焊剂，再浸入锡炉。由于锡锅内的焊料在不停地滚动，增强了浸锡的效果。浸锡后要及时将多余的锡甩掉，或用棉纱擦掉。有些浸锡设备带有传动装置，使排好顺序的元器件匀速通过锡锅，自动进行浸锡，这既可提高浸锡的效率，又可保证浸锡的质量。

（2）超声波浸锡设备

超声波浸锡设备是通过向锡锅辐射超声波来增强浸锡效果的，适用于对浸锡比较困难的元器件浸锡之用。此设备由超声波发生器、换能器、水箱、焊料槽、加温控制等设备组成。

2. 波峰焊接机

波峰焊接机是适用于大型工厂进行大批量生产电子产品的焊接设备。波峰焊接机利用处于沸腾状态的焊料波峰接触被焊件，形成浸润焊点，完成焊接过程。波峰焊接机分为单波峰焊接机和双波峰焊接机两种类型，其中双波峰焊接机对被焊处进行两次不同的焊接，一次作为焊接前的预焊，一次作为主焊，这样可获得更好的焊接质量。

目前使用较多的波峰焊接机为全自动双波峰型。它能完成焊接的全部操作，包括涂敷助焊剂、预热、预焊锡、主焊接、焊接后清洗、冷却等操作。

3. 再流焊机

再流焊机又称回流焊机，是专门用于焊接表面贴装元器件的设备，如现在已经广泛使用的手机、笔记本电脑等，都是在再流焊机上完成元器件焊接的。焊接表面贴装元器件时，先将适量的焊锡膏涂敷在印制电路板的焊盘上，再把涂有固定胶的表面贴装元器件放到相应的焊盘位置上。由于固定胶具有一定的黏性，可将元器件固定住，然后让贴装好元器件的印制电路板进入再流焊机的焊炉内，当焊炉内的温度上升到一定温度时，焊锡膏融化，当温度再降低时焊锡凝固，元器件与印制电路板就实现了电气连接。再流焊设备的核心是利用外部热源对焊炉加热的过程，这个过程既要保证使焊料溶化又要不损坏元器件，完成印制电路板的焊接过程。

常用的再流焊接机有红外线再流焊接机、热风再流再流焊接机、热传导再流焊接机、激光再流焊接机等。

热风再流再流焊炉主要由炉体、上下加热源、PCB 传送装置、空气循环装置、冷却装置、排风装置、温度控制装置以及计算机控制系统组成。

4.3.2 工厂锡焊工艺

1. 波峰焊接的工艺流程

波峰焊是将安装好元器件的印制电路板与熔融的焊料波峰相接触以实现焊接的一种方法。这种方法适用于工业进行大批量焊接，如电视机生产线就广泛使用波峰焊进行电路板的焊接。这种焊接方法焊接质量高，若与自动插件机器相配合，还可实现电子产品安装焊接的半自动化生产。

波峰焊接的工艺流程为将印制电路板（已经插好元器件）装上夹具→喷涂助焊剂→预热→波峰焊接→冷却→切除焊点上的元器件引线头→残脚处理→出线，如图 4.15 所示。

图 4.15　波峰焊接的工艺流程

在波峰焊接的工艺流程中，印制电路板的预热温度为 60℃～80℃，波峰焊的焊锡温度为 240℃～245℃，要求焊锡槽中的锡峰高于铜箔面 1.5～2mm，焊接的时间控制在 3s 左右。切头工艺是用切头机对元器件暴露在焊点上的引线加以切除，清除器用毛刷对焊点上残留的多余焊锡进行清除，最后通过自动卸板机把印制电路板送往硬件装配线。

2. 再流焊接的工艺流程

再流焊工艺焊接效率高，元件焊接的一致性好，并且节省焊料，是一种适合自动化生产的电子产品装配技术，再流焊工艺目前已经成为表面贴装技术的主流。

再流焊的加热过程可以分为预热、保温、再流焊接和冷却 4 个阶段，在控制系统的作用下，焊炉内的温度按照事先设定好的规律变化，完成焊接过程。

预热阶段：将焊接对象从室温逐渐加热至150℃左右，在这个过程中，焊膏中的溶剂被挥发。

保温阶段：炉内温度维持在 150℃~160℃，在这个过程中，焊膏中的活性剂开始起作用，去除焊接对象表面的氧化层。

再流焊接阶段：炉内温度逐渐上升，当超过焊膏熔点温度的 30%～40%时，炉内温度会达到 220℃～230℃，保持这个温度过程的时间要短于 10s，此时，焊膏完全熔化并润湿元器件的焊端与焊盘。

冷却阶段：炉内温度迅速降低，使焊接对象迅速降温形成焊点，完成焊接。

为调整最佳工艺参数，需测定温度焊接曲线，它是通过温度测试记录仪进行的，这种记录测量仪一般由多个热电偶与记录仪组成，测得的参数送入计算机，用专用软件描绘曲线。

再流焊的工艺流程可用图 4.16 来表示。

在这个过程中，印刷焊膏、贴装元器件、设定再流焊的温度曲线是最重要的工艺过程。印刷焊膏要使用焊膏印刷机。目前使用的焊膏印刷机有自动印刷机和手动印刷机。贴装元器件是将元器件安装在已经印刷有焊膏的印制电路板上，贴装要求的精度比较高，否则元器件贴不到位，就会形成错焊。现在生产线上都采用自动贴片机。再流焊接机通过对印制电路板施加符合要求的加热过程，使焊膏熔化，将元器件焊接在印制电路板上。

图 4.16　再流焊接的工艺流程

再流焊的工艺要求有以下几点。

① 要设置合理的温度曲线。如果温度曲线设置不当，会引起焊接不完全、虚焊、元器件翘立（俗称"竖碑"现象）、锡珠飞溅等焊接缺陷，影响产品质量。

② SMT 电路板在设计时就要确立焊接方向，并应当按照设计方向进行焊接。一般应该保证主要元器件的长轴方向与印制电路板的运行方向垂直。

③ 在焊接过程中，要严格防止传送带振动。

④ 必须对第一块印制电路板的焊接效果进行检查和判断，检查焊接是否完全、有无焊接膏熔化不充分或虚焊和桥接的痕迹、焊点表面是否光亮、焊点形状是否向内凹陷、是否有锡珠飞溅和残留物等现象，还要检查印制电路板的表面颜色是否改变。只有在第一块印制电路板完全合格后，才能进行批量生产。在批量生产过程中，还要定时检查焊接质量，及时对温度曲线进行修正。

与波峰焊接技术相比，再流焊中的元器件不直接浸渍在熔融的焊料中，所以元器件受到的热冲击小，能在前道工序里控制焊料的施加量，减少了虚焊、桥接等焊接缺陷，所以焊接的质量好，焊点的一致性也比较好，因而电路的工作可靠性也大大提高。

再流焊的焊料是商品化的焊锡膏，能够保证正确的组分，一般不会混入杂质，这是波峰焊接难以做到的。当然焊锡膏的价格也比一般焊锡要高出许多，再流焊接设备也是比较昂贵的。

3. 工厂电子产品焊接技术的发展

① 随着微组装技术不断涌现，目前已用于生产实践的锡焊技术有丝球焊、TAB 焊、倒装焊、真空焊等。

② 发展不用焊锡以外的焊接技术。现在已经问世的焊接技术主要有高频焊、超声焊、电子束焊、激光焊、摩擦焊、爆炸焊及扩散焊等。

③ 发展无铅焊接技术，使用无铅焊料。由于铅是有害金属，人们已在使用非含铅焊料实现锡焊。目前已成功用于代替铅的有铟、铋以及甲基汞等。同时使用免洗焊膏，焊接后不用清洗，避免污染环境。

④ 发展无加热焊接。用导电粘结剂将焊件粘起来，就像用普通粘接剂粘接物品一样实现电气连接。

技能与技巧

【在铝板上焊接导线的技巧】

将导线焊到金属板上，最关键的问题是往金属板上镀锡。因为金属板的表面积大，吸热多且散热快，所以必须要使用功率较大的电烙铁。一般根据板的厚度和面积选用 50～300W 的烙铁即可。若板厚为 0.3mm 以下时也可用 20W 烙铁，只是要增加焊接的时间。

在焊接时可采用如图 4.17 所示的方法，先用小刀刮干净待焊面，立即涂上少量助焊剂，然后用烙铁头沾满焊锡适当用力地在铝板上做圆周运动，靠烙铁头的摩擦破坏铝板的氧化层并不断地将锡镀到铝板上。镀上锡后的铝板就比较容易焊接了。若使用酸性助焊剂如焊油时，在焊接完成后要及时将焊接点清洗干净。

图 4.17　在铝板上进行焊接的方法

项目小结

1. 手工焊接是从事电子产品生产的人员必须掌握的基本技能，要正确使用焊接工具，掌握正确的焊接方法。

2. 浸锡炉适用于进行小批量电子产品的焊接，能完成对元器件引线、导线端头、焊片及接点等的焊接。

3. 波峰焊接适用于大批量电子产品的焊接，其工艺已经实现自动化。

4. 再流焊是专门用于焊接表面贴装元器件的焊接技术，属于焊接的前沿技术，目前已经得到广泛应用。

课后练习

1. 手工焊接需要进行哪几个步骤？

2. 为什么要对元器件引脚进行镀锡？

3. 为什么要对导线进行挂锡？

4. 导线的焊接有哪几种方法？

5. 导线与铸塑元器件焊接时要注意什么问题？

6. 导线在铝板上焊接时要采取什么方法？

7. 手工拆焊需要有什么工具？

8. 对少引脚元器件拆焊可用什么方法？

9. 对多引脚元器件拆焊时要用什么方法？

10. 对导线与铸塑元器件拆焊时要注意什么问题？

11. 对屏蔽线进行拆焊时要采取什么顺序？

项目 5

电子材料的识别与元器件装接技能训练

项目要求

通过对一个功率放大器的实际解剖，要求学生认识功率放大器内部使用的各种电子材料，能正确识别各种电子材料的种类，熟悉各种电子材料的名称，了解电子材料在电路中的作用，掌握电子材料的检测和使用方法。要求学生对电子元器件和导线在电路板上的形状有清楚的认识，知道电子产品在装配前需要对元器件和导线进行哪些处理。

通过该项目的学习和训练，要求学生能正确选用电子材料，掌握各种导线的加工要求，熟悉线扎的制作方法，熟练掌握各种电子元器件引脚的加工方法。

【知识要求】

（1）掌握安装导线的种类、名称与特点。

（2）掌握绝缘材料的种类、作用与标识方法。

（3）掌握印制电路板的种类、作用与特点。

（4）掌握焊接材料的种类、作用与特点。

（5）掌握磁性材料、粘接材料的种类、作用与特点。

（6）掌握绝缘导线、屏蔽导线端头在装配前的加工要求。

（7）掌握线扎的制作要求。

（8）掌握各种电子元器件在装配前对引脚的加工要求。

【技能要求】

（1）能用目视法判断识别常见的安装导线，能正确说出各种安装导线的名称。

（2）能用目视法判断识别常见的绝缘材料，能正确说出各种绝缘材料的名称。

（3）能根据使用场合正确选择合适的安装导线和绝缘材料。

（4）能根据电路的复杂程度选择合适的印制电路板和焊接材料。

（5）能根据使用场合正确选择合适的磁性材料和粘接材料。

（6）能根据电路要求对绝缘导线、屏蔽导线端头进行加工。

（7）掌握线扎的制作方法。

（8）掌握各种电子元器件引脚的加工方法。

项目实施

【项目实施器材】

（1）各种电子产品，如功率放大器、VCD 机、电视机、收音机等若干台，两人配备一台机器。

（2）各种类型、不同规格的新电子材料若干。

（3）各种类型、不同规格的绝缘导线、屏蔽导线若干。

（4）不同类型、规格的废旧导线和绑线若干。

（5）各种类型和规格的电子元器件若干。

（6）单面和双面印制电路板若干。

（7）工具和材料：斜口钳、剥皮钳、电工刀、电烙铁、焊锡、松香等。

【项目实施步骤】

（1）拆卸功率放大器整机，查看其内部结构，熟悉各种电子材料的类型、名称和外形。

（2）观察各种导线的安装方法。

（3）裁剪绝缘导线和屏蔽导线，对导线端头进行加工。

（4）对各种元件的引脚按照工艺要求所示形状进行加工，并安装到印制电路板上。

（5）用绑线对线扎进行连续结和点结的捆扎。

（6）拆卸功率放大器内部的各种连接线。

（7）拆卸各种紧固件。

（8）按照拆卸记录下来的顺序，将功率放大器的元器件、主板、紧固件、各种连接线进行复位装配。

（9）检查装配结果，无误后，进行通电实验。

项目相关知识

知识 1 安装导线与绝缘材料

5.1.1 电路中的导线和绝缘材料

在电子产品整机内部，有许多连接线和支撑体。连接线基本上都是导线，导线又分成裸导线和有绝缘层的导线。

电子产品所用导线的导体基本上是铜线。纯铜的表面容易氧化，所以几乎所有的导线在铜线表面都有一层抗氧化层，如镀锌、镀锡、镀银等。

支撑体基本上是绝缘材料，绝缘材料除有隔离带电体的作用外，往往还起到机械支撑、保护导体及防止电晕、灭弧等作用。

绝缘材料有塑料类（聚氯乙烯、聚四氯乙烯等）、橡胶类、纤维（棉、化纤等）和涂料类（聚酯、聚乙烯漆等），它们可以单独使用，也可组合使用。常见的电线，如塑料导线、橡皮导线、纱包线、漆包线等就是以外皮的绝缘材料来命名的。

常用的安装导线外形如图 5.1 所示。

（a）单股线　　　　　　　（b）多股线　　　　　　　（c）双绞线

（b）双排线　　　　　　（e）带护套多芯线　　　　　（f）带护套屏蔽层单芯线

（g）带护套屏蔽层双芯线　　　（h）300Ω电缆线　　　　　（i）75Ω电缆线

图 5.1　常用的安装导线

1. 选用导线时要考虑的主要因素

选用导线时要考虑的主要因素如下。

（1）电气因素

① 允许电流与安全电流。导线通过电流时会产生温升，在一定温度限制下的电流值称为允许电流。对于不同绝缘材料、不同导线截面的电线，其允许电流也不同。实际选择导线时要使导线中的最大电流小于允许电流并取适当的安全系数。根据产品的级别和使用要求，安全系数可取 0.5～0.8（安全系数=工作电流/允许电流）。

安装导线常用的电源线，因其使用条件复杂，经常被人体触及，一般要求安全系数更大一些，通常规定截面不得小于 $0.4mm^2$，而且安全系数不得超过 0.5。

作为粗略的估算，可按 $3A/mm^2$ 的截流量选取导线截面，在通常条件下是安全的。

② 导线的电压降。当导线较短时，可以忽略导线上的电压降，但当导线较长时就必须考虑这个问题。为了减小导线上的压降，常选取较大截面积的电线。

③ 导线的额定电压。导线绝缘层的绝缘电阻是随电压的升高而下降的，如果超过一定的电压值，则会发生导线间击穿放电现象。

④ 频率及阻抗特性。如果通过电线的信号频率较高，则必须考虑电线的阻抗、介质损耗、集肤效应等因素。射频电缆的阻抗必须与电路的阻抗特性相匹配，否则电路就不能正常工作。

⑤ 信号线的屏蔽。当导线用于传输低电平的信号时，为了防止外界的噪声干扰，应选用屏蔽

线。例如，在音响电路中，功率放大器之前的信号线均需使用屏蔽线。

（2）环境因素

① 机械强度。如果产品的导线在运输或使用中可能承受机械力的作用，选择导线时就要对导线的强度、耐磨性、柔软性有所要求，特别是工作在高电压、大电流场合的导线，更需要注意这个问题。

② 环境温度。环境温度对导线的影响很大，高温会使导线变软，低温会使导线变硬甚至变形开裂，造成事故。选择的导线要能适应产品的工作温度。

③ 耐老化腐蚀性。各种绝缘材料都会老化腐蚀。例如，在长期日光照射下，橡胶绝缘层的老化会加速，接触化学溶剂可能会腐蚀导线的绝缘外皮。要根据产品工作的环境选择相应的导线。

（3）装配工艺因素

选择导线时要尽可能考虑装配工艺的优化。例如，同一组导线应选择相同芯线数的电缆而避免用单根线组合，既省事又增强导线的可靠性；再如带织物层的导线，用普通的剥线方法很难剥除端头，如果不考虑强度的需要，则不宜选用这种导线当普通连接导线。

2. 绝缘材料的品种和性能指标

绝缘材料的品种很多，按其形态可分为气体、液体和固体；按其化学性质可分为无机、有机和混合绝缘材料。

气体绝缘材料：常用的有空气、氮、氢、二氧化碳等。

液体绝缘材料：常用的有变压器油、开关油等。

固体绝缘材料：常用的有云母、玻璃、瓷漆、胶、塑料、橡胶等。

为了防止绝缘性能损坏造成事故，绝缘材料应符合规定的性能指标。

材料的绝缘性能主要有以下几点。

（1）电阻率

它是最基本的绝缘性能指标。足够的绝缘电阻能把电气设备的泄漏电压限制在很小的范围以内，电工绝缘材料的电阻率一般在 $10^9\Omega\cdot cm$ 以上。

（2）电击穿强度、击穿电压

这个指标描述了绝缘材料抵抗电击穿的能力。当外施电压增高到某一极限值时，材料会丧失绝缘特性而击穿。该指标通常以 1mm 厚的绝缘材料所能承受的电压值（kV）来表示。一般的电工工具，如电工钳的绝缘柄可耐压 500V，使用时必须注意不要在超过此电压的场合使用。

（3）机械强度

凡是绝缘零件或绝缘结构，都要承受拉伸、重压、扭曲、振动等机械负荷，因此，要求绝缘材料本身具有一定的机械强度。

（4）耐热性能

这个指标描述了当温度升高时，材料的绝缘性能仍旧保持可靠的性能。绝缘材料有 Y、A、E、B、F、H、C 7 个耐热等级，它们的最高允许工作温度分别为 80℃、105℃、120℃、130℃、155℃、180℃和 180℃以上。

绝缘材料除了以上的性能指标外，还有吸湿性能、理化性能等。

绝缘材料在使用过程中，受各种因素的长期作用，如电击穿、腐蚀、自然老化、机械损坏等原因，绝缘性能会下降甚至失去绝缘性能。

5.1.2　常用电工绝缘材料的选择

常用电工绝缘材料的性能和用途如表 5.1 所示。

表 5.1　　　　　　　　　　　　常用绝缘材料性能和用途一览表

名　称	颜　色	厚度/mm	击穿电压/V	极限工作温度/℃	特　点	用　途	备　注
电话纸	白色	0.04 0.05	400	90	坚实，不易破裂	ϕ <0.4mm 的漆包线的层间绝缘	类似品:相同厚度的打字纸\描图纸或胶版纸
电缆纸	十黄色	0.08 0.12	400 800	90	柔顺,耐拉力强	ϕ >0.4mm 漆包线的层间绝缘，低压绕组间的绝缘	类似品;牛皮纸
青壳纸	青褐色	0.25	1500	90	坚实，耐磨	纸包外层绝缘，简易骨架	—
电容器纸	白\黄色	0.03	500	90	薄，耐压较高	ϕ <0.3mm 漆包线的层间绝缘	
聚酯薄膜	透明	0.04 0.05 0.10	3000 4000 9000	120～140	耐热，耐高压	高压绕组层、组间等的绝缘	—
聚酯薄膜粘带	透明	0.055～0.17	5000～17000	120	耐热，耐高压，强度高	同上（便于低压绝缘密封）	
聚氯乙烯薄膜粘带	透明略黄	0.14～0.19	1000～1700	60～80	柔软，黏性强，耐热差	低压和高压线头包扎（低温场合）	—
油性玻璃漆布	黄色	0.15 0.17	2000～3000	120	耐热好，耐压较高	线圈，电器绝缘衬垫等	—
沥青醇酸玻璃漆布	黑色	0.15 0.17	2000～3000	130	耐热好，耐潮好；耐压较高，耐油差	同上，但不太适用于在油中工作的线圈及电器等	—
油性漆布（黄蜡布）	黄色	0.14 0.17	2000～3000	90	耐高压，但耐性较差	高压线圈层，组间绝缘	—
油性漆绸（黄蜡绸）	黄色	0.08	4000	90	耐压高，较薄，耐油较好	高压线圈层\组间绝缘	一般适用于需减小绝缘物体积之场合
聚四氟乙烯薄膜	透明	0.03	6000	280	耐压及耐温性能极好	需耐高压、高温或酸碱等的	价格昂贵
压制板	土黄色	1.0 1.5	—	90	坚实，易弯折	线包骨架	—

续表

名　称	颜　色	厚度/mm	击穿电压/V	极限工作温度/℃	特　点	用　途	备　注
高频漆	黄色	—	—	90（干固后）	粘剂	粘结剂粘接绝缘纸、压制板、黄蜡布等，浸渍	代用品:洋干漆
清喷漆	透明略黄	—	—		粘剂	粘接绝缘纸、压制板、黄蜡布等，线圈浸渍	又名:蜡克
云母纸	透明	0.10 0.13 0.16	1600 2000 2600	130 以上	耐热好，耐压较高，但较易碎，不耐潮	各类绝缘衬垫等	—
环氧树脂灌封剂	白色	—	—	—	常用配方:6101 环氧树脂70%，乙二胺9%，磷苯二甲酸二丁酯21%	电视高压包等高压线圈的灌封、粘接等	宜慢慢灌入(或滴入)高压包骨架内，以防空气进入
硅橡胶灌封剂	白色	—	—	—		电视高压包等高压线圈的灌封、粘接等	同上。
地蜡	糖浆色	—	—	—		各类变压器浸渍处理用	石蜡 70%，松香30%

知识 2　印制电路板

5.2.1　印制电路板基础

在电子产品内部，所有的电子元器件都安装在一块或者是几块印制电路板上，再使用焊接材料进行电气连接。

在覆铜板上，按照预定的设计制成导电线路，元器件直接焊在板上，这种形式的导电线路称为印制电路。完成印制电路加工的覆铜板，称为印制电路板（Printed Circuit Board，PCB），如图 5.2 所示。人们熟知的计算机主机板、显卡、手机电路板等，它们最重要的部分就是印制电路板。

印制电路板提供了电路元件和器件之间的电气连接；为自动锡焊提供阻焊图形，为元器件插装、检查、维修提供识别字符和图形；可以从板上测得各项实际的规格以及测试数据。所以印制电路板是电子工业重要的电子部件之一。

图 5.2　印制电路板

随着电子技术的飞速发展，印制电路板从单面板发展到双面板、多层板、挠性板；印制电路板技术也由手工设计和传统制作工艺发展到计算机辅助设计与制作。现在 PCB 的布线密度、精度和可靠性越来越高，并相应缩小体积，减轻重量，从而保证了未来电子设备向大规模集成化和微型化的发展。目前，应用最广的是单面板与双面板。

1. PCB 基本知识

PCB 几乎会出现在每一种电子设备当中。如果在某种设备中有电子元器件，那么它们也都是镶在大小各异的 PCB 上。

（1）PCB 常用名词

① 印制：采用某种方法，在一个表面上再现图形和符号的工艺，通常称为"印制"。

② 印制线路：采用印制法在基板上制成的导电图形，包括印制导线、焊盘等。

③ 印制元件：采用印制法在基板上制成的电路元器件，如电阻、电容等。

④ 印制电路：采用印制法得到的电路，它包括印制线路和印制元件或由二者组合的电路。

⑤ 覆铜板：由绝缘板和黏附在上面的铜箔构成，是制造 PCB 上电气连线的原料。

⑥ 印制电路板：印制电路或印制线路加工后的板子，简称印制板或 PCB。板上所有安装、焊接、涂敷均已完成的，习惯上按其功能或用途称为"某某板"或"某某卡"，如计算机的主板、声卡等。

（2）导线或布线

PCB 本身的基板是由绝缘隔热且不易弯曲的材料所制成的。在表面可以看到的细小线路材料是铜箔，原本铜箔是覆盖在整个板子上的，也就是覆铜板，但在制造过程中，一部分被蚀刻处理掉，剩下来的部分就变成所需要的线路了。这些线路被称作导线或布线，用来提供 PCB 上元器件的电路连接，如图 5.3 所示。

图 5.3　导线布线

（3）元器件面与焊接面

为了将元器件固定在 PCB 上面，需要将它们的引线端子直接焊在布线上。在最基本的 PCB（单面板）上，元器件都集中在一面，导线则都集中在另一面，这就需要在板子上钻孔，使元器件引线能穿过板子焊在另一面上。所以 PCB 的两面分别被称为元器件面与焊接面。

2. PCB 的分类

习惯上按印制电路的分布把 PCB 划分为单面板、双面板和多层板。PCB 按其机械性能又可分为刚性板和柔性板两种。

（1）单面板

仅在一面上有导电图形的 PCB 叫做单面板。单面板在设计线路上有许多严格的限制，因为只有一面，所以布线间不能交叉。

（2）双面板

两面都有导电图形的 PCB 叫做双面板。这种电路板的两面都有布线，要用上两面的导线，必须在两面间有适当的电路连接。起到这种连接的桥梁就是导孔或过孔。导孔是在 PCB 上充满或涂上金属的小洞，它用于与两面的导线相连接。因为双面板的面积比单面板大了一倍，而且布线可以互相交错，适合用在更复杂的电路上。

（3）多层板

有三层或三层以上导电图形和绝缘材料分层压在一起的 PCB 叫做多层板。为了增加可以布线的面积，多层板使用数片双面板并在板间放进一层绝缘层后粘牢。通常层数都是偶数，并且包含最外侧的两层。

5.2.2 印制导线的布线和对外连接

1. 印制导线的布线原则

① 导线走向尽可能取直，以近为佳，不要绕远。

② 导线走线要平滑自然，连接处要用圆角，避免用直角。

③ 当采用双面板布线时，两面的导线要避免相互平行，以减小寄生耦合；作为电路输入及输出用的印制导线应尽量避免相邻平行，在这些导线之间最好加上一个接地线。

④ 印制导线的公共地线应尽量布置在印制线路的边缘，并尽可能多地保留铜箔作公共地线。

⑤ 尽量避免使用大面积铜箔，必须用时，最好镂空成栅格，有利于排除铜箔与基板间的黏合剂受热产生的挥发性气体；当导线宽度超过 3mm 时可在中间留槽，以利于焊接。

2. PCB 的对外连接

通常一块印制电路板只是整机的一个组成部分，不能构成一个电子产品，因此，在印制电路板之间或与其他元件之间需要用导线采用焊接的方法进行连接或者是采用插座进行插装连接。

采用导线焊线时应注意以下几点。

① 印制电路板上的对外焊点要尽可能引到整板的边缘，并按一定的尺寸排列，以利于焊接与维修。

② 连接导线应通过印制电路板上的穿线孔，从 PCB 的元器件面穿过，焊在焊盘上，以提高导线与板上焊点的机械强度，避免焊盘或印制导线直接受力；要将导线排列或捆整齐，与板固定在一起，避免导线因移动而折断，如图 5.4 所示。

图 5.4 导线焊接 PCB

知识 3 焊接材料

焊接材料是指将两种被焊物实现电气连接所需要采用的材料。焊接材料一般包括焊料、助焊剂和阻焊剂等。

5.3.1 焊料与焊锡

1. 焊料

焊料按其组成成分，可分为锡铅焊料、银焊料和铜焊料；按照使用的环境温度又可分为高温焊锡（在高温环境下使用的焊锡）和低温焊锡（在低温环境下使用的焊料）。

焊料的熔点要比被焊物的熔点低，而且要易于和被焊物连在一体。

在锡铅焊料中，熔点在 450℃以下的称为软焊料。抗氧化焊锡是在工业生产中自动化生产线上使用的焊锡，如波峰焊等。这种液体焊料暴露在大气层中时，焊料极易氧化，会影响焊接质量。为此，在锡铅焊料中加入少量的活性金属，能形成覆盖层以保护焊料不再继续氧化，从而提高了焊接质量。

2. 焊锡

为使焊接质量得到保障，视被焊物的不同，选用不同的焊料是很重要的。在电子产品装配中，一般都选用锡铅系列焊料，也称焊锡。焊锡具有如下特点。

① 熔点低。它在 180℃时便可熔化，使用 25W 外热式或 20W 内热式电烙铁便可进行焊接。

② 具有一定的机械强度。因锡铅合金的强度比纯锡、纯铅的强度要高，又因电子元器件本身的重量较轻，对焊点的强度要求不是很高，故能满足其焊点的强度要求。

③ 具有良好的导电性。因锡、铅焊料均属良导体，故它的电阻很小。

④ 抗腐蚀性能好。焊接好的印制电路板不必涂抹任何保护层就能抵抗大气的腐蚀，从而减少了工艺流程，降低了成本。

⑤ 附着力强，不易脱落。

⑥ 焊锡有不同的配比。锡铅焊料是由两种以上金属按照不同比例组成的，因此，锡铅合金的性能会随着锡铅的配比变化而变化。在市场上出售的焊锡，由于生产厂家的不同，其配置比例有很大的差别，为使其焊锡配比满足焊接的需要，选择配比最佳锡铅焊料是很重要的。

常用的焊锡配比如下：

- 锡 60%、铅 40%，熔点 182℃；
- 锡 50%、铅 32%、镉 18%，熔点为 150℃；
- 锡 35%、铅 42%、铋 23%，熔点为 150℃。

⑦ 焊锡可制成不同的形状。焊料的形状有圆片、带状、球状、焊锡丝等几种。常用的焊锡丝在其内部夹有固体助焊剂松香。焊锡丝的直径种类很多，常用有的 4mm、3mm、2mm、1.5mm 等。

常用的锡铅材料的配比及用途如表 5.2 所示。

表 5.2　锡铅焊料配比与用途

名　　称	牌　号	主　要　成　分			杂质 > （%）	熔点/ ℃	抗拉强度	用　途
		锡	锑	铅				
10 锡铅焊料	HlSnPb10	89～91	≤0.15			220	4.3	钎焊食品器皿及医药卫生方面物品
39 锡铅焊料	HlSnPb39	59～61		余量	0.1	183	4.7	钎焊电子、电气制品
50 锡铅焊料	HlSnPb50	49～51	≤0.8			210	3.8	钎焊散热器、计算机、黄铜制件
58-2 锡铅焊料	HlSnPb58-2	39～41	1.5～2			235		钎焊工业及物理仪表等

续表

名　称	牌　号	主　要　成　分			杂质 >（%）	熔点/℃	抗拉强度	用　途
		锡	锑	铅				
68-2 锡铅焊料	HlSnPb68-2	29～31			0.1	256	3.3	钎焊电缆护套、铅管等
80-2 锡铅焊料	HlSnPb80-2	17～19	1.5～2	余量		277	2.8	钎焊油壶、容器、散热器
90-6 锡铅焊料	HlSnPb90-6	3～4	5～6		0.6	265	5.9	钎焊黄铜和铜
73-2 锡铅焊料	HlSnPb73-2	24～26	1.5～2				2.8	钎焊铅管
45 锡铅焊料	HlSnPb45	53～57	—			200	—	—

5.3.2　助焊剂

1. 助焊剂的作用

在进行焊接时，为了能使被焊物与焊料连接牢靠，就必须要求金属表面无氧化物和杂质，这样才能保证焊锡与被焊物的金属表面发生合金反应。因此，在焊接开始之前，必须采取各种有效措施将氧化物和杂质除去。

除去氧化物与杂质通常有两种方法，即机械方法和化学方法。机械方法是用沙子和刀子将氧化物与杂质除掉，化学方法则是用助焊剂将氧化物与杂质清除，用助焊剂具有不损坏被焊物及效率高等特点，因此在焊接时，一般都采用这种方法。

助焊剂除了有去除氧化物的功能外，还具有加热时防止氧化的作用。由于焊接时必须把被焊金属加热到使焊料发生润湿并产生扩散的温度，随着温度的升高，金属表面的氧化会加速，而助焊剂此时会在整个金属表面上形成一层薄膜，包住金属使其和空气隔绝，从而起到防止氧化的作用。

另外，助焊剂还有帮助焊料流动、减少表面张力的作用，当焊料熔化后，应该黏附于金属表面，但由于焊料本身表面张力的作用，焊料力图变成球状，从而减少焊料的附着力，而助焊剂则有减少焊料表面张力、增加焊料流动性的功能，故使焊料附着力增强，使焊接质量得到提高。

2. 助焊剂的种类

助焊剂可分为无机系列、有机系列和树脂系列。

（1）无机系列助焊剂

这种类型的助焊剂其主要成分是氯化锌或氯化铵及它们的混合物。这种助焊剂最大的特点是具有很好的助焊作用，但是具有强烈的腐蚀性。因此，多数用在可清洗的金属制品焊接中。如果对残留焊剂清洗不干净，就会造成被焊物的损坏。如果将无机系列助焊剂用于印制电路板的焊接，将破坏印制电路板的绝缘功能。市场上出售的各种焊油多数属于这类。

（2）有机系列助焊剂

有机系列助焊剂主要是由有机酸卤化物组成。这种助焊剂的特点是助焊性能好、可焊性高。不足之处是也有一定的腐蚀性，且热稳定性差，即一经加热，便迅速分解，然后留下无活性残留物。

（3）树脂活性系列焊料

这种焊料系列中最常用的是在松香中加入活性剂。松香是一种天然产物，它的成分与产地有关。用作助焊剂的松香是从各种松树分泌出来的汁液中提取的，一般采用蒸馏法加工取出固态松香。松香酒精助焊剂是指用无水乙醇溶解纯松香配制成 25%～30% 的乙醇溶液。这种助焊剂的优点是没有腐蚀性，并且绝缘性能高，稳定性和耐湿性也好。焊接后清洗容易，并形成膜层覆盖焊点，使焊点不被氧化腐蚀。

（4）助焊剂的选用

电子线路的焊接通常都采用松香或松香酒精助焊剂，这样可保证电路元器件不被腐蚀，电路板的绝缘性能也不至于下降。

由于纯松香助焊剂活性较弱，只有在被焊的金属表面是清洁的、无氧化层时，可焊性才比较好。有时为清除焊接点的锈渍，保证焊点的质量也可用少量的氯化铵焊剂，但焊接后一定要用酒精将焊接处擦洗干净，以防残留焊剂对电路的腐蚀。

另外，电子元器件的引线多数是镀了锡金属的，也有的镀了金、银或镍的，这些金属的焊接情况各有不同，可按金属的不同选用不同的助焊剂。对于铂、金、铜、银、镀锡等金属，可选用松香焊剂，因这些金属都比较容易焊接。对于铅、黄铜、青铜、镀镍等金属可选用有机焊剂中的中性焊剂，因为这些金属比上述金属的焊接性能差，如用松香助焊剂将影响焊接质量。

对于镀锌、铁、锡镍合金等金属，因焊接较困难，可选用酸性焊剂。当焊接完毕后，必须对残留焊剂进行清洗。

表 5.3 所示为常用助焊剂的配比及主要性能。

表 5.3　　　　　　　　　　常用助焊剂的配比及主要性能

品　　种	配　　方/g		酸　值	漫流面积/mm	绝缘电阻/Ω	可焊程度
松香酒精助焊剂	特级松香 无水乙醇	23 67	43.84	390	8.5×10	中
盐酸二乙胺助焊剂	盐酸二乙胺三乙醇胺 特级松香 正丁醇 无水乙醇	4 6 20 10 60	47.66	749	1.4×10	好
盐酸苯胺助焊剂	盐酸苯胺 三乙醇胺 特级松香 无水乙醇 溴化水杨酸	4.5 2.5 23 70 10	53.40	418	2×10	中
201 助焊剂	树脂 A 溴化水杨酸 特级松香 无水乙醇	20 10 20 50	57.97	681	1.8×10	好
201-1 助焊剂	溴化水杨酸 丙烯酸树脂 101 特级松香 无水乙醇	7.9 3.5 20.5 48.1		551		好

品　　种	配　　方/g		酸　　值	漫流面积/mm	绝缘电阻/Ω	可焊程度
SD 助焊剂	SD 溴化水杨酸 特级松香 无水乙醇	6.9 3.4 12.7 77	38.19	529	4.5×10	好
201-2 助焊剂	甘油 特级松香 无水乙醇	0.5 29.5 60	59.35	638	5×10	中
202-A 助焊剂	溴化肼 甘油 蒸馏水 无水乙醇	10 5 25 60	46.11	1037	—	好
202-B 助焊剂	溴化肼 甘油 蒸馏水 无水乙醇	8 4 20 20 48	44.76	670	—	好

5.3.3 阻焊剂

阻焊剂是覆盖在 PCB 上布有铜线上面的一层薄膜，起着绝缘、防止焊锡附着在不需要焊接的一些铜线上的作用，在一定程度上也起着保护布线层的作用。阻焊剂的颜色一般是绿色。通常在 PCB 上除焊盘外所有的层面都涂上阻焊剂，在焊盘上涂助焊剂。

阻焊剂就像是印制电路板的"外衣"，要求其有一定的厚度和硬度，要有耐溶剂性和一定的附着力，还要求其表面颜色均匀、有光泽，表面无垃圾、无多余印记。可以说，阻焊剂的外观质量也是印制电路板质量的一个重要指标。

阻焊剂一般采用丝印的方法涂覆于 PCB 上，需要经过丝印、曝光、显影、后固化等工序才能完成。

工厂中常使用液态阻焊剂（俗称绿油），其作用如下。

① 防止导体电路的物理性断线。

② 焊接工艺中，防止因桥连产生的短路。

③ 只在必须焊接的部分进行焊接，避免焊料浪费。

④ 减少对焊接料槽的铜污染。

⑤ 防止因灰尘、水分等外界环境因素造成绝缘恶化、腐蚀。

⑥ 具有高绝缘性，使电路的高密度化成为可能。

还有一种光成像阻焊剂，类似油墨，其主要成分包括具有感光性能的环氧和丙烯酸树脂（如丙二酚环氧树脂、酚醛环氧树脂、中酚环氧树脂和胺基甲酸乙酯等）、光引发剂（如硫杂蒽酮、二苯甲酮、羰基化合物、查酮、胺基有机金属化合物等）、填充剂（如硅石粉）、硬化剂（如芳香族脂，酸酐、咪唑类）、溶剂（如醚酯类）、消泡剂等。涂覆方法也使用丝网漏印。

工厂中使用的阻焊剂有各种配方，其中采用光固化阻焊剂的配方如下。

癸二酸改性 618 丙烯酸环氧树酯：1 份；

季戊四醇三丙烯酸脂：0.3 ~ 0.8 份；

二缩三乙二醇双丙烯酸脂：0.2 ~ 0.8 份；

安息香乙醚：0.06 ~ 0.09 份；

气相二氧化硅：0.06 ~ 0.1 份；

硅油：0.001 ~ 0.01 份；

苯三唑：0.005 份；

酞菁绿：适量。

知识 4　磁性材料与粘接材料

5.4.1　磁性材料

磁性材料分为软磁材料和硬磁材料两类，前者主要用作电动机、变压器、电磁线圈的铁芯，后者主要用在电工仪器内作磁场源。

软磁材料的主要特点是磁导率高、矫顽力低，在外磁场的作用下，磁感应强度能很快达到饱和，当外磁场去除后，磁性就基本消失，剩磁小。

硬磁材料的主要特点是矫顽力高，经饱和磁化后，即使去掉外磁场，也将保持长时间而稳定的磁性，如铝镍钴、稀土钴、硬磁铁氧体等。

1. 电工用纯铁

电工用纯铁的代号为 DT，其含碳量在 0.04% 以下，冷加工性能好，多制成块状或柱状。但它的铁损高，主要用于直流磁场中。

2. 硅钢片

在铁中加入 0.8% ~ 4.5% 的硅，就是硅钢。硅钢比纯铁的硬度高、脆性大，多加工成片状（如电机、变压器铁芯选用 0.3 ~ 0.5mm 厚的硅钢叠成）。硅钢片分热轧和冷轧两种。冷轧硅钢片又分有取向和无取向两种。有取向硅钢片沿轧制方向的导磁率最高，与轧制方向垂直时导磁率最小。无取向硅钢片的导磁率与轧制方向无关。在叠制不同电工产品的铁芯时，应根据其具体要求，选用不同特性的硅钢片。例如，电力变压器为减少损耗，要选用低铁损和高磁感应强度的硅钢片；小型电动机应选用高磁感应强度的硅钢片；大型电动机因铁芯体积大，铁损比较大，要选低铁损的硅钢片。

3. 铁镍合金

铁镍合金工作频率在 1MHz 以下。在电子技术中，为满足弱信号的要求，常选用磁导率和磁感应强度高的铁镍合金。型号为 IJ51 铁镍合金，因其电阻率高，饱和磁感应强度和剩磁高，适宜做磁放大器线圈的铁芯。电源变压器的铁芯用磁导率高的 IJ50 铁镍合金。IJ79 铁镍合金和 IJ16 铁铝合金，常用作小功率音频变压器的铁芯，可以减小非线性失真。

4. 软磁铁氧体

软铁磁氧体广泛用于高频或较高频率范围内的电磁元器件中。其电阻率低、饱和磁感应强度低、温度稳定性较差。在无线电技术中最常用的是镍锌和锰锌铁氧体，被用来制作滤波线圈、脉冲变压器、可调电感器、高频扼流圈及天线铁芯。

5.4.2 磁性材料的应用范围

软磁性材料的品种、特点和应用范围如表 5.4 所示。

表 5.4   软磁材料的品种、主要特点和应用范围

品 种		主 要 特 点	应 用 范 围
电工用纯铁		含碳量在 0.04%以下，饱和感应强度高、冷加工性好，但电阻率低，铁损高，有磁时效现象	一般用于直流磁场
硅钢片		铁中加入 0.8%～4.5%的硅而成为硅钢，与电工用纯铁比，其电阻率高、铁损低、导热系数低、硬度高、脆性大	电机、变压器、继电器、互感器、开关等产品的铁芯
铁镍合金		在低磁场作用下，磁导率高、矫顽力低，但对应力比较敏感	频率在 1MHz 以下，低磁场中工作的器件
铁铝合金		与镍合金相比，电阻率高、比重小，但磁导率低，随着含铝量的增加，硬度和脆性增大，塑性变差	低磁场和高磁场下工作的器件
软磁铁氧体		烧结体，电阻率非常高，但饱和磁感强度低，温度稳定性也较差	高频或较高频范围内的电磁元件
其他磁材料	铁钴合金	饱和磁感应强度特高，饱和磁致伸缩系数和居里温度高，但电阻率低	航空器件的铁芯，电磁铁磁极，换能器元件
	恒导磁合金	在一定的磁感应强度、温度和频率范围内，磁导率基本不变	恒电感和脉冲变压器的铁芯
	磁温度补偿合金	居里温度低，在环境温度范围内，磁感应强度随温度升高，急剧地近似线性的减少	磁温度补偿元件

硬磁性材料的品种、特点和应用范围如表 5.5 所示。

表 5.5   硬磁性材料的品种、特点和应用范围

种 类	系 别	性 能	主 要 用 途
铸造铝镍钴系永磁材料	各向同性	制造工艺简单，可做成体积大或多对用磁体，但性能是该系统永磁材料中最低的	一般磁电式仪表、永磁电动机、磁分离器、微电机、里程表
	热磁处理各向异性	剩磁和最大磁能积大，制造工艺复杂	精密磁电仪器表、永磁电动机、流量计、微电机、磁性支座、传感器、微波器件、扬声器、微波器件
	定向结晶各向异性	性能是该系永磁材料中最高的，制造工艺复杂，脆性大，容易折断	精密磁电仪器表、永磁电动机、流量计、微电机磁性支座、传感器、扬声器、微波器件
粉末烧结镍钴系永磁材料		永磁体表面光洁、密度小、原料消耗少、磁性能较低，宜作体积小或要求工作磁通均匀性高的永磁体	微电机、永磁电动机、继电器、小型仪表
铁氧体永磁材料		矫顽力高、回复磁导率小、密度小、电阻率大	永磁点火电动机、永磁电动机、永磁选矿机、永磁吊头、磁推轴承、磁分离器、扬声器、微波器件、磁医疗片
稀土钴永磁材料		矫顽力和最大磁能积是永磁材料中最高的，适用于微型或薄片状永磁体	低速转矩电动机、起动电动机、力矩电动机、传感器、磁推轴承、助听器、电子聚焦装置
塑性变性永磁材料		剩磁大，矫顽力低	里程表、罗盘仪

5.4.3　粘接材料

粘接也称胶接,是近几年来发展起来的一种新的连接工艺,特别是对异型材料的连接,如金属、陶瓷、玻璃等之间的连接,是焊接和铆接所不能达到的。在一些不能承受机械力和热影响的地方(例如应变片),粘接更有独到之处。在电子仪器和设备维修过程中也常常用到粘接。

形成良好粘接的三要素是:选择适宜的黏合剂、处理好粘接表面和选择正确的固化方法。

1. 黏合剂

黏合剂品种较多,在商品黏合剂中往往只注明黏合剂的可用范围,但在具体工程中,粘接部位往往要考虑到具体条件,如受力情况、工作温度、工作环境等,要根据这些条件选用合适的黏合剂。例如,金属与金属的粘接可用的黏合剂,在市场上约有数十种。

(1)快速黏合剂

快速黏合剂即常用的 501、502 胶,成分是聚丙烯酸酯胶。其渗透性好,粘接快(几秒钟至几分钟即可固化,24 小时可达到最高强度),可以粘接除聚乙烯、氟塑料以及某些合成橡胶以外的几乎所有材料。其缺点是接头的韧性差,不耐热。

(2)环氧类黏合剂

这种黏合剂的品种多,常用的有 911、914、913、J-11、JW-1 等,其粘接范围广,且有耐热、耐碱、耐潮、耐冲击等优良性能。但其不同的产品各有特点,需要根据产品的条件合理选择。这类黏合剂大多是双组分胶,要随用随配,并且要求有一定的温度与时间作为固化条件。

(3)酚醛—聚乙烯醇缩醛类

这种黏合剂有 201、205、JSF- 4 等品种,可粘接铝、铜、钢、玻璃等,且耐热、耐油。酚醛—有机硅(JS-12),使用温度可达 350℃。

酚醛—橡胶类:J-03、705、JX-7、JX-9、FN303 等,可粘接金属、橡胶、玻璃等,剪切强度高。

(4)耐低温胶—聚胺酯黏合剂

这种黏合剂有很多牌号的商品,如 JQ-1、101、202、405、717 等。该黏合剂的粘接范围也很广泛,各种纸、木材、织物、塑料、金属、陶瓷等都可以获得良好粘接,其最大特点是低温性能好。

这类胶在固化时需要有一定的压力,并经过很长时间才能达到最高强度,适当提高温度可缩短固化时间。

(5)耐高温胶—聚酸亚胺黏合剂

这种黏合剂的常用牌号有:14# ~30#,可粘接铝合金、不锈钢、陶瓷等。其工作温度可达 300℃,胶膜的绝缘性能也很好。

2. 电子工业专用胶

(1)导电胶

这种胶有结构型和添加型两种。结构型指树脂本身具有导电性;添加型则是指在绝缘的树脂中加入金属导电粉末,例如加入银粉、铜粉等配制而成。这种胶的电阻率各不相同,可用于陶瓷、金属、玻璃、石墨等制品的机械—电气连接。成品有 701、711、DAD3 ~ DAD6、三乙醇胺导电胶等。

（2）导磁胶

这种胶是在胶粘剂中加入一定的磁性材料，使粘接层具有导磁作用。聚苯乙烯、酚醛树脂、环氧树脂等黏合剂加入铁氧化体磁粉或羰基铁粉等可组成不同导磁性和工艺性的导磁胶。导磁胶主要用于铁氧化体零件、变压器等粘接加工。

（3）热熔胶

这种胶有点类似焊锡的物理特性，即在室温下为固态，加热到一定温度后成为熔融态，即可进行粘接工件，待温度冷却到室温时就能将工件粘接在一起。这种胶存放方便并可长期反复使用，其绝缘、耐水、耐酸性也很好，是一种很有发展前景的黏合剂。其使用范围包括金属、木材、塑料、皮革、纺织品等。

（4）光敏胶

光敏胶是由光引发而固化（如紫外线固化）的一种新型黏合剂，由树脂类胶粘剂中加入光敏剂、稳定剂等配制而成。光敏胶具有固化速度快、操作简单、适于流水线生产的特点。它可以用于印制电路板和电子元器件的连接。在光敏胶中加入适当的焊料配制成焊膏，可用于集成电路的安装技术中。

5.4.4 粘接机理与黏合面表面的处理

1. 黏合机理

由于物体之间存在分子、原子间作用力，种类不同的两种材料紧密靠一起时，可以产生黏合（或称黏附）作用，这种黏合作用可分为本征黏合和机械黏合两种作用。本征黏合表现为黏合剂与被黏工件表面之间分子的吸引力；机械黏合则表现为黏合剂渗入被黏工件表面孔隙内，黏合剂固化后被机械地镶嵌在孔隙中，从而实现被黏工件的连接。作为对黏合作用的理解，也可以认为机械黏合是扩大了本征黏合接触面的黏合作用，这种作用类似于锡焊的作用。为了实现黏合剂与工件表面的充分接触，必须要求黏合面清洁。因此，粘接的质量与黏合面的表面处理紧密相关。

2. 黏合表面的处理

一般看来是很干净的黏合面，由于各种原因，不可避免地存在着杂质、氧化物、水分等污染物质，黏合前黏合表面的处理是获得牢固连接的关键工序之一。任何高性能的黏合剂，只有在干净的表面上才能形成良好的粘接层。

一般处理方法：对一般要求不高或较干净的表面，用酒精、丙酮等溶剂清洗去除油污，待清洗剂挥发后即行粘接。

化学处理：有些金属在粘接前应进行酸洗，如铝合金须进行氧化处理，使表面形成牢固的氧化层再施行粘接。

机械处理：有些接头为增大接触面积需用机械方式形成粗糙表面，然后再施行粘接。

3. 被粘接材料接头形式的设计

虽然不少黏合剂都可以达到或超过被粘接材料本身的强度，但接头毕竟是一个薄弱点，设计被粘接材料接头时应考虑到一定的余量。图5.5所示为几种被粘接材料接头设计的例子。

对接　　　　　　　管子连接　　　　　　角接

图 5.5　几种粘接接头的设计

知识 5　导线装配前的加工

电子元器件和导线在装配到印制电路板上之前，必须对元件引线和导线端头进行处理，以方便下一步的安装工作，这是现代化生产所要求的一项不可缺少的准备工艺。准备工艺是保证电子产品生产顺利、提高生产效率的重要环节。

5.5.1　绝缘导线装配前的加工

导线的外层包有一层绝缘体的导线一般称为绝缘导线。绝缘导线在安装前的加工可分成裁剪、剥头、捻头（多股导线）、浸锡、清洁、印标记等工序。

1. 剪裁

导线在裁剪前，要用手或工具将其拉伸，使之平直，然后用尺和剪刀，将导线裁剪成所需要的尺寸。如果需要裁剪许多根同样尺寸的导线，可用下面方法进行：在桌上放一直尺或根据裁剪尺寸在桌上做好标记。用左手拿住导线置于直尺（或标记）左端，右手拿剪刀，用剪刀刃口夹住导线向右拉，当剪刀的刃口达到预定尺寸时，将其剪断。重复上述动作即可将导线剪成相等长度。剪裁导线的长度允许有 5% ~ 10% 的正误差，但不允许出现负误差。

2. 导线端头的加工

导线端头绝缘层的剥离方法有两种：一种是刃截法，另一种是热截法。刃截法设备简单但有可能损伤导线。热截法需要一把热控剥皮器（或用电烙铁代替，并将烙铁头加工成宽凿形）。热截法的优点是剥头质量好，不会损伤导线。

采用刃截法时，可采用电工刀或剪刀，先在导线的剥头处切割一个圆形线口，注意不要割断绝缘层而损伤导线，接着在切口处用适当的夹力撕破残余的绝缘层，最后轻轻地拉下绝缘层。

采用剥线钳剥头比较适用于直径在 0.5 ~ 2mm 的导线、绞合线和屏蔽线。剥线头时，将规定剥头长度的导线伸入刃口内，然后压紧剥线钳，使刀刃切入导线的绝缘层内，利用剥线钳弹簧的弹力将剥下的绝缘层弹出。

采用热截法进行导线端头的加工时，需要将热控剥皮器端头加工成适当的外形，如图 5.6 所示。先将热控剥皮器通电加热 10min 后，待热阻丝呈暗红色时，将需要剥头的导线按所需长度放在两个电极之间。然后转动导线，将导线四周的绝缘层都切断后，用手边转动边向外拉，即可剥出无损伤的端头。

3. 捻头

多股导线被剥去绝缘层后，还要进行捻头以防止芯线松散。捻头时要顺着导线原来的合股方向，用力不宜过猛，否则易将细导线捻断。捻过之后的芯线，其螺旋角一般在 30°～45° 为合适，如图 5.7 所示。芯线捻紧后不得松散，如果芯线上有涂漆层，应先将涂漆层去除后再捻头。

4. 浸锡

将捻好头的导线进行浸锡（又称搪锡、挂锡），其目的在于防止导线头的氧化，提高焊接质量。浸锡有锡锅浸锡和使用电烙铁上锡两种方法。采用锡锅浸锡时，先将锡锅通电，使锅中的焊料熔化，然后将捻好头的导线蘸上助焊剂，再将导线垂直插入锡锅中，注意要使浸渍层与绝缘层之间留有 3～4mm 的间隙，如图 5.8 所示。待导线头润湿后取出，浸锡的合适时间为 1～3s，时间不能太长，以免导线的绝缘层受热后收缩。

图 5.6　热控剥皮器端头形状　　　　图 5.7　多股导线的捻头角度　　　　图 5.8　导线端头的浸锡

采用电烙铁上锡时，先将电烙铁加热至能熔化焊锡时，在烙铁上蘸满焊料，将导线端头放在一块松香上，用烙铁头压在导线端头，左手慢慢地转动导线边往后拉，当导线端头脱离烙铁后，导线端头也上好了锡。采用电烙铁上锡时要注意：松香要用新的，否则导线端头会很脏；烙铁头不要烫伤导线的绝缘层。

5.5.2　屏蔽导线安装前的加工

屏蔽导线是一种在绝缘导线外面套上一层铜编织套再加上一层绝缘体的特殊导线，其端头的加工工序如下。

（1）屏蔽导线的剪裁和外绝缘层的剥离

先用尺和剪刀（或斜口钳）剪下规定尺寸的屏蔽线。导线长度允许有 5%～10% 的正误差，不允许有负误差。

（2）屏蔽导线端部外绝缘护套的剥离

在需要剥去外护套的地方，用热控剥皮器烫一圈，深度直达铜编织层，再沿断裂圈端口烫一条槽，深度也要达到铜编织层。然后用尖嘴钳夹持外护套，撕下外绝缘护套，如图 5.9 所示。对直径较细、硬度较软屏蔽线铜编织套进行加工时，左手拿住屏蔽线的外绝缘层，用右手指向左推编织线，使之成为图 5.9（a）所示形状。然后用针或镊子在铜纺织线上拨开一个孔，弯曲屏蔽层，从孔中取出芯线，如图 5.9（b）所示。用手指捏住已抽出芯线的铜屏蔽纺织套向端部捋一下，根据要求剪取适当的长度，再将端部拧紧。

（3）对直径比较粗、硬度较硬的屏蔽线铜编织套的加工

对直径比较粗、硬度较硬屏蔽线铜编织套加工时，要在屏蔽层下面缠黄腊绸布 2～6mm（或用适当直径的玻璃纤维套管），再用直径为 0.5～0.8mm 的镀银铜线密绕在屏蔽层端头，保证宽度为 2～6mm，然后用电烙铁将绕好的铜线焊在一起（和套管一起）后，空绕一圈，并留出一定长度，最后套上收缩套管。注意焊接时间不宜过长，否则易将绝缘层烫坏。

（4）屏蔽层不接地时的加工

将导线的编织层推成球状后用剪刀剪去，仔细修剪干净即可，如图 5.10（a）所示。若质量要求较高，可在剪去编织套后，将剩余的编织层翻过来，如图 5.10（b）所示，再套上收缩性套管，如图 5.10（c）所示。

（a）　　　　　　　（b）　　　　　　　　　　　　（a）　　　　　　　　　（b）

　　　　　　　　　　　　　　　　　　　　　　　　　　　　　（c）

图 5.9　细、软屏蔽线的加工　　　　　　　图 5.10　屏蔽层不接地时的端头加工

（5）绑扎护套端头

对有多根芯线的电缆线（或屏蔽电缆线）的端部必须进行绑扎。棉织线套外套端部极易散开，绑扎时，从护套端口沿电缆放长约 15～20cm 的腊克线，左手拿住电缆线，拇指压住棉线头，右手拿起棉线从电缆线端口往里紧绕 2～3 圈。压住棉线头，然后将起头的一段棉线折过来，继续紧绕棉线。当绕线宽度达 4～8mm 时，将起头的一段线折过来，继续紧绕棉线。当绕线宽度达 4～8mm 时，将棉线端穿进线环中绕紧。此时左手压住线层，右手抽紧绑线后，剪去多余的棉线，涂上清漆。也可在棉线套与绝缘芯线之间垫 2～3 层黄腊绸，再用 0.5～0.8mm 镀银线密绕 6～10 圈，并用烙铁焊接（环绕焊接）。

屏蔽导线的芯线加工过程同一般绝缘线的加工方法一样，需要注意的是，屏蔽导线的芯线大多是采用很细的铜丝做成，切忌用刃截法剥头，而应采用热截法。

屏蔽导线的芯线浸锡操作同一般绝缘导线的浸锡相同。但浸锡时，要用尖嘴钳夹持在离端头 5～10mm 的地方，防止焊锡渗透进很长一段距离而形成硬结。

5.5.3　制作线扎

当导线有许多根时，在电子整机装配工作中常用细绳线和扎扣把导线扎成各种不同形状的线扎（也称线把、线束）。

制作线扎的方法主要有连续结法和点结法两种，下面根据线扎的制作过程，介绍连续结和点

结线扎的制作方法。

1. 裁剪导线及加工线端

按工艺文件中的导线要求剪裁好符合规定尺寸和规格的导线，并进行线端加工（包括剥头、捻头、浸锡等）。

2. 在导线端头印标记

为了区分复杂线扎中的每根导线，需要在导线的两端印上标记（号码或色环），也可将印好标记的套管套在线端。印记标记的方法如下。

① 用洒精将线端或套管擦清洁晾干待用。

② 用盐基染料（颜色的数量和种类随需要而定，即深色导线用白色颜料，浅色导线用黑色颜料等），加 10% 的聚氯乙烷配成，或直接用各式油墨印字符。

③ 用毛笔描色环或用橡皮章打印标记。打印前先要将油墨调匀，将少量油墨放在油板上，用小油滚滚成一薄层，再用印章去蘸油墨。打印时，印章要对准位置，再左右摇动一下，若标记不清要马上擦掉重印。

④ 导线标记位置应在离绝缘端 8 ~ 15mm 处，如图 5.11 所示。印字要清楚，方向要一致，数字号与导线粗细要相配。

图 5.11　导线端头印标记

⑤ 排线。按工艺文件导线加工表排列顺序，在配线板上按图样走向依次排列。排列时，屏蔽导线应尽量放在下面，然后排短导线，最后排长导线。电子管的灯丝线应拧成绳状之后再排线。靠近高温热源的导线应有隔热措施（加石棉板或石棉绳等隔热材料）。如导线的根数较多不易放稳时，可在排完一部分之后，先用铜线临时捆扎，待所有的导线排完之后，再一边绑扎一边拆除铜线。

3. 连续结的捆扎

用棉线、亚麻线或尼龙线等作为扎线材料，由起始结、中间结、终端结将导线捆扎在一起。

起始结扎在线扎的开头处。图 5.12 所示为几种起始结的扎法。

中间结分为绕一圈的中间结和绕两圈的中间结。图 5.13 所示为两种中间结的扎法。

终端结是扎线的最后一个结。图 5.14 所示为终端结的几种扎法。终端结通常由两个中间结再加上一个普通结作为保护而成。

当扎线到中间发现不够长时可用延长结加接一段，以便继续扎线，如图 5.15 所示。

图 5.12　起始结的扎法

（a）单线结　　　　　（b）双线结

图 5.13　中间结

图 5.14　终端结

图 5.15　延长结的扎法

99

图 5.15　延长结的扎法（续）

4．T 形结、Y 形结与十字结的扎法

在线扎的分支处和转弯处需要用到这 3 种结当中的一种。图 5.16 所示为这 3 种结的扎法。

5．点结线扎

点结线扎的扎法如图 5.17 所示。点结比连续结简单，在许多场合，都用点结取代连续结对导线进行捆扎。

（a）

（b）

（c）

图 5.16　T 形结、Y 形结与十字结的扎法

图 5.17　点结打法示意图

知识 6　电子元器件装配前的加工

5.6.1　对电子元器件引线的成形要求

1．元器件引线成形的尺寸

采用手工插装和手工焊接的电子元器件，一般把元器件的引线加工成如图 5.18 所示的形状；采用自动焊接的元器件，需要把引线加工成如图 5.19 所示的形状。图 5.17（a）所示为轴向引线元器件卧式插装方式，L_a 为两焊盘的跨接间距，l_a 为轴向引线元器件体长度，d_a 为元器件引线的直径或厚度，$R=2d_a$，折弯点到元器件体的长度应大于 1.5mm，两条引线折弯后应平行。图 5.17（b）所示为立式安装方式，$R=2d_a$，R 应大于元器件体的半径。对于易受热而损坏的元器件，其引线可加工成如图 5.20 所示的形状。

图 5.18 手工插装元器件引线的成形

图 5.19 自动焊接元器件引线的成形   图 5.20 易受热损坏元器件引线的成形

2. 元器件引线成形的方法

目前，元器件引线的成形主要有专用模具成形、专用设备成形、手工用尖嘴钳进行简单加工成形等方法，其中模具手工成形较为常用。图 5.21 所示为引线成形的模具。在模具的垂直方向开有供插入元器件引线的长条形孔，将元器件的引线从上方插入长条形孔后，再插入插杆，元器件引线即可成形。用模具手工成形加工引线成形的一致性比较好。

图 5.21 引线成形的模具

有些元器件，如集成电路的引线成形不能使用模具，可使用钳具加工引线。最好把长尖嘴钳的钳口加工成圆弧形，以防在引线成形时损伤引线。使用长尖嘴钳加工引线的过程如图 5.22（a）

电子技能训练

所示，集成电路的引线成形如图 5.22（b）所示。

（a）　　　　　　　　　　　　　　　　　　（b）

图 5.22　集成电路引线的加工及成形

5.6.2　元器件引线的浸锡

1. 裸导线的浸锡

裸导线、铜带、扁铜带等在浸锡前要先用刀具、砂纸或专用设备等清除浸锡端面的氧化层污垢，然后再蘸助焊剂浸锡。镀银线浸锡时，工人必须戴手套，以保护镀银层。

2. 焊片的浸锡

焊片上有个孔，在使用中需要将导线穿过孔再与焊片焊接起来。焊片和导线都要先进行浸锡。焊片在浸锡时，焊锡要没过焊片上的孔 2~5mm，但要保证焊片在浸完锡后不要将孔堵住，如果孔被焊锡堵塞可再浸一次锡，然后立即下垂使锡流掉，否则导线不能穿过焊孔进行绕接。

3. 元器件的引线浸锡

元器件的引线在浸锡前，应在距离器件的根部 2~5mm 处开始去除氧化层，如图 5.23 所示。从除去氧化层到进行浸锡的时间一般不要超过 1h。浸锡以后立刻将元器件引线浸入酒精进行散热。浸锡的时间要根据引线的粗细来掌握，一般在 2~5s 为宜。若时间太短，引线未能充分预热，易造成浸锡不良；若时间过长，大量的热量传到元器件内部，易造成元器件损坏。有些晶体管和集成电路或其他怕热的器件，在浸锡时应当用易散热工具夹持其引线的上端，这样可防止大量热量传导到元器件的内部。经过浸锡的引

图 5.23　元器件引线的浸锡

102

线，其浸锡层要牢固均匀、表面光滑、无孔状、无锡瘤。浸锡所用的工具和设备有刀具、电炉、锡锅或超声锡锅等。

知识 7　常用电子元器件的装配

5.7.1　一般元器件的装配方法

1. 陶瓷零件、胶木零件和塑料件的装配

这类零件的特点是强度低，容易在装配时损坏。因此要选择合适的材料作为衬垫，在装配时要特别注意紧固力的大小。瓷件和胶木件在装配时要加软垫，如橡胶垫、纸垫或软铝垫，不能使用弹簧垫圈。选用铝垫圈时要使用双螺母防松。塑料件在装配时容易变形，应在螺钉上加大外径垫圈。使用自攻螺钉紧固时，螺钉的旋入深度不小于直径的 2 倍。

2. 仪器面板零件的装配

在仪器面板上装配电位器、波段开关、接插件等，通常都采用螺纹装配结构。在装配时要选用合适的防松垫圈，特别要注意保护面板，防止在紧固螺母时划伤面板。

3. 大功率电子元器件的装配

大功率电子元器件在工作时要发热，必须依靠散热器将热量散发出去，而装配的质量对传热效率影响很大。以下 3 点是装配大功率电子元器件的要领。

① 元器件和散热器接触面要清洁平整，保证两者之间接触良好。

② 在元器件和散热器的接触面上要加涂硅酯。

③ 在有两个以上的螺钉紧固时，要采用对角线轮流紧固的方法，以防止贴合不良。

图 5.24 所示为常见大功率电子元器件的装配示意图。

（a）金属大功率器件安装　　　（b）塑封器件安装

图 5.24　大功率电子元器件的装配示意图

4. 集成电路的装配

集成电路在大多数应用场合都是直接焊装到 PCB 上，但不少产品为了调整、升级、维护方便，常采用先焊装 IC 座再装配集成电路的装配方式。计算机中的 CPU、ROM、RAM 和 EPROM 等器件，引线较多，装配时稍有不慎，就有损坏引脚的可能。对集成电路的装配还可以选择集成电路插座,因为集成电路的引线有单列直插式和双列直插式,管脚的数量也不相同,所以要选择合适的集成电路插座。

集成电路的装配要点如下。

(1)防静电

大规模 IC 大都采用 CMOS 工艺,属电荷敏感型器件,而人体所带的静电有时可高达上千伏。工业上的标准工作环境虽然采用了防静电系统,但也要尽可能使用工具夹持 IC,并且通过触摸大件金属体(如水管、机箱等)等方式释放人体所带的静电。

(2)找方位

无论何种 IC 在装配时都有个方位问题,通常 IC 插座及 IC 片子本身都有明显的定位标志,如图 5.25 所示,但有些 IC 的封装定位表示不明显,必须查阅说明书。

图 5.25 常见集成电路的方位标志

(3)匀施力

装配集成电路在对准方位后要让每一条引线都与插座口一一对应,然后均匀施力将集成电路插入插座。对采用 DIP 封装形式的集成电路,其两排引线之间的距离都大于插座的间距,可用平口钳或用手夹住集成电路在金属平面上仔细校正。现在已有厂商生产专用的 IC 插拔器,给装配集成电路的工作带来很大便利。

5.7.2 一般电子元器件在电路板上的装配方法

1. 元器件的装配方式

电子元器件在电路板上的装配是指将已经加工成形后的元器件的引线插入印制电路板的焊孔。装配的方法根据元器件性质和电路的要求有多种,如图 5.26 所示为元器件直立装配的例子,

图 5.27 所示为元器件水平装配的例子。当元器件的装配高度受到限制时，可采用埋头装配或折弯装配，如图 5.28 所示。当元器件比较重时，要采用支架装配，如图 5.29 所示。对于小功率三极管的装配，可采用如图 5.30 所示的方式。

图 5.26　元器件直立装配

（a）安装形式 1

（b）安装形式 2

（c）安装形式 3

图 5.27　元器件水平装配

黏合剂

（a）埋头安装　　　　　　　（b）折弯安装

图 5.28　元器件受高度限制时的装配

黏合剂

支架

图 5.29　采用支架固定装配

正直立装　倒装　卧装　　横装　　加衬垫装

图 5.30　小功率三极管的装配方式

2．元器件的装配方法和原则

装配元器件有手工装配和机器自动装配两种方法。电子元器件在装配时要遵循以下基本原则。

① 元器件装配的顺序：先低后高，先小后大，先轻后重。

② 元器件装配的方向：电子元器件的标记和色码部位应朝上，以便于辨认；水平装配元器件的数值读法应保证从左至右，竖直装配元器件的数值读法则应保证从下至上。

③ 元器件的间距：印制电路板上的元器件之间的距离不能小于 1mm；引线间距要大于 2mm，必要时，要给引线套上绝缘套管。对水平装配的元器件，应使元器件贴在印制电路板上，元器件离印制电路板的距离要保持在 0.5mm 左右；对竖直装配的元件，元器件离印制电路板的距离应在 3～5mm。

3．扁平电缆线的装配

目前常用的扁平电缆是导线芯为 $7\times0.1\text{mm}^2$ 的多股软线，外皮材料为聚氯乙烯，导线的间距为 1.27mm，导线的根数为 20～60 不等，有各种规格，颜色多为灰色和灰白色，在一侧最边缘的线为红色或其他的不同颜色，作为接线顺序的标志，如图 5.31 所示。

颜色标记

1.27mm

图 5.31　扁平电缆

扁平电缆的连接大都采用穿刺卡接方式或用插头连接，接头内有与扁平电缆尺寸相对应的 U 形接线簧片，在压力作用下，簧片刺破电缆绝缘皮，将导线压入 U 形刀口，并紧紧挤压导线，获得电气接触。这种压接需要有专用压线工具。电脑中的主板和硬盘、光驱之间的连接都采用这种方式连接。图 5.32 所示为压好的扁平电缆组件。

另外，还有一种扁平连接电缆，导线的间距为 2.54mm，芯线为单股或 2～3 根芯线绞合。这种连接线一般用于印制电路板之间的连接，常用锡焊方式连接，如图 5.33 所示。

图 5.32　已接好的扁平电缆组件

图 5.33　扁平连接线

4．屏蔽线缆的装配

常用的屏蔽线缆有聚氯乙烯屏蔽线，常用于 500V 以下信号的传输电气线，在屏蔽层内可有一根或多根导线。屏蔽线缆的主要类型如下。

① 护套聚氯乙烯屏蔽线。这种屏蔽线多为同轴电缆，在屏蔽层内可有一根或多根软导线，常用于电子设备内部和外部之间低电平的电气连线，在音频系统也常采用这种屏蔽线。

② 300Ω阻抗平衡型射频电缆，这种屏蔽线一般为扁平电缆，用于传输高频信号。

③ 75Ω阻抗不平衡型射频电缆，这种屏蔽线多为同轴电缆，用于传输高频信号。

屏蔽线缆如常用的音频电缆一般都是焊接到接头座上，特别是对移动式电缆，如耳机和话筒的电缆线，必须注意线端的固定。

知识 8　压接、绕接、胶接和螺纹联接

除了焊接这种电气方式之外，压接、绕接也是常用的电气连接方法，并且这些连接方法有其特殊的优点，如压接具有温度适应性强、连接机械强度高、无腐蚀、电气接触良好的优点，尤其在导线的连接中应用最多。此外在整机装配过程中，还要用到胶接和螺纹联接，起到固定元件和导线，将电路板和其他部件与机箱实现整体连接。

5.8.1　压接和绕接

1．压接

压接通常是将导线压到接线端子中，在外力的作用下使端子变形挤压导线，形成紧密接触，如图 5.34 所示。

压接的连接机理有 3 个。

① 在压力的作用下，端子发生塑性变形，紧紧挤压导线。

② 导线受到挤压后间隙减小或消失，并产生变形。

③ 在压力去除后，端子的变形基本保持，导线之间紧密接触，破坏了导线表面的氧化膜，产生一定程度的金属相互扩散，从而形成良好的电气连接。

压接端子主要有如图 5.35（a）所示的几种类型，压接的过程如图 5.35（b）所示。

压接工具是一种专用工具，常用的手工压接工具是压接钳。在批量生产中常用半自动或自动压接机完

图 5.34 压接示意图

成从切断电线、剥线头到压接完毕的全部工序。在产品的研制工作中也可用普通钳子完成压接的操作。

（a）压接端子

（b）压接过程

图 5.35 压接端子类型和压接过程

压接操作因使用不同的机械而有各自的压接方法。一般的操作过程有 3 个步骤：剥线、调整工具、压线。

2. 绕接

绕接是直接将导线缠绕在接线柱上，形成电气和机械连接的一种连接技术。由于绕接有独特的优点，在通信设备等要求高可靠性的电子产品中得到广泛使用，成为电子装配中的一种基本工艺。

（a）接线柱截面形状　（b）接线柱与支撑板　（c）绕接点形状

图 5.36 绕接材料及形式

绕接所用的材料是接线端子和导线，接线端子（或称接线柱、绕线杆）通常由铜或铜合金制成，截面一般为正方、矩形等带棱边的形状，如图 5.36 所示。导线则一般采用单股铜导线。

绕接靠专用的绕接器将导线按规定的圈数紧密绕在接线柱上，靠导线与接线柱的棱角形成紧密连接。由于导线以一定的压力同接线柱棱边相互挤压，形成刻痕，金属的表面氧化物被压破，使两种金属紧密接触，形成金属之间的相互扩散，从而得到良好的连接性能。一般绕接点的接触电阻可达 1mΩ 以下。

绕接的主要特点是可靠性高，一是工作寿命长，二是工艺性好。

绕接需要使用专用的绕接器，也称作绕枪。绕枪由旋转驱动部分和绕接机构（绕头、绕套等）组成。绕头有大小不同的规格，要根据接线柱的不同尺寸及接线柱之间的距离来选用。

绕接的操作很简单，选择好适当的绕头及绕套，准备好导线并剥去一定长度的绝缘皮，将导线插入导线槽，并将导线弯曲后嵌在绕套缺口后，即可将绕枪对准接线柱，开动绕枪驱动机构（电动或手动），绕线即旋转，将导线紧密绕接在接线柱上，整个绕线过程仅需 0.1～0.2s。

良好的绕接点要求导线排列紧密，不得有重绕，导线不留尾。如果因绕接点的不合格或线路变动需要退绕时，可使用专门的退绕器。由于在绕接时导线会产生刻痕，所以退绕后的导线不能再使用。

5.8.2 胶接和螺纹联接

1. 胶接

胶接装配就是用胶粘剂将零件粘接在一起的安装方法，属于不可拆卸性连接。胶接最大的优点是工艺简单，不需专用的工艺设备，成本低，质量轻，被广泛用于小型元器件的固定和不便于使用螺纹装配或铆接装配的零件装配中。

胶接一般要经过表面处理、胶粘剂的调配、涂胶、固化、清理和胶缝检查几个工艺过程。胶接质量的好坏主要取决于胶粘剂的性能。

2. 螺纹联接零件

在电子设备的装配中，对需要经常拆卸的部件，广泛采用螺纹联接。螺纹联接一般是用螺钉、螺栓、螺母等紧固件，将各种零部件或元器件连接起来的连接方式。其优点是连接可靠，装拆方便，可方便地表示出零部件的相对位置。但是螺纹联接的应力比较集中，在整机受到振动或冲击严重的情况下，螺纹容易松动。

比较常见的紧固件有螺钉、螺母、螺栓、螺柱、垫圈、铆钉、销钉等。

（1）螺钉

螺钉的品种很多，主要是根据头部的结构和形状命名，常用螺钉的种类有圆头和平头、一字槽和十字槽、内六角和内花键、方头和锥端紧定等之分。

螺钉的规格用直径和长度来标识，例如 M3×12 的螺钉，表示螺钉的外圆直径为 3mm，长度为 12mm。

一字槽螺钉起子槽的强度比十字槽的强度差，在拧紧时的对中性也差，适用于连接强度要求较低的场合。十字槽螺钉起子槽旋拧时对中性好，易实现自动化装配，外形美观，生产效率高。

内六角螺钉、内花键螺钉可施加较大的拧紧力矩，连接强度高，头部能埋入在零件内，用于要求结构紧凑、外形平滑的连接处。

方头螺钉可施加更大的拧紧力矩，顶紧力大，但在运动部位不宜使用。

锥端紧定螺钉借助锐利的锥端直接顶紧零件，用于不常拆卸处或顶紧硬度小的零件。

平端紧定螺钉接触面积大，不伤零件表面，用于顶紧硬度较大的平面或经常调节位置的场合。

圆柱端紧定螺钉不伤零件表面，用于经常调节位置或固定装在空心轴（薄壁件）上的零件，可传递较大的载荷。

自攻锁紧螺钉用于塑料制品零件的固定，可直接拧入。

沉头螺钉主要用于仪器面板的装配。

（2）螺母

螺母具有内螺纹，配合螺钉或螺栓紧固零部件。螺母的种类很多，其名称主要是根据螺母的外形命名，规格用 M3、M4、M5…等标识，即 M3 的螺母应与 M3 的螺钉或螺栓配合使用。

六角螺母配合六角螺栓的应用最普遍。也有的地方采用方螺母配合方头螺栓配套使用。圆螺母多为细牙螺纹，常用于直径较大的连接，一般配用圆螺母止动垫圈，以防止连接松动。

（3）螺栓

螺栓通过与螺母配合进行零部件的紧固。六角螺栓用于重要的、装配精度高的以及受较大冲击、振动或变载荷的地方。

（4）垫圈

垫圈的种类很多。圆平垫圈在紧固件下用以增加支撑面、遮盖较大的孔眼以及防止损伤零件表面。圆垫圈和小圆垫圈多用于金属零件上。大圆垫圈多用于木制零件上。内齿弹性垫圈用于头部尺寸较小的螺钉头下，能可靠地阻止紧固件松动。外齿弹性垫圈多用于螺栓头和螺母下，能可靠地阻止紧固件松动。圆螺母止动垫圈与圆螺母配合使用，主要用于滚动轴承的固定。单耳止动垫圈允许螺母拧紧在任意位置加以锁定，用于紧固件靠近机件边缘处。

3．螺纹联接的形式和要求

螺纹联接主要有螺栓联接、螺钉联接、双头螺栓联接和紧定螺钉联接 4 种基本形式。

螺钉联接就是将螺钉从没有螺纹孔的一端插入，直接拧入被连接件的螺纹孔中，达到机械连接的目的。螺钉联接一般都需要使用两个以上成组的螺钉，紧固时一定要做到交叉对称，分步拧紧。螺钉联接的被连接件之一需制出螺纹孔，一般用于无法放置螺母的场合。

在紧固螺钉时，一般应垫平垫圈和弹簧垫圈，拧紧程度以弹簧垫圈切口被压平为准。螺钉紧固后，有效螺纹长度一般不得小于 3 扣，螺纹尾端外露长度一般不得小于 1.5 扣。若是沉头螺钉，紧固后螺钉头部应与被紧固零件的表面保持平衡，允许稍低于零件表面，但不得低于 0.2mm。

双头螺栓联接就是将螺栓插入被连接体，两端用螺母固定，以达到机械连接的目的。这种联接主要用于厚板零件或需经常拆卸、螺纹孔易损坏的连接场合。

紧定螺钉联接就是将紧定螺钉通过第一个零件的螺纹孔后，顶紧已调整好位置的另一个零件，以固定两个零件的相对位置，达到机械连接防松动的目的，这种联接主要用于各种旋钮和轴柄的固定。

4．铆接

除了压接、绕接、胶接和螺纹联接外，还有一种连接方式叫铆接，就是用铆钉等紧固件，将各种零部件或元器件连接起来的连接方式。目前，在一些小型零部件的装配中仍在使用。

电子装配中所用的铆钉主要有空心铆钉、实心铆钉和螺母铆钉几类。

实心铆钉主要由铜或铝合金制成，主要用于连接不需要拆卸的两种材料。螺母螺钉一般用铜合金制作，主要用于机壳、机箱的制作中。空心铆钉一般由黄铜或紫铜制成，是电子制作中使用较多的一种电气连接铆钉。

技能与技巧

【有悖于常规的实用装配技巧】

按照电子元器件的装配原则，应该是以先小后大、先轻后重、先分立后集成的顺序装配元器件，但对于在印制电路板上没有元器件符号标记的情况下，按照这个装配原则往往容易将元器件的位置搞错。在实际生产实践中，先装配集成件，再装配分立件，先装配大器件，再装配小器件，很容易将元器件在板上的位置找对，因为集成件和大元件，将板上的位置占据了很多，剩下来的装配孔就不多了，很容易将元器件装配正确。

例如，对分立件收音机的装配，可以采取下列顺序：双连电容→电位器→中周→输出、输入变压器→电阻器→电容器→三极管→二极管。

按照这个顺序装配收音机元件，一般不会出现装配错误，读者可以试试看。

项目小结

1. 电子材料主要有安装导线与绝缘材料。
2. 安装导线一般由铜导体和绝缘层组成。
3. 绝缘材料除有隔离带电体的作用外，往往还起到机械支撑、保护导体及防止电晕和灭弧等作用。
4. 粘接材料是将两种材料连接在一起所需要的一种材料，对粘接材料的选用和被粘接材料接头的处理直接关系到产品的质量。
5. 电子元件和各种导线在装配前一定要先进行处理，这是一道不可缺少的工序。
6. 导线主要分成绝缘导线和屏蔽导线，对它们的处理主要是端头的处理。
7. 对在一块电路板上有许多导线在一起的安装，要对导线进行扎线，也就是要把导线扎成线扎，线扎的形式要根据电路的要求决定。
8. 各种电子元器件的引脚也要进行处理，要根据电路的特点和装配方式的不同，将元器件引线做成相应的形状。
9. 元器件引线的处理有手工制作和机器制作两种方法。
10. 压接、绕接、螺接、胶接都是装配中常用的方法，各具有特殊性。

课后练习

1. 在元器件布局和排列时应注意哪些问题？
2. 为什么要对元器件引线进行成形加工？引线成形工艺的基本要求是什么？
3. 整机"线把"加工的主要步骤是什么？
4. 常用绑扎线束有哪几种方法？
5. 简述射频电缆的加工方法？
6. 印制电路板元器件的装配方法及装配技术有何要求？
7. 电子产品的整机装配有哪些基本要求？
8. 电子产品的整机装配工艺过程大致有哪几个环节？
9. 元器件引线成形的常用工具有哪些？
10. 固定电子零部件应按什么顺序和要领拧紧螺钉？

项目6

电子电路图的读图技能训练

项目要求

通过对实际电子产品电路图的识读，要求学生了解电子电路图的类型和作用，学习电子电路图的读图步骤和方法，能对实际电子电路图进行分析。

【知识要求】

（1）了解电子电路图的类型和作用。

（2）掌握电子电路图的读图步骤。

【技能要求】

（1）能对中等复杂程度的电路图进行分析，并能对常见故障做出正确判断。

（2）通过读图训练，熟练掌握各种常用电子元器件的符号。

（3）通过读图训练，学习使用电子器件手册的方法。

（4）了解查找器件资料的其他途径。

项目实施

【项目实施器材】

（1）实际电子产品（如声光两控灯、收音机）的电路原理图、方框图和印制电路板图，两人配备一套。

（2）与实际电子产品配套的电子元器件若干套，两人配备一套。

【项目实施步骤】

（1）学习各种电子元器件的符号。

（2）学习各种典型电路图的标准画法。

（3）学习电子电路的读图步骤。

（4）对实际电子产品的电路图进行读图训练。

项目相关知识

阅读电子产品的电路图是从事电子产品装配和调试工作的基本技能之一。只有能看懂电路图，才能了解并掌握电子产品的工作原理及工作过程，才能对电路进行安装、测试、维修或改进。

电路图也称作电原理图、电子线路图，用于表示电路的工作原理。电路图又分为电路原理图、电路方框图和电路接线图几种形式。

知识 1 电子电路图的基本知识

6.1.1 电路原理图

电路原理图用于将该电路所用的各种元器件用规定的符号表示出来，并用连线画出它们之间的连接情况，在各元器件旁边还要注明其规格、型号和参数。电路原理图主要用于分析电路的工作原理。在数字电路中，电路原理图是用逻辑符号表示各信号之间逻辑关系的逻辑图，应注意的是，在逻辑符号上没有画出电源和接地线，当逻辑符号出现在逻辑图上时，应理解为数字集成电路内部已经接通了电源。

在电路原理图中，不同的元器件采用不同的电路符号，并且在电路符号的左方或上方都标出了该元器件的文字符号及脚标序号。脚标序号是按同类元器件在图中的位置自左至右，自上而下顺序编号的。对于由几个单元电路组成的产品，必要时元器件顺序编号亦可按单元编制，可以在文字符号的前面加一个该单元的顺序号，并与文字符号写在同一行上。

很多电路原理图上还会设置元器件目录表，表中会汇总标出各元器件的位号、代号、名称、型号及数量。在进行整机装配时，应严格按目录表的规定安装。

电路原理图中使用的各种图形符号，不表达电路中每个元器件的形状或尺寸，也不反映这些元器件的安装和固定情况，因而一些辅助元器件，如紧固件、接插件、焊片、支架等组成实际仪器不可缺少的元器件在电路图中都不画出。

在电路原理图中特别值得注意的是连线的画法和省略画法。

1. 电路原理图中的连线

在电路原理图中的连线有实现和虚线两种。

（1）实线

实线表达了电路中元器件之间的电气连接，用于连接各个图形符号。电路图中的实线为了清楚和表达无误，有以下几点要求。

① 连线要尽可能画成水平或垂直线，斜线不代表新的含义。在说明性电路图中，有时为了表达某种工艺思路，将实线特意画成斜线只表示电路接地点的位置和强调一点接地，如图6.1所示。

② 实线的相互平行线之间，距离不得小于 1.2mm；较长的实线应按功能分组画，各组之间应留有 2 倍的线间距。实线如有分支时，一般不要从一点上引出多于 3 根的连线，如图 6.2 所示。

图 6.1　以斜线表示电路接地点的位置

（a）推荐　　　　（b）不推荐

图 6.2　实线分支的画法

③ 实线线条有粗细的区别时，如果没有特殊说明，不代表电路上电气连接的变化。

④ 实线连线可以任意延长和缩短。

（2）虚线

在电路图中，虚线一般是作为一种辅助线来使用，没有实际电气连接的意义。虚线有以下几种辅助表达作用。

① 虚线在电路图中表示元器件之间的机械联动作用，如图 6.3 所示。

② 虚线在电路图中表示封装在一起的元器件，如图 6.4 所示。

（a）带开关电位器　　　　（b）四连可变电容器

图 6.3　虚线表示元器件之间的机械联动作用

图 6.4　虚线表示封装在一起的元器件

② 虚线在电路图中表示对元件进行屏蔽，如图 6.5 所示。

④ 虚线在电路图中的其他作用。例如，表示一个复杂电路被分隔为几个单元电路，将印制电路板分成几个小板，这时一般都需要在图上附加说明。

2．电路原理图中连线的省略与简化

在有些比较复杂的电路中，如果将所有的连线和接点都画出，则图形过于密集，线条多反而不易看清楚。因此采取各种办法简化图形或对线条进行省略，使画图和读图都比较方便。

（1）连线的中断

在电路图中离的较远的两个元器件之间的连线，可以不直接画出，而用中断的办法表示，特别是成组的连线，用这种方法可大大简化图形，如图6.6所示。

（a）导线屏蔽　（b）线圈屏蔽　（c）部件屏蔽

图6.5　虚线表示对元器件进行屏蔽 　　　　图6.6　连线的中断

（2）用单线表示多线

在电路图中，成组的平行线可用一根单线来表示，在线的交汇处采用在一根短斜线旁标注数字的方法来表示线的根数变化，如图6.7所示。

（a）单线表示4线，线的次序改变　　（b）多线用单线简化多线汇集　　（c）单线简化表示多线分叉

图6.7　成组的平行线可用一根单线来表示

（3）电源线的省略画法

在由分立元器件组成的电路原理图中，电源接线可以省略，只标出接点，如图6.8所示。在由集成电路组成的电路原理图中，由于集成电路的管脚和使用电压都已固定，所以往往把电源接点也省去，如图6.9所示。

图6.8　电源线的省略画法

图6.9　在集成电路图中电源接点也省去的画法

（4）同种元器件在电路原理图中的简化画法

在数字电路中，有时需要重复使用同一种元器件，而且元器件的使用功能也相同，这时可以采用如图6.10所示的方法表示。在图6.10中，$R_1 \sim R_{21}$ 共有21只电阻，不但阻值相同而且它们在图中的几何位置也相同，采用图中所示的简化画法就很实用。

（5）同种功能块的简化画法

在复杂的电路图特别是数字电路图中，经常会遇到从电路形式到功能都完全相同的电路，这

时就可采用图 6.11 所示的方式进行简化。

图 6.10　同种元件的省略画法　　　　　图 6.11　同种功能块的简化画法

6.1.2　逻辑电路图

在数字电路图中，常常用逻辑符号来表示各种有逻辑功能的单元电路。在表达逻辑关系时，就采用逻辑符号而不画出具体电路连接成的逻辑电路图。

1. 逻辑电路图的画法

逻辑电路图有理论逻辑图（又称纯逻辑图）和工程逻辑图（又称逻辑详图）之分。前者只考虑电路的逻辑功能，不考虑具体元器件和电平的高低，常用于教学等说明性领域；后者则涉及具体电路元器件和电平的高低，属于工程用图。

由于集成电路的飞速发展，特别是大规模集成电路的应用，绘制详细的电路原理图，不仅非常繁琐，而且没有必要。逻辑电路图实际上已经取代了数字电路中的原理图。图 6.12 所示是理论逻辑图的实例，图 6.13 所示是工程逻辑图的实例。

图 6.12　理论逻辑图的实例

图 6.13　工程逻辑图的实例

2. 在逻辑电路图中的逻辑符号

在逻辑电路图中，逻辑符号的画法很重要。国家标准规定的标准逻辑符号和国外的逻辑符号有所不同，但两者都常见于逻辑电路图中，所以在现阶段还有必要认识这些逻辑符号。表 6.1 列出部分常用的逻辑符号，其中标准符号是指中国国家标准，其他符号是指国外或某些厂家的逻辑符号。

表6.1　　　　　　　　　　　　常用逻辑符号对照表

名　称	标　准	其　他	名　称	标　准	其　他
与门	&		与非门	&	
或门	≥1		或非门	≥1	
非门	1		与或非门	=1 & &	
异或门	=1		延迟器	t_2 t_3	60μs

在电路图中的逻辑符号必须注意符号"○"的作用。"○"加在输出端，表示"非"的意思；而"○"加在输入端，则表示在该输入端有效信号是低电平、负脉冲或下降沿。

3. 画逻辑电路图的基本规则

逻辑电路图同电路原理图一样，要层次清楚，分布均匀，容易读图。尤其是中大规模集成电路组成的逻辑图，图形符号简单而连线很多，在读图时容易造成读图困难和误解。一般在画逻辑电路图时，要遵循以下一些基本规则。

（1）符号统一

在电路图中不管采用的是国家标准符号还是外国符号，在同一个电路图中不能有一种元器件用两种符号的情况。

（2）出入顺序

在电路图中的信号流向要从左向右、自下而上，如不符合这个规定时，应以箭头来表示信号流向。

（3）连线成组排列

在逻辑电路中有很多连线，它们的规律性很强，应将有相同功能关联的线排在一组并且与其他线保持适当距离，如计算机电路中的数据线、地址线等。

（4）管脚标注

对中大规模集成电路来说，标出管脚名称同标出管脚标号同样重要，但有时为了在图中不至于显得太拥挤，可只标其一而用另一张图详细表明该芯片的管脚排列及功能。多个相同的集成电路在电路图中可只标出其中的一个。

4. 逻辑电路图中的简化画法

在电路原理图中的简化方法，都适用于逻辑图。此外，由于在逻辑图中的连线多而有规律，可采用一些特殊简化方法。

① 同一组线可以只画首尾，将中间省略。由于这种电路图专业性很强，工程人员在读图时一般不会发生误解。

② 采用断线表示法，即在连线的两端写上名称而将中间线段省略。

③ 多线变单线，对成组排列的线，可采用在电路的两端画出多根连线而在中间则只用一根线代替一组线的画法，也可在表示一组线的单线上标出线的根数。

6.1.3　电路方框图

电路方框图将整个电路系统分为若干个相对独立的部分，每一部分用一个方框来表示，在方框内写明该部分电路的功能和作用，在各方框之间用连线来表明各部分之间的关系，并附有必要的文字和符号说明。

电路方框图简单、直观，可在宏观上了解整个电路系统的工作原理和工作过程，可以对系统进行定性分析。在读图时先阅读电路方框图，可为进一步读懂电路原理图起到引路的作用。图 6.14 所示为普通超外差收音机的电路方框图，它使人一眼就可看出电路的全貌，使收音机的组成部分和各级的功能一目了然。

图 6.14　普通超外差收音机的方框图

电路方框图对了解电路原理图非常有用，因此一般比较复杂的电子设备都附有电路方框图。

6.1.4　电路接线图

电路接线图是将电路图中的元器件及连接线按照布线规则绘制的图，各元器件所在的位置上有元器件的名称和标号。在工厂生产的电子产品电路中，电路接线图就是印制电路板图。印制电路板图主要用于指导电子设备的安装、调试、检查和维修。

印制电路板图有两类，一类是将印制电路板上的导线图形按板图画出，然后在安装位置插上元器件，如图 6.15 所示。

读这种安装图时要注意以下几点。

① 在板上的元器件可以是标准符号或实物示意图，也可以是两者混合使用。

② 对有极性的元器件，如电解电容的极性、三极管的极性一定要看清楚。

③ 对同类元器件可以直接标出参数、型号，也可只标出代号，另有附表列出代号的内容。

117

图 6.15　印制电路板图之一

④ 对特别需要说明的工艺要求，如焊点的大小、焊料的种类、焊后的处理方法等技术要求，在图上一般都有标注。

还有一类印制电路板图不画出印制导线的图形，而是将元器件的安装面作为印制电路板的正面，画出元器件的外形及位置，指导工人进行元器件的装配插接，如图 6.16 所示。这类电路图的元器件大多是以集成电路为主，电路的元器件排列比较有规律，而且印制电路板上有用油漆印制的元器件标记，对照此图进行元器件安装一般不会发生错误。

图 6.16　印制电路板图之二

读这种安装图时要注意以下几点。

① 图上的元器件全部用实物表示，但没有细节，只有外形轮廓。

② 对有极性或方向定位的元器件，按照实际排列时要找出元器件极性的安装位置。

③ 图上的集成电路都有管脚顺序标志，且大小和实物成比例。

④ 图上的每个元器件都有代号。

⑤ 对某些规律性较强的器件如数码管等，有时在图上是采用了简化表示方法。

在实际工程中，当采用计算机设计印制电路板图时，只要需要，可同时获得印制电路板的装配图。

6.1.5　机壳底板图和设备面板图

这两种图是用来表示机壳底板上元器件的安装位置和面板上各个操作旋钮、开关等元器件位置的。机壳底板上元器件的安装位置图表达了元器件和零部件在仪器设备中的位置。设备面板图是按照机械制图的标准绘制出来的，用于指导操作人员安装在面板上的元器件位置。设备面板图是工艺图中要求较高、难度较大的图，既要实现操作要求，又要讲究美观悦目。将工程技术人员的严谨科学态度同工艺美术人员的审美观点结合起来，才能使设备面板图达到上述要求。读这种图时要按照图中所标的各个元器件位置将元器件查找出来。

6.1.6　整机装配图

整机装配图是表示产品组成部分相互连接关系的图样。在图上可以按装入的零部件或整机的装配结构来完整地表示出产品的结构总形状。

整机装配图一般包括以下几项内容。

① 表明产品装配结构的各种视图。

② 外形尺寸、安装尺寸、与其他产品连接的位置尺寸，以及所需检查的尺寸和极限偏差。

③ 装配时需借助的配合或装配方法。

④ 在装配过程中或装配完毕后需要加工的说明。

⑤ 其他必要的技术要求和说明。

看装配图时，首先要看标题栏，了解装配图的名称、图号等内容；看明细栏来了解各零部件的序号、名称、材料、性能及其用途等内容，然后找到各部件在装配图上的位置，仔细分析装配图各部件的相互位置关系和装配连接关系等，最后按照工艺的要求，按整机装配图进行装配。

知识 2　电子电路图的读图步骤和查找元器件资料的途径

6.2.1　电子电路图读图的基本步骤

对电路原理图的读图可以采用以下步骤进行。

1. 先了解电路的用途和功能

在开始读图时首先要大致了解该电路的用途和电路的总体功能，这对进一步分析电路图各部分的功能将会起到指导作用。电路的用途可以从电路的说明书中找到，若没有电路说明书，只能通过分析输入信号和输出信号的特点以及它们的相互关系来找出。

2. 查清每块集成电路或晶体管的功能和技术指标

在电子设备中，集成电路已经是组成电路系统的基本器件，特别是中大规模集成电路的应用越来越广泛，几乎每一个电子设备中都离不开集成电路。当接触到一个新的集成电路时，必须从集成电路手册或其他资料中查出该器件的功能和技术指标，以便进一步分析电路的工作原理。

3. 将电路划分为若干个功能块

根据信号的传送和流向，结合已学过的电子知识，将电路分成若干个功能块，用方框图表示出来。一般是以晶体管或集成电路为核心进行划分，尤其是以在电子电路中学过的基本电路为一个功能块时，可以粗略地分析出每个功能块的作用，找出该功能块的输入与输出之间的关系。

4. 将各功能块联系起来进行整体分析

按照信号的流向关系，分析整个电路从输入到输出的完整工作过程，必要时还要画出电路的工作波形图，以搞清楚各部分电路信号的波形以及时间顺序上的相互关系。对于一些在基本电路中没有的元器件或特殊器件，要单独对其进行分析。

因为各个电路系统的复杂程度、组成结构、采用的器件集成度各不相同，因此上述读图步骤不是唯一的，只是一个基本指导思路，工程人员在读图时，完全可以根据具体情况灵活运用，只要能读懂图就行。

这里将对电子电路图的读图方法可总结成口诀，以便于记忆和指导读图："化整为零，找出通路，跟踪信号，分析功能。"

6.2.2　查找器件资料的途径

要准确地识读电子电路图，非常重要的一个基本功就是会查阅器件手册。器件手册给出了器件的技术参数和使用资料，是正确使用器件的依据。器件的种类很多，其结构、用途和参数指标是不同的。在使用器件时，若不了解它的特性、参数和使用方法，就不能达到预期的使用效果，有时还会因器件的部分或某一项参数不满足电路要求而损坏器件或整个电路。由此可见，要正确地使用器件，先要了解其性能、参数和使用方法，而器件手册则提供了这些有用的资料。

能熟练地查阅器件手册，并经常查阅一些新的器件手册，可以不断了解许多新的器件，这些新器件所具备的特点和功能，往往可以使其被应用于某一实际电路中，解决一些过去无法解决的问题，促使研究工作向前迈进。经常查阅手册也可扩展知识，不断提高自身的技能。

1．器件手册的类型

器件手册的种类很多，凡是能够系统地、详细地给出各种器件特性、参数的资料都可作为器件手册。常用的器件手册有《常用晶体管手册》、《常用线性集成电路大全》、《中国集成电路大全》、《国外常用集成电路大全》等。

有一些电子类技术图书中也有许多以附录形式出现的、介绍器件参数的资料，也能起到与手册相同的作用，但它介绍的内容一般仅限于与书本内容有关的器件。还有一些常用器件型号对照表等资料，也可作为器件手册的扩充。

2．器件手册的基本内容

器件手册一般包括以下内容。

（1）器件的型号命名方法

器件手册上附有按国家标准或原电子工业部标准规定的器件型号命名方法。器件型号命名法指出了所介绍器件的型号由几部分组成，在各部分中的数字或字母所表示的意义。

（2）电参数符号说明

为了查阅和了解手册中介绍器件的功能及有关技术性能，手册中一般都给出器件通用的参数符号及其表示意义。例如，在《集成运算放大器》手册中给出了集成运放的直流参数 V_I、I_{IO}、A_{VO}、K_{CMR} 和交流参数 BW、S_R、BW_P，并对这些参数的意义分别作了说明。

（3）器件的主要用途

各种器件根据其结构和制作工艺的不同，其特性参数不同，因而其用途是不同的。器件手册中介绍了器件的各种用途，为正确选用器件提供了可靠的依据。例如，在《常用晶体管手册》中介绍硅稳压二极管的用途时说明：硅稳压二极管在无线电设备、电子仪器中作稳压用。在《半导体集成电路性能汇编》中介绍 L522 的用途时说明：本电路用于调频信号发生器、函数发生器（三角波、矩形波、锯齿波、正弦波）、FSK 发生器、单脉冲信号发生器等仪器设备。

（4）器件的主要参数和外形

在器件手册上一般以列表形式给出了器件的参数及这些参数的测试条件。例如，3DD03A 型三极管的部分参数：$P_{CM}=10W$（测试调件：$T_C=75℃$），$h_{FE}\geq10$（测试条件：$V_{CE}=10V$，$I_C=0.5A$）。当需要测试这些参数时，应按照手册中所给的条件进行。

对于集成电路，有的还附有相应的测试电路图。手册上还给出器件的外形、尺寸和引线排列顺序，供识别器件、设计印制电路板时参考。

（5）器件的内部电路和应用参考电路

对于集成电路，手册上都附有所介绍集成电路的内部电路或内部逻辑图（数字电路），并附有较为典型的应用参考电路，供分析电路原理、设计实用电路时参考。

3．器件手册的应用方法

在实际工作中，使用器件手册的方法有如下两种。

（1）已知器件的型号查找其参数和应用电路

若已知器件的型号，查阅器件手册，可以查找出此器件的类型、用途、主要参数等技术指标。这在设计、制作电路时可对已知型号的器件进行分析，看其是否满足电路要求。

查阅手册时先根据器件的类别选择相应的手册，如根据器件的种类决定应查线性集成电路手册还是查数字电路手册，然后根据手册的目录，查出待查器件技术资料所在的页数，便可查到所需要的资料。

例如，若组装一个功率放大电路，需要两个 $P_{CM}=1.5W$，$I_{CM}=1A$，$V_{(BR)CEO}\geq20V$ 的 NPN 型硅大功率管。手中刚好有两个 3DD50A 型晶体管，不知能否满足要求，决定查阅《常用半导体手册》。查找目录得知，3DD50A 的资料在该书第 142 页，由此查得 3DD50A 的参数：$P_{CM}=1W$，$I_{CM}=1A$，$V_{(BR)CEO}\geq30V$，$h_{FE}\geq10$。因为 3DD50A 管的 P_{CM} 不符合电路要求，所以应选用其他型号的晶体管。

（2）根据使用要求查选器件

在手册中查找满足电路要求的器件型号，是器件手册的又一用途。查阅手册，首先要确定所选器件的类型，确定应查阅哪类手册；其次确定在手册中应查哪类器件的栏目。确定栏目后，将栏目中各型号的器件参数逐一与所要求的参数相对照，看是否满足要求，据此确定选用器件的型号。

例如，通过查找手册得知 3DD50A 不满足所设计的功率放大电路要求，应选用其他型号的三极管。根据已掌握的情况，可使用同一手册，在同一栏目中，逐一查找各种三极管的参数，结果查得 3DD53B 型硅材料、低频大功率管的 $P_{CM}\geq5W$，$I_{CM}=2A$，$V_{(BR)CEO}\geq50V$，$h_{FE}\geq10$，符合所设计电路的要求，所以可选用 3DD53B 型三极管作为功率放大器的放大管。

上述方法同样适合用于查找集成电路或其他电子器件。

6.2.3　查找电子器件的其他途径

作为一名电子技术工作者，对于电子器件性能的掌握是十分重要的。经常阅读一些电子技术期刊，如《无线电》、《电子世界》、《现代通信》、《国外电子元器件》等杂志，以及《电子报》、《北京电子报》等报刊，对学习和掌握电子器件是十分必要的。在这些期刊上经常登载新的电子器件及其用法，可以开拓思路，提高使用各类器件的熟练程度。经过日积月累，这些期刊也会成为一笔巨大的信息资源，成为查阅电子器件及电子技术应用的信息库。

1．要掌握和了解权威的电子器件手册

国内有两套很有权威性的电子器件手册。

一套是《中国集成电路大全》，它有《TTL集成电路》、《CMOS集成电路》、《HTL集成电路》等分册，介绍了这些集成电路的功能、外部引脚、电气参数特性、动态特性等各种数据以及有关的内部电路、典型电路应用等。

另一套是《电子工程手册系列》，它有《标准集成电路数据手册——TTL集成电路》、《标准集成电路数据手册——CMOS集成电路》等分册，它给出了每一种集成电路的逻辑图、引脚定义以及详细的电气特性参数等。

2. 学会通过Internet查找电子器件

通过Internet查找电子器件要有以下几个先决条件。

① 有使用计算机访问Internet的操作能力。

② 熟悉国内和世界各大电子器件厂的网址。

③ 要熟悉每个电子厂家的产品特点和公司的英文名称。

例如，Motorola Semiconductor Products Inc.是摩托罗拉半导体公司，公司的缩写为Motorola，公司的主要产品是通信设备、各类单片机、数字集成电路等。

再如，Lattice Semiconductor Corp.是晶格半导体公司，公司的缩写为Lattice，该公司主要生产可编程器件PLD。

当在电子设计和维修中要用到单片机的时候，可通过Internet浏览Motorola主页，检索有关信息。要用到PLD器件的时候，通过Lattice公司的网址http://www.Latticesemi.com浏览其主页，就可以查阅或下载PLD的有关资料。

3. 国际上最新和最全的资料手册——D.A.T.A.BOOK

全世界生产的器件种类很多，那么哪一种器件手册是世界上包含器件资料最新和最全的呢？这就是下面要介绍的D.A.T.A.BOOK。

D.A.T.A.BOOK专门收集和提供世界各国生产的、有商品供应的各类电子器件，包括电子器件的功能、特性和数据资料，还有器件的典型应用电路图和器件的外形图，生产厂的有关资料也在其中。

D.A.T.A.BOOK创刊于1952年，（现已改名为D.A.T.A.DIGEST，为了叙述方便，下面仍称之为D.A.T.A.BOOK）每年以期刊形式出版各个分册，分册品种逐年增加，整套D.A.T.A.BOOK具有资料积累性，一般不必作回溯性检索。最新出版的整套D.A.T.A.BOOK除了增加以前没有收录的电子器件的资料外，还包括了以前历年收集的电子器件的资料，原则上有一套最新的版本，就可以将所有的器件资料一览无遗。

D.A.T.A.BOOK由美国D.A.T.A.公司（Derivation And Tabulation Associates Inc.）以英文出版，初通英语的电子科技人员，只要掌握该资料的检索方式，均可以查到要找的电子器件资料。可以这样说，D.A.T.A.BOOK是当今世界上信息最全的电子器件手册，只要知道电子器件的型号，就可以查找到该电子器件的所有信息。在一般的电子器件手册上找不到某器件，或反映该器件的信息不全时，可以在D.A.T.A.BOOK这部手册中查找。

知识3　实际电子产品电路图的分析

6.3.1　声光两控延时开关电路的电路分析

声光两控延时开关电路的电路图如图6.17所示。这个电路比较简单，但按照读电路图的步骤对其进行分析，会有助于初学者掌握读图的步骤。

图 6.17　声光两控延时开关电路的电路图

1. 先阅读产品说明书

通过阅读产品说明书，先了解声光两控延时开关的功能：该开关以白炽灯泡作为控制对象，在有光的场合无论有声或无声灯均不亮；只有在无光（夜晚）且有声音的情况下灯才会亮；灯亮一段时间（40s 左右，可调）后将自动熄灭；当再次有声音（满足无光条件）时，灯才会再亮。这种开关特别适合在楼道和长时间无人的公共场合使用，可以大大节约电能和延长灯泡的使用寿命。

2. 再将电路化整为零

按照"化整为零"的读图方法，可将该开关分成主控电路、开关电路、检测及放大电路，控制对象为 15W 的电灯泡。

3. 按信号流程找出通路

按照"找出通路"的读图步骤，可以将整流桥、单向晶闸管 VT 组成一个主通路（和灯泡串联）。当单向晶闸管 VT 的栅极上加有高电平时，单向晶闸管 VT 将导通致使灯泡发光，所以栅极前面的电路就应该是开关电路。开关电路由开关三极管 VT_1 和充电电路 R_2、C_1 组成，当 VT_1 截止时，将给栅极提供一个高电平，使晶闸管处于导通状态，这也是一个通路。放大电路由 $VT_2 \sim VT_5$ 和电阻 $R_4 \sim R_6$ 组成。压电陶瓷片 PE 和光敏电阻 R_L 作为传感器构成检测电路。控制电路的电源由稳压管 D_Z 和电阻 R_3、电容 C_2 构成。

4. 按照不同情况进行分析

按照"跟踪信号"的读图步骤，可以将信号分成有光、无光无声、无光有声 3 种情况进行分析。

刚接通电路时，交流电源经过桥式整流和电阻 R_1 加到晶闸管 VD 的控制极，由于电容上的电压不能突变，保持为零，所以 VT_1 截止，使 VD 导通。由于灯泡与二极管和 VD 构成通路，则灯点亮。同时整流后的电源经 R_2 给 C_1 充电，当 C_1 的充电电压达到 VT_1 的开门电压时，VT_1 饱和导通，晶闸管控制极得到低电位，由于整流后的电压波形是全波，含有零电压，则在阳极上出现零电压时 VD 关断，灯熄灭，因此改变充电时间常数的大小，就可以改变灯延时的长短。

在无光有声的情况下，光敏电阻的电阻值很大，可以认为对电路没有影响。压电片接受声音转换成一个电信号，经放大后使 VT_2 导通，致使电容 C_1 放电，使 VT_1 截止，晶闸管控制极得到高电位，使 VD 导通后灯亮。随着 C_1 充电的进行，灯泡延时后自动熄灭。调节 R_2，改变负反馈的大小，可以改变接收声音信号的大小，从而调节灯对声音和光线的灵敏度。

在有光的情况下，光敏电阻的阻值很小，相当于把压电陶瓷片短路，所以即使是有声，压电陶瓷片感应出的电信号也极小，不能被有效放大。也就不能使 VT_3 导通，所以灯不会亮。以上分析指出了这种电路的工作原理，不难根据电路的故障现象找出电路的故障所在。

6.3.2　SBM-10A 型示波器直流稳压电源的电路分析

SBM-10A 示波器直流稳压电源部分的电路原理图如图 6.18 所示。

图 6.18　SBM-10A 型示波器直流稳压电源部分的电路原理图

SBM-10A 型示波器的直流电源由 3 个部分组成：第 1 部分是 18V 直流稳压电源，它是其他两部分直流电源的供电电源；第 2 部分是高频高压电源，由单管电流变换器及倍压整流电路组成，供给示波管各电极所需的直流高压；第 3 部分是低压直流电源，由推挽式电流变换器及多路整流滤波电路组成，供给放大电路和扫描电路所需的直流电压，这部分的输出电压没有稳压环节。这里着重分析 18V 直流稳压电源的工作原理，以熟悉电路识图的方法和技巧。

1. 分析电路组成

按照"化整为零"的读图步骤，先粗略看一下电路的组成。从电路所用的元器件和电路形式，可知这是一个串联调整型的稳压电源。按照"分析功能"的读图步骤，可以分析出电路的特点。从电路的要求上看，它的输出是作为其他直流电源的能源，所以需要输出较大的电流（约 2A）；为了保证输出电压的稳定和当负载出现短路情况时能对调整管加以保护，需要采用保护电路。根据上述分析，可知它应具有变压、整流、滤波、基准电压设置、比较放大、调整、短路保护等环节，和以前学过的串联调整型稳压电路应该是大同小异。而作为读电路图的目的之一，正是要找出这个电路和典型电路的不同点。通过分析该电路的这些特点，才能掌握这个电路的设计思想和高明之处，也可以对稳压电源的结构形式有进一步的深刻理解。

2. 分析电路特点

该电路的特点可以从以下几个方面进行分析。

（1）调整管的输出端不同

典型串联调整型稳压电源电路的输出端是在调整管的发射极，而该电路的输出端却是接在调整管的集电极，因此把这个电路作为射极输出器的概念就不再适用。仔细观察示波器的元器件安装，发现两个电源调整管的集电极都直接安装在机器的铁外壳上，而不是像典型的串联调整型稳压电源电路那样安装在散热片上，那么可以分析出设计者的用意就是在电路中不必再另加散热片，既保证了大功率调整管需要的要求，又节省了散热片，还可以使电路的尺寸有所减小。

（2）电路中有深度负反馈

为了要保证电路的稳压精度又要使电路具有较低的内阻，必须采用深度电压负反馈才行。电路中的 R_3 正是为解决这个问题而设置的，这也是和典型串联调整型稳压电源电路的不同之处。

（3）大功率管加有均衡电阻

为了适应输出较大电流的需要，调整管采用两只 3AD35B 型大功率管并联；为了保证电流分配的均匀性，在它们的发射极分别串接一个 0.1Ω电阻，使电流分配均匀；还加了两级复合管 VT_4 和 VT_3，以减轻比较放大级的负载。

（4）电路有负载短路保护

为了防止负载短路损坏调整管，利用 R_3 将输出电压反馈到 VT_1 的基极和稳压管的供电回路，如果负载短路，则输出电压会为零，由 R_3 反馈在稳压管上的电压将为零，不足以使稳压管 D_2 击穿工作，所以 VT_1 将处于截止状态，其集电极电流将很小，因此流过复合管 VT_4、VT_3 和调整管 VT_2、VT_5 的电流也都很小，从而保护了调整管。

（5）电路中加有启动电阻

为了保证在开机时各放大管有合适的静态工作点，在 VT_5、VT_2 的集电极和发射极两端并联有启动电阻 R_{13}，这样开机时即使调整管还没有工作，也会使负载中流过电流，建立起工作状态，保证整个电路正常启动。

3. 画出电路的方框图

根据前面的分析，并通过方框图的形式将电路表示出来，会更容易分析电路的功能。该电路的方框图如图 6.19 所示。

图 6.19　SBM-10A 型示波器稳压电源电路的方框图

125

4. 整机性能分析

由以上的电路分析可知，在稳压电路中有一路电压串联负反馈，因此该放大电路的输出电阻（即稳压电源的内阻）是无负反馈时的 $\dfrac{1}{1+AF}$，从而大大提高了电路的带负载能力，输出电压相当稳定。由于负反馈的存在，这个电路的其他动态指标也有相应的改善。

技能与技巧

【怎样才能顺利识读电子电路图】

阅读电子电路图是从事电子技术的工程技术人员必须掌握的技能，但许多人往往在一张大图纸前感到无从下手，觉得电子电路图真难读。

其实光学习读图的方法和知道电路图的种类是不够的，不能很好的看懂电路图，往往反映了读图者对一些电路的基础知识掌握得不够，要能正确的看懂电路原理图，必须要掌握如下基础知识。

（1）各种元器件的符号要熟悉，不认识的元器件符号先弄清。

（2）一些基本单元电路图要牢记，其扩展电路要了解。

（3）常用的集成电路的功能要知道，不熟悉的集成块的功能和引脚功能要先查手册。

（4）整个电子设备的功能要大致了解，对方框图要心中有数。

有了以上这些基础知识，读起电路图来就方便多了。

项目小结

1. 电路图用于表示电路的工作原理，分为电路原理图、电路方框图和电路接线图几种形式。

2. 电路原理图将该电路所用的各种元器件用规定的符号表示出来，能准确地表示电路的工作原理和电气连接。

3. 电路方框图是将电路中各个相对独立的部分用方框表示出来，能概要地表示整个电路中各部分电路之间的关系。

4. 电路接线图是将电路图中的元器件及连接线按照布线规则绘制的图，能明确地表示各个元器件之间的电气连接，对于正规电子产品而言，电路接线图一般就是印制电路板图。电路连接图主要用于对电子设备的安装调试和对电路故障进行检查和维修。

5. 电子电路图的读图方法可以用口诀来帮助记忆："化整为零，找出通路，跟踪信号，分析功能。"

课后练习

1. 电子产品的电路图一般分为几种，各有什么用处？

2. 读电路原理图时可按照哪几个步骤进行？

3. 对电路中不熟悉的元器件应该怎么办？

4. 对于复杂的电路图应该如何读图？

5. 找一个模拟电子电路图（如电子加湿器的电路原理图），进行读图练习，分析单元电路，并指出该电路的功能。

6. 找一个数字电子电路图（如图书馆中的统计人数的计数器电路原理图），进行读图训练，先找出各个集成电路块的功能，再分析单元电路，最后说明该电路的工作原理。

7. 找一个模拟电路和数字电路混合的电路图（如用集成电路制作的楼道声、光两控照明灯电路图），进行读图练习，分析单元电路，找出不熟悉元件（如光敏电阻和驻极体电容话筒），查找其特性和参数，分析该电路的工作原理。

项目 7

电子电路的调试维修技能训练

项目要求

通过对超外差式收音机电路和功率放大器电路的调试，掌握一般电子电路的调试方法，通晓电路调试的一般过程，会使用常用的调试仪器。

1. 知识要求

（1）掌握一般电子电路的调试方法，知道调试电路所需要使用的仪器设备。

（2）掌握半导体收音机电路的工作原理和调试方法。

（3）掌握功率放大器的工作原理和调试方法。

2. 技能要求

（1）会使用调试电路所用的仪器设备。

（2）会调试收音机电路。

（3）会调试功率放大器电路。

项目实施

【项目实施器材】

（1）示波器、低频信号发生器、直流稳压电源、交流毫伏表、万用表各一台。

（2）功率放大器元器件一套。

（3）已经安装好的晶体管超外差式收音机一台。

（4）收音机、功率放大器的电路原理图纸和印制电路图纸。

【项目实施步骤】

（1）按照电路图安装焊接功率放大器。

（2）用万用表对功率放大器板上的各种电子元器件进行在线检测。

（3）通电测试，按照电路图的技术指标对电路进行测量和调试。

集成功率放大器的调试步骤如下。

① 在面包板上按照所选电路安装好器件。

② 调整测试。对安装好的电路先进行静态测量，测量结果正常后再进行动态调试，测出音频最大不失真输出电压、电压放大倍数和输出功率。

（4）对晶体管超外差式收音机进行调试，其调试步骤如下。

① 测量收音机电路的静态工作点。

② 收音机中频特性的调试。

③ 收音机频率范围的调试。

④ 三点跟踪统调。

项目相关知识

电子电路的调试工艺包括调整和测试两部分，通常统称为调试。

电子电路装配完成之后，必须通过调整与测试才能达到规定的技术要求。装配工作只是把电子元器件按照电路要求连接起来，由于每个元器件特性的参数差异，其综合结果会使电路性能出现较大的偏差，使整机电路的各项技术指标达不到设计要求。在电子行业有句话叫做"三分装七分调"，可见电子电路调整与测试工作的重要性。

知识 1   电子电路的调试设备与调试内容

在开始调试之前，调试人员应仔细阅读调试说明及调试工艺文件，熟悉整机的工作原理、技术条件及有关指标，并能正确使用调试仪器仪表。

7.1.1   电子电路的调试设备配置和调试程序

1. 电子电路的调试设备配置

常规的电子电路调试需要配置的基本仪器设备有信号源、万用表、示波器和可调稳压电源。

根据电子电路的不同还可以配置扫描仪、频谱分析仪、集中参数测试仪等。

对于特定的电子电路的调试，又可分为两种情况：一是小批量多品种，一般是以通用仪器加上专用仪器，即可以完成对产品的调试工作；二是大批量生产，应以专用调试设备为主，主要是提高生产效率。

专用调试仪器是为一个或几个电子电路进行调试而专门设计的，其功能单一，可检测产品的一项或几项参数，如电冰箱测漏仪等。

通用调试仪器是针对电子设备的一项电参数或多项电参数的测试而设计的，可检测多种产品的电参数，如示波器、函数发生器等。

2. 电子电路的调试目的

调整主要是对电路参数的调整，一般是对电路中的可调元器件，如电位器、可调电容器、可调电感等以及相关的机械部分进行调整，使电路达到预定的功能和性能要求。

测试主要是对电路的各项技术指标和功能进行测量和试验，并同设计指标进行比较，以确定电路是否合格。

调整与测试是相互依赖、相互补充的，在实际工作中，两者是一项工作的两个方面，测试、调整、再测试、再调整，直到实现电路的设计指标为止。

调试是对装配技术的总检查，装配质量越高，调试的直通率就越高，各种装配缺陷和错误都会在调试中暴露。调试又是对设计工作的检验，凡是在设计时考虑不周或存在工艺缺陷的地方，都可以通过调试来发现，并为改进和完善产品质量提供依据。

调试工作一般在装配车间进行，严格按照调试工艺文件进行调试。比较复杂的大型产品，根据设计要求，可在生产厂进行部分调试工作或粗调，然后在安装场地或试验基地按照技术文件的要求进行最后安装及全面调试工作。

3. 电子电路的调试程序

由于电子电路种类繁多，电路复杂，各种设备单元电路的种类及数量也不同，所以调试程序也不尽相同。

对一般的电子电路来说，调试程序大致如下。

（1）通电检查

先置电源开关于"关"位置，检查电源变换开关是否符合要求（是交流220V还是110V）、保险丝是否装入，输入电压是否正确，然后插上电源插头，打开电源开关通电。

接通电源后，电源指示灯亮，此时应注意有无放电、打火、冒烟现象、有无异常气味，手摸电源变压器有无过热，若有这些现象，立即停电检查。另外，还应检查各种保险、开关、控制系统是否起作用，各种风冷水冷系统能否正常工作。

（2）电源调试

电子电路中大都具有本机的直流稳压电源电路，调试工作首先要进行电源部分的调试，才能顺利进行其他项目的调试。电源调试通常分为两个步骤。

电源空载：电源电路的调试通常先在空载状态下进行，目的是避免因电源电路未经调试而加载，引起部分电子元器件的损坏。

调试时，插上电源部分的印制电路板，测量有无稳定的直流电压输出，其值是否符合设计要求或调节取样电位器使之达到预定的设计值。测量电源各级的直流工作点和电压波形，检查工作状态是否正常，有无自激振荡等。

加负载时电源的细调：在初调正常的情况下，加上额定负载，再测量各项性能指标，观察是否符合额定的设计要求，当达到要求的最佳值时，选定有关调试元器件，锁定有关电位器等调整元器件，使电源电路具有加载时所需的最佳功能状态。

有时为了确保负载电路的安全，在加载调试之前，先在等效负载下对电源电路进行调试，以防匆忙接入负载电路可能会受到的冲击。

（3）分级分板调试

电源电路调好后，可进行其他电路的调试，这些电路通常按单元电路的顺序，根据调试的需要及方便，由前到后或从后到前依次插入各部件或印制电路板，分别进行调试。首先检查和调整静态工作点，然后进行各参数的调整，直到各部分电路均符合技术文件规定的各项技术指标为止。注意在调整高频部件时，为了防止工业干扰和强电磁场的干扰，调整工作最好在屏蔽室内进行。

（4）整机调整

各部件调整好之后，把所有的部件及印制电路板全部插上，进行整机调整，检查各部分连接有无影响，以及机械结构对电气性能的影响。整机电路调整好之后，测试整机总的消耗电流和功率。

（5）整机性能指标的测试

经过调整和测试，确定并紧固各调整元器件。在对整机装调质量进一步检查后，对产品进行全参数测试，各项参数的测试结果均应符合技术文件规定的各项技术指标。

（6）环境试验

有些电子电路在调试完成之后，需进行环境试验，以考验在相应环境下正常工作的能力。环境试验有温度、湿度、气压、振动、冲击和其他环境试验，应严格按技术文件规定执行。

（7）整机通电老化

大多数的电子电路在测试完成之后，均进行整机通电老化试验，目的是提高电子电路工作的可靠性。老化试验应按产品技术条件的规定进行。

（8）参数复调

整机经过通电老化后，其各项技术性能指标会有一定程度的变化，通常还需进行参数复调，使交付使用的产品具有最佳的技术状态。

调试工作对工作者的技术和综合素质要求较高,特别是样机调试工作是技术含量很高的工作，没有扎实的电子技术基础和一定的实践经验是难以胜任的。

7.1.2　电子电路的调试类型

电子电路的调试有两种类型，一种是样机产品调试，另一种是批量产品调试。

1. 样机产品调试

样机产品的调试，不单纯指电子电路试制过程中制作的样机，而是泛指各种试验电路。样机产品的调试过程如图 7.1 所示，其中故障检测占了很大比例，而且调试和检测工作都是由同一个技术人员完成的。样机产品调试不是一道生产工序，而是产品设计的过程之一，是产品定型和完善的必由之路。

图 7.1　样机调试的过程

2. 批量产品调试

批量产品调试是大规模生产过程中的一道工序，是保证产品质量的重要环节。批量产品调试的过程如图 7.2 所示。

图 7.2　产品调试的过程

采用高集成度专用集成电路和大规模、超大规模通用集成电路，采用高质量的电路元器件再加上 SMT（表面组装技术），高可靠性的制造技术使电子电路走出了传统的反复调整和测试的模式，向免调整、少测试的方向发展。

当调试设备需要使用调压变压器时，要注意调压器的接法，如图 7.3 所示。由于调压变压器的输入端与输出端不隔离，因此接到电网时必须使公共端接零线，这样才能保证安全。如果在调压器后面接一个隔离变压器，则输入端无论如何连接，均可保证安全，如图 7.4 所示，后面连接的电路在必要时可另接地线。

图 7.3　调压器的接法　　　　　　　　图 7.4　使用隔离变压器

知识 2　电子电路的调试方法与内容

检测电子电路的关键在于采用合适的检查方法，以便发现、判断和确定产生故障的部位和原因，这样就可以对产品进行维修。

7.2.1　检查故障的方法

检查电路故障的方法有很多，以下几种方法是最基本的检查方法。

1. 观察法

观察法是凭人感官的感觉对故障原因进行判断。

（1）设备不通电时的观察

在不通电的情况下，仪器设备面板上的开关、旋钮、刻度盘、插口、接线柱、探测器、指示电表和显示装置、电源插线、熔丝管插塞等都可以用观察法来判断有无故障。对仪器的内部元器件、零部件、插座、电路连线、电源变压器、排气风扇等也可以用观察法来判断有无故障。观察元器件有无烧焦、变色、漏液、发霉、击穿、松脱、开焊、短线等现象，一经发现，应立即予以排除，通常就能修复设备。

（2）设备通电时的观察

在设备通电的情况下凭感官的感觉对故障部位及原因进行判断，是查找故障的重要方法。

如果在不通电观察中未能发现问题，就应采用通电观察法进行检查。通电观察法特别适用于检查元器件跳火、冒烟、有异味、烧熔丝等故障。为防止故障的扩大，以及便于反复观察，通常要采用逐步加压法来进行通电观察。

采用逐步加压法时，可使用调压器来供电，其测试电路的接法示意图如图 7.5 所示。

在逐步加压的过程中，若发现设备有元器件发红、跳火、冒烟或整流桥很烫或电解电容器有发烫、吱吱声，或电源变压器和电阻器发烫、发黑、冒烟、跳火等现象时，应立即切断电源，并将调压器的输出退回到 0V，如一时看不清楚损坏的器件，可以再开机进行逐步加压的通电观察。

图 7.5　用逐步加压法测试的电路接法示意图

如果在加压不大的情况下（十几伏或几十伏），交流电流指示值已有明显增大，这表明仪器设备内部有短路故障存在，此时应将调压器的输出电压调回到 0V，然后将被修的仪器设备的电路分割，再进行开机逐步加压测试。当电流指示恢复正常时，说明被分割的电路有短路故障。

2. 电阻法

在设备不通电的情况下，利用万用表的电阻挡对设备进行检查，是确定故障范围和确定元器件是否损坏的重要方法。

对电路中的晶体管、场效应管、电解电容器、插件、开关、电阻器、印制电路板的铜箔、连线都可以用测量电阻法进行判断。在维修时，先采用"测量电阻法"，对有疑问的电路元器件进行电阻检测，可以直接发现损坏和变值的元器件，对元器件和导线虚焊等故障也是一个有效的方法。

采用"测量电阻法"时，可以用万用表的"R×1"挡检测通路电阻，必要时应将被测点用小刀刮干净后再进行检测，以防止因接触电阻过大造成错误判断。

采用"测量电阻法"时，要注意以下几点。

① 不能在仪器设备开通电源的情况下检测各种电阻。

② 检测电容器时应先对电容进行放电，然后脱开电容的一端再进行检测。

③ 测量电阻元件时，如电阻和其他电路连通，应脱开被测电阻的一端，然后再进行检测。

④ 对于电解电容和晶体管的检测，应注意测试表笔（棒）的极性，不能搞错。

⑤ 万用表电阻挡的挡位选用要适当，否则不但检测结果不正确，甚至会损坏被测元器件。

3. 电压法

测量电压法是通过测量被修仪器设备的各部分电压，与设备正常运行时的电压值进行对照，找出故障所在部位的一种方法。

检查电子设备的交流供电电源电压和内部的直流电源电压是否正常，是分析故障原因的基础，所以在检修电子仪器设备时，应先测量电源电压，往往会发现问题，查出故障。

对于已确定电路故障的部位，也需要进一步测量该电路中的晶体管、集成电路等各引脚的工作电压，或测量电路中主要节点的电压，看数据是否正常，这对于发现故障和分析故障原因，均极有帮助。因此，当被修仪器设备的技术说明书中，附有电路工作电压数据表、电子器件的引脚对地电压值、电路上重要节点的电压值等维修资料时，应先采用测量电压法进行检测。

对于电路中电流的测量，也通常采用测量被测电流所流过的电阻器的两端电压，然后借助欧姆定律进行间接推算。

4. 替代法

替代法又称为试换法，是对可疑的元器件、部件、插板、插件乃至半台机器，采用同类型的部件通过替换来查找故障的方法。

在检修电子仪器设备时，如果怀疑某个元器件有问题但又不能通过检测给出明确的判断，就可以使用与被怀疑元器件同型号的元器件，暂时替代有疑问的元器件。若设备的故障现象消失，说明被替代元器件有问题。若替换的是某一个部件或某一块电路板，则需要再进一步检查，以确定故障的原因和元器件。替换法对于缩小检测范围和确定元器件的好坏很有效，特别是在对结构复杂的电子仪器设备进行检查时最为有效。

替换法在下列条件下适用：①有备份件；②有同类型的仪器设备；③有与机内结构完全一样的零部件。用替代法检查的直接目的在于缩小故障部位的范围，也可以立即确定有故障的元器件。

随着电子仪器设备所用元器件的集成度增大，智能化仪器设备迅速增多，使用替换法进行检查具有重要的地位。在进行具体操作时，要脱开有疑问的有源元件，使用好的元器件来替代，然后开机观察仪器的反应。对于有开路疑问的电阻和电容等元器件，可使用好的元器件直接在板上进行并联焊接，以取得该元器件的好坏。

在进行元器件替代后，若故障现象仍然存在，说明被替代的元器件或单元部件没有问题，这也是确定某个元器件或某个部件是好的一种方法。

在进行替代元器件的过程中，要切断仪器设备的电源，严禁带电进行操作。

7.2.2 电子电路的调试内容

1. 电路静态工作点的调整

各级电路的调整，首先是各级直流工作状态（静态）的调整，测量各级直流工作点是否符合设计要求。检查静态工作点也是分析判断电路故障的一种常用方法。

（1）晶体管静态工作点的调整

调整晶体管的静态工作点就是调整它的偏置电阻（通常调上偏电阻），使它的集电极电流达到电路设计要求的数值。调整一般是从最后一级开始，逐级往前进行。调试时要注意静态工作点的调整应在无信号输入时进行，特别是变频级，为避免产生误差，可采取临时短路振荡的措施，例如，将双连中的振荡连短路，或调到无台的位置。

各级调整完毕后，接通所有的各级的集电极电流检测点，即可用电流表检查整机静态电流。

（2）集成电路静态的调整

由于集成电路本身的结构特点，其"静态工作点"与晶体管不同，集成电路能否正常工作，一般看其各脚对地电压是否正确，因此，只要将各脚对地电压测量值与正常数值进行比较，就可判断其"工作点"是否正常。但有时还需对整个集成块的功耗进行测试，除能判断其能正常工作外，还能避免可能造成的电路元器件的损坏。测试的方法是将电流表接入供电电路中，测量电流值，计算出耗散功率，若集成块用正负电源供电，则应分别进行测量，得出总的耗散功率。

（3）数字集成电路的调整

对于数字集成电路往往还要测量其输出电平的大小。例如各种门电路就是如此，图 7.6 为 TTL 与非门输出电平测试图，R_L 为规定的假负载。

（4）模拟集成电路的调整

模拟集成电路种类繁多，调整方法不一，以使用最广泛的集成运算放大器为例，除一般直流电压的测试外，往往还需要进行零电位调整，如图 7.7 所示，W 为外接调零电路，R_2 的阻值一般取 R_1 与 R_F 的并联值，若改变输入电阻 R_1、R_2 的值则需要重新进行调零工作。

图 7.6　TTL 集成电路的静态调整

图 7.7　集成运放电路的静态调整

2．电路动态特性的调整

（1）波形的观察与测试

波形的观测是电子电路调试工作的一项重要内容。各种整机电路中都有波形的产生、变换和传输电路。通过对波形的观测来判断电路工作是否正常，已成为测试与维修中的主要方法。观察波形使用的仪器是示波器，通常观测的波形是电压波形，有时为了观察电流波形，可采用电阻变换成电压或使用电流探头。

利用示波器进行调试的基本方法是通过观测各级电路的输入端和输出端或某些点的信号波形，来确定各级电路工作是否正常。若电路对信号变换处理不符合设计要求，则说明电路某些参数不对或电路出现某些故障。应根据机器和具体情况，逐级或逐点进行调整，使其符合预定的设计要求。

这里需要注意的是，电路在调整过程中，相互是有影响的。例如，在调整静态电流时，中点电位可能发生变化，这就需要反复调整，达对最佳状态。

示波器不仅可以观察各种波形，而且可以测试波形的各项参数，如幅度、周期、频率、相位、脉冲信号的前后沿时间、脉冲宽度、调幅信号的调制度等。

（2）频率特性的测量

在分析电路的工作特性时，经常需要了解网络在某一频率范围内其输出与输入之间关系。当输入电压幅度恒定时，网络输出电压随频率而变化的特性称之为网络频率特性。频率特性的测量是整机测试中的一项主要内容，如收音机中频放大器频率特性测试的结果反应收音机选择性的好坏；电视接收机的图像质量好坏，主要取决于高频调谐器及中放通道的频率特性。

频率特性的测量，一般有两种方法：一是点频法（又称插点法），二是扫频法。

① 点频法。测试时需保持输入电压不变，逐点改变信号发生器的频率，并记录各点对应的输出幅度的数值。在直角坐标平面描绘出的幅度-频率曲线，就是被测网络的频率特性。点频法的优点是准确度高，缺点是烦琐费时，而且可能因频率间隔不够密，而漏掉被测频率中的某些细节。

② 扫频法。这种方法是利用扫频信号发生器来实现频率特性的自动或半自动测试。因为发生器的输出频率是连续变化的，因此，扫频法简捷、快速，而且不会漏掉被测频率特性的细节。但是，用扫频法测出的动态特性对于用点频法测出的静态特性来讲是存在误差的，因而测量不够准确。用扫频法测频率特性的仪器是频率特性扫频仪，简称扫频仪。

（3）瞬态过程的观测

在分析和调整电路时，在有些情况下，若要观测脉冲信号通过电路后的畸变，就会感到应用测量其特性的方法有些烦琐，不够直观。而采用观测电路的过渡特性（瞬态过程）则比较直观，而且能直接观察到输出信号的形状，适合于对电路进行调整。

瞬态过程观测的方法如图 7.8 所示。一般在电路的输入端输入一个前沿很陡的阶跃波或矩形脉冲，而在输出端用脉冲示波器观测输出波形的变化。根据波形的变化，就可判断产生变化的原因，明确电路的调整方法。

图 7.9 所示为方波信号通过放大器后的波形，图 7.9（a）所示为正常波形；图 7.9（b）表示高频响应不够宽；图 7.9（c）表示低频增益不足；图 7.9（d）表示低频响应不足。

图 7.8　瞬态过程的观测方法　　　　　　图 7.9　瞬态过程部分波形分析

7.2.3　超外差式收音机的调试

1. 标准超外差式收音机的技术指标

标准超外差式调幅收音机一般是指六管中波段收音机，标准超外差式收音机的技术指标如下。

频率范围：535 ~ 1605kHz。

输出功率：50mW（不失真）、150mW（最大）。

扬 声 器：ϕ57mm、8Ω。

电　　源：3V（两节五号电池）。

体　　积：宽 122mm×高 65mm×厚 25mm

重　　量：约 175g（不带电池）。

2. 标准超外差式收音机的电原理图

标准超外差式收音机的电原理图如图 7.10 所示。

图 7.10　标准超外差式收音机的电原理图

3. 标准超外差式收音机调试前的检测

（1）通电前的检测工作

对安装好的收音机先进行自检和互检，检查内容包括元件焊接质量是否达到要求，特别注意检查各电阻的阻值是否与图纸所示位置相同，各三极管和二极管是否有极性焊错的情况。

收音机在接入电源前，必须检查电源有无输出电压（3V）和引出线的正负极是否正确。

（2）通电后的初步检测

将收音机接入电源，要注意电源的正、负极性，将频率盘拨到 530kHz 附近的无台区，在收音机开关不打开的情况下，首先用万用表的电流挡跨接在开关的两端，可以测量整机静态工作的总电流 I_0。然后将收音机开关打开，用万用表的电压挡分别测量三极管 $VT_1 \sim VT_6$ 的 e、b、c 3 个电极对地的电压值（即静态工作点），将测量结果记录下来。

该项检测工作非常重要，在收音机开始正式调试前，该项工作必须要做。表 7.1 给出了各个三极管的 3 个极对地电压的参考值。

表 7.1　　　　　　　　　　　各三极管的 3 个极对地电压的参考值

工　作　电　压：E_C=3V			整　机　工　作　电　流：I_0=12mA		
三极管	VT_1	VT_2	VT_3	VT_4	VT_5	VT_6
e/V	1	0	0.056	0	0	0
b/V	1.54	0.63	0.63	0.65	0.62	0.62
c/V	2.4	2.4	1.65	1.85	2.8	2.8

（3）试听

如果元器件质量完好，安装也正确，初测结果正常，即可进行试听。将收音机接通电源，慢慢转动调谐盘，应能听到广播声，否则应重复前面做过的各项检查，找出故障并改正，注意在此过程不要调中周及微调电容。

4. 标准超外差式收音机的调试内容

收音机的调试是收音机生产过程中的一个重要内容，在调试前必须确保收音机有沙沙的电流声（或电台），若听不到电流声或电台，应先检查电路的焊接有无错误、元件有无损坏、静态工作点是否正常，直到能听到声音，才可进行以下的调试步骤。

超外差式收音机的调试有 3 项内容：调中频、调覆盖和统调。

（1）调中频

中放电路是决定收音机灵敏度和选择性的关键所在，它的性能优劣决定了整机性能的好坏。调整收音机的中频变压器，使之谐振在 465kHz 频率，这就是调中频的任务。

用调幅高频信号发生器进行调整的方法如下。

将音量电位器置于音量最大位置，将收音机调谐到无电台广播又无其他干扰的地方（或者将可调电容调到最大，即接收低频端），必要时可将振荡线圈初级或次级短路，使之停振。

使高频信号发生器的输出载波频率为 465kHz，载波的输出电平为 99dB，调制信号的频率为 1000Hz，调制度为 30%，该调幅信号由磁性天线接收作为调整的输入信号。

用无感螺丝刀微微旋转第 1 个中周的磁帽（白颜色），如图 7.11 所示，使示波器显示的波形幅度最大，若波形出现平顶，应减小信号发生器的输出，同时再细调一次。再用无感螺丝刀微微旋转第 2 个中周（绿颜色）的磁帽，使示波器显示的波形幅度最大。在调整中频变压器时，也可以用扬声器监听，当扬声器里能听到 1000Hz 的音频信号，且音量最大，音色纯正，此时可认为中频变压器调整到最佳状态。

（2）调覆盖

按照国标规定，收音机中波段的接收频率范围为 525～1605kHz，实际在调整时要留有一定的余量，一般为 515～1625kHz。对 515kHz 的调整叫做低端频率调整，对 1625kHz 的调整叫做高端频率调整。

低端频率调整：将可变电容器(调谐双连)旋到容量最大处，即机壳指针对准频率刻度的最低频端，将收音机调谐到无电台广播又无其他干扰的地方。

使高频信号发生器的输出频率为 515kHz，载波的输出电平为 99dB，调制信号的频率为 1000Hz，调制度为 30%，高频调幅信号由收音机的磁性天线接收，作为调整的输入信号。

用无感螺丝刀调整中波振荡线圈的磁芯（黑色中周），如图 7.11 所示，使示波器出现 1000Hz 的波形，并使波形最大，或直接监听收音机的声音，使收音机发出的声音最响最清晰。

高端频率调整：将可变电容器置容量最小处，这时机壳指针应对准频率刻度的最高频端。使高频信号发生器的输出频率为 1625kHz，载波的输出电平为 99dB，调制信号的频率为 1000Hz，调制度为 30%，高频调幅信号由收音机的磁性天线接收，作为调整的输入信号。

用无感螺丝刀调节并联在振荡线圈上的 C_{1-1a} 补偿电容

图 7.11　调中频时的可调元件位置

器，如图 7.12 所示，使示波器的波形最大（或喇叭声音最响）。

调整
515kHz 刻度

调整
1625kHz 刻度

振荡器谐回路

图 7.12　调整频率接收范围

这样收音机的频率覆盖就达到 515～1625kHz 的要求了，但因为高低频端的谐振频率的调整相互牵制，所以必须反复调节多次，直到整机的接收频率范围符合要求为止。

（3）统调

统调又称为调整灵敏度。输入回路与外来信号的频率是否谐振，决定了超外差收音机的灵敏度和选择性（即选台功能），因此，调整输入回路使它与外来信号频率谐振，可以使收音机的灵敏度和选择性提高。调整时，低频端要调整输入回路线圈在磁棒上的位置，高频端要调整输入回路的微调电容。

我国规定中波段的统调点为 630kHz、1000kHz 和 1400kHz。

先统调低频率 630kHz 端。将高频信号发生器的输出频率为 630kHz ，电平为 99dB，调制信号的频率为 1000Hz，调制度为 30%，该高频调幅信号作为调整的输入信号由收音机的磁性天线接收。将接收机调谐到刻度指示为 630kHz 频率上，然后调整磁性天线线圈在磁棒上的位置，如图 7.13 所示，使整机输出波形幅度最大（或听到的收音机的声音最响最清晰）。

接着统调高频端频率点，由调幅高频信号发生 1400kHz 的信号，将接收机调谐到刻度指示为 1400kHz 频率上，然后用无感螺丝刀调节磁性天线回路的 C_{1-1b} 补偿电容，如

调整
630kHz 跟踪

调整
1400kHz 跟踪

天线调谐回路

图 7.13　收音机的统调

图 7.13 所示，使整机输出波形最大（或听到的收音机的声音最响最清晰）。

至此，收音机的调试工作结束。

技能与技巧

【没有专用仪器时收音机的调试技巧】

在没有专用仪器的情况下，对于初学者，一般不要轻易调整收音机的线圈、中周（中频变压器）以及可变电容和电位器等。当然，这不是说绝对不能碰，而是有一定方法和技巧。

① 进行静态调试可利用万用表的电压挡。可利用万用表测量各放大管的 be 结电压来进行判断，正常电压（硅管）约为 0.7V，该电压过低或反偏，则说明该管处于截止状态。也可通过测量集电极电压进行判别，该电压过高或等于电源电压，可能是该管开路；若该电压过低，则可能是该管处于饱和。

② 在进行动态调试前应记住被调整件的原始位置，最好做标记，避免调乱。

③ 调整旋具应使用无感旋具（不锈钢、塑料等材料），其尺寸大小应适当。调整时不能用力过大，应适当轻柔地旋转，以防磁芯破碎。

④ 调试无改善时要及时归位。当用无感旋具顺时针调整磁芯一定角度仍不能改善接收效果时（听声音的大小和音质），应及时退回到起始位置，然后再试着反时针调整磁芯。如此，反复调整对比效果，使之达到最佳。若反调也不能改善接收效果，就应及时调回到起始位置，因为问题也许不是出在本级。如果不及时退回到磁芯的起始位置，将会越调越乱。

项目小结

1. 电子电路在安装焊接完成后必须进行电路调试。

2. 电子电路的调试设备需要根据电子电路的电路要求进行确定，一般分成普通调试设备和专用调试设备。

3. 电子电路的调试主要有电路静态工作点的调整和电路动态特性的调整。

4. 电子电路的调试类型主要有电子电路样机的调试和电子电路批量生产的调试。

5. 电子电路的测试方法主要有观察法、电阻法、电压法、替代法，还有一些方法需要结合具体产品加以使用。

6. 超外差式收音机的调试有 3 项内容：调中频、调覆盖和统调。这些调试内容是在收音机已经通电工作的基础上进行的。

课后练习

1. 电子电路为什么要进行调试？调试工作的主要内容是什么？

2. 如何制订好电子电路的调试方案？

3. 调试仪器的布置和连接要注意哪些问题？

4. 以收音机为例，说明静态工作点的调整方法。

5. 进行动态特性的测试，主要应用哪些方法或手段？

6. 以收音机为例，说明整机动态工作特性调试的方法。

7. 在电子电路调试中，一般要采用哪些安全措施？

表面安装技术（SMT）技能训练

项目要求

通过对计算机主板、各种板卡和手机电路板上电子元器件的认识，学习电子产品的各种表面贴装元件，了解表面贴装元件的装配和焊接知识。

【知识要求】

（1）学习电子产品的各种表面贴装元件的用途和特点。

（2）学习现代化生产电子产品中使用表面贴装元件的装配和焊接工艺知识。

（3）学习各种表面贴装元件的标志方法。

【技能要求】

（1）认识电子产品的各种表面安装元件。

（2）能用手工方法安装和焊接各种表面安装元件。

（3）认识各种表面贴装元件的标志。

项目实施

【项目实施器材】

（1）电子产品：计算机主板、各种板卡和废旧手机，两人配备一块含有表面贴装元件的电路板。

（2）小型再流焊机。

（3）各种规格的表面贴装电阻、电容、二极管、三极管、集成电路。

（4）焊接工具一套，最好有热风焊枪。

（5）放大镜、镊子、负压吸笔。

（6）焊膏。

（7）采用表面安装元件和通孔安装元件混合的 FM 微型电调谐收音机套件。

【项目实施步骤】

（1）认识计算机主板、各种板卡和废旧手机板上的各种表面贴装元件。

（2）认识新的各种规格的表面贴装电阻、电容、二极管、三极管、集成电路。

（3）练习在印制电路板上焊接表面贴装电阻和电容，掌握最基本的手工 SMT 操作技艺。

（4）制作一台用 SMT 元件组装的实际产品（如 FM 微型电调谐收音机）。

【用 SMT 元件组装的 FM 微型电调谐收音机装调指导】

FM 微型电调谐收音机的电路图如图 8.1 所示，要对照电路图进行元件清点。

图 8.1　FM 微型电调谐收音机的电路图

1. 调频收音机安装前的检测

① 对元件和电路板进行检查。

② 对通孔元件进行检查。

2. 收音机表面安装元件的贴片

① 采用丝印焊膏工艺，并检查印刷情况。

② 按工序流程贴片。

顺序：C_1/R_1、C_2/R_2、C_3/VT_3、C_4/VT_4、C_5/R_3、$C_6/SC1088$、C_7、C_8/R_4、C_9、C_{10}、C_{11}、C_{12}、C_{13}、C_{14}、C_{15}、C_{16}。

3. 表面元件安装过程中的注意事项

① SMC 和 SMD 不得用手拿取。

② 用镊子夹持元器件时不可夹到引线上。

③ 集成电路 SC1088 要标记方向。

④ 贴片电容表面没有标志，一定要按照元器件所在的包装编带取用，保证将元器件准确贴到指定位置。

4. 表面元件安装后的焊接

① 检查贴片的数量及位置。

② 将电路板放入再流焊机进行焊接。

③ 检查电路板的焊接质量，对不合格的焊接进行修补。

5. 安装通孔（THT）元器件

① 安装并焊接电位器 R_P，注意电位器要与印制电路板平齐。

② 安装耳机插座。

③ 安装轻触开关 S_1、S_2，焊接跨接线 J_1、J_2（可用剪下的元器件引线）。

④ 安装变容二极管 VD_1（注意极性方向标记）、R_5、C_{17}、C_{19}。

⑤ 安装电感线圈 $L_1 \sim L_4$（磁环 L_1、红色 L_2、8 匝线圈 L_3、5 匝线圈 L_4）。

⑥ 安装电解电容 C_{18}（100μF）（要贴板安装）。

⑦ 安装发光二极管 VD_2（注意高度和极性）。

⑧ 焊接电源连线 J_3、J_4，注意正负极连线的颜色。

6. 调试及总装

调试步骤如下。

（1）所有元器件焊接完成后要进行目视检查

检查元器件的型号、规格、数量及安装位置，安装方向是否与图纸符合。检查焊点看有无虚焊、漏焊、桥接、飞溅等缺陷。

（2）测总电流

上述检查无误后将电源线焊到电池片上，在电位器开关断开的状态下装入电池，插入耳机，用万用表 200mA（数字表）或 50mA 挡（指针表）跨接在开关两端测收音机的总电流。

整机的正常电流应为 7～30mA（与电源电压有关）并且 LED 正常点亮。可以参考下列测试结果。

工作电压（V）：1.8，2，2.5，3，3.2。

工作电流（mA）：8，11，17，24，28。

如果整机电流为零或超过 35 mA 时，应检查电路元器件是否安装正确。

（3）搜索电台广播

如果收音机的总电流在正常范围内，可按 S_1 搜索电台广播。只要元器件质量完好，安装正确，焊接可靠，不用调任何部分即可收到电台广播。

如果收不到广播应仔细检查电路，特别要检查有无错装、虚焊、漏焊等缺陷。

（4）调接收频段（俗称调覆盖）

我国调频广播的频率范围为 87～108MHz，在调试时可找一个当地频率最低的 FM 电台，适当改变 L_4 的匝间距，使按过"Reset"键后第一次按"Scan"键可收到这个电台。由于集成电路 SC1088 的集成度很高，如果元器件的一致性较好，一般在收到低端电台后即可覆盖整个 FM 频段，故可以不调高端频率而仅做检查即可（可用一个成品 FM 收音机对照检查）。

（5）调灵敏度

本机的灵敏度由电路及元器件的质量决定，一般不用调整，调好覆盖后即可正常收听。无线电爱好者可在收听频率在整个频段的中间电台时调整 L_4 的匝距，使灵敏度最高（使耳机监听的音量最大）。

总装步骤如下。

① 蜡封线圈。

② 固定电路板、装外壳。

总装后的检查步骤如下。

总装完毕后，装入电池，插入耳机，进行检查，有如下要求。

① 电源开关手感良好。

② 音量正常可调。

③ 收听正常。

④ 表面无损伤。

项目相关知识

电子系统的微型化和集成化是当代技术革命的重要标志，也是未来发展的重要方向。日新月异的各种高性能、高可靠、高集成、微型化、轻型化的电子产品，正在改变世界，影响人类文明的进程。

安装技术是实现电子系统微型化和集成化的关键，尽管传统的安装技术还将继续发挥作用，但新的安装技术将以不容置疑的优势逐步取代传统方式，这是大势所趋。

表面安装技术（SMT）是伴随着无引脚元器件或引脚极短的片状元器件的出现而发展起来的，是目前已经得到广泛应用的安装焊接技术。它打破了在印制电路板上要先进行钻孔再安装元器件、在焊接完成后还要将多余的引脚剪掉的传统工艺，直接将 SMD 平卧在印制电路板的铜箔表面进行安装和焊接。现代电子技术大量采用表面安装技术，实现了电子设备的微型化，提高了生产效率，大大降低了生产成本。从事电子技术工作的人员一定要了解这种新技术。

知识 1　电子产品的表面安装技术

表面安装技术是将电子元器件直接安装在印制电路板或其他基板导电表面的装接技术。电子元器件在印制电路板上的表面安装如图 8.2 所示。

在电子工业生产中，SMT 实际是包括表面安装元件（SMC）、表面安装器件（SMD）、表面安装印制电路板（SMB）、普通混装印制电路板（PCB）、点黏合剂、涂焊锡膏、元器件安装设备、焊接以及测试等技术在内的一整套工艺技术的统称。当前 SMT 产品的形式有多种，如表 8.1 所示。

图 8.2　电子元器件在印制电路板上的表面安装

表 8.1　　　　　　　　　　　　　　当前 SMT 产品的安装形式

类 型	组装方式		组件结构	电路基板	元器件	特 征
ⅠA	全表面装	单面表面安装		PCB 单面陶瓷基板	表面安装元器件	工艺简单，适用于小型、薄型化的电路组装
ⅠB		双面表面安装		PCB 双面陶瓷基板	同上	高密度组装，薄型化
ⅡA	双面混装	SMD 和 THT 都在 A 面		双面 PCB	表面安装元器件及通孔插装元器件	先插后贴，工艺较复杂，组装密度高
ⅡB		THT 在 A 面，A、B 两面都有 SMD		双面 PCB	同上	THT 和 SMC/SMD 组装在 PCB 同一侧
ⅡC		SMD 和 THT 在双面		双面 PCB	同上	复杂，很少用
Ⅲ	单面混装	先贴法		单面 PCB	同上	先贴后插，工艺简单，组装密度低
		后贴法		单面 PCB	同上	先插后贴，工艺较复杂，组装密度高

表面安装技术涉及材料、化工、机械、电子等多学科、多领域，是一种综合性的高新技术。

1. 表面安装技术的优点

表面安装技术的优点主要是元器件的高密集性、产品性能的高可靠性、产品生产的高效率性和产品生产的低成本性。

表面安装元件使 PCB 的面积减小，成本降低；无引线和短引线使元器件的成本也降低，在安装过程中省去了引线成形、打弯、剪线的工序；电路的频率特性提高，减少了调试费用；焊点的可靠性提高，降低了调试和维修成本。在一般情况下，电子产品采用表面安装元件后可使产品总成本下降 30%以上。

2. 表面安装技术存在的问题

① 表面安装元器件本身的问题。

② 表面安装元器件对安装设备要求比较高。

③ 表面安装技术的初始投资比较大。

3. 表面安装元器件的焊接方法

表面安装元器件的焊接方式主要有两种。

（1）波峰焊

采用波峰焊的焊接过程如图 8.3 所示。

（a）点胶　　　　（b）贴片　　　（c）固化　　　（d）焊接
用手动/自　　　　用手动/自　　 加热使　　　 用波峰焊
动点胶机　　　　动贴片机　　 贴片固化　　 机焊接

图 8.3　采用波峰焊的焊接过程

从图 8.3 中可见，采用波峰焊的工艺流程基本上有 4 道工序。

① 点胶：将胶水点到要安装元器件的中心位置。

方法：用手动/半自动/自动点胶机。

② 贴片：将无引线元器件放到电路板上。

方法：用手动/半自动/自动贴片机。

③ 固化：使用相应的固化装置将无引线元器件固定在电路板上。

④ 焊接：将固化了无引线元器件的电路板经过波峰焊机，实现焊接。

这种生产工艺对贴片的精度要求比较高，对生产设备的自动化程度要求也很高，适合于大批量生产。

（2）再流焊

采用再流焊的焊接过程如图 8.4 所示。

（a）涂焊膏　　　　　（b）贴片　　　　　（c）焊接
在 PCB 上用　　 用手动/半自动/　　 用再流
涂布焊锡膏　　 自动贴片机贴片　 焊机焊接

图 8.4　采用再流焊的焊接过程

从图 8.4 中可见，采用再流焊的工艺流程基本上有 3 道工序。

① 涂焊膏：将专用焊膏涂在印制电路板的焊盘上。

方法：使用丝印/涂膏机。

② 贴片：将无引线元器件放到电路板上。

方法：使用手动/半自动/自动贴片机。

③ 再流焊：将电路板送入再流焊炉中，通过自动控制系统完成对元件的加热焊接。

方法：需要有再流焊炉。

这种生产工艺比较灵活，既可用于中小批量生产，又可用于大批量生产，而且这种生产方法由于无引线元器件没有被胶水定位，经过再流焊时，元器件在液态焊锡表面张力的作用下，会使元器件自动调节到标准位置，如图 8.5

（a）焊接前　　　　（b）焊接后

图 8.5　元器件自动调节位置示意图

所示。

采用再流焊对无引线元器件进行焊接时，因为在元器件的焊接处都已经预焊上锡，印制电路板上的焊接点也已涂上焊膏，通过对焊接点加热，使两种工件上的焊锡重新融化到一起，实现了电气连接，所以这种焊接也称作重熔焊。常用的再流焊加热方法有热风加热、红外线加热和激光加热，其中红外线加热方法具有操作方便、使用安全、结构简单等优点，在实际生产中使用较多。

4. 安装技术的发展

电子产品的安装技术是现代发展最快的制造技术，从安装的工艺特点可将安装技术的发展过程分为 5 代，如表 8.2 所示。

表 8.2　　　　　　　　　　　　　安装技术的发展过程

	年　　代	技术缩写	元器件典型代表	安装基板	安装方法	焊接技术
第 1 代	20 世纪 50 ~ 60 年代		长引线元器件、电子管	接线板、铆接端子	手工安装	手工烙铁焊
第 2 代	20 世纪 60 ~ 70 年代	THT	晶体管、轴向引线元器件	单面和双面 PCB	手工/半自动插装	手工焊、浸焊
第 3 代	20 世纪 70 ~ 80 年代		单列和双列直插 IC、轴向引线元器件	单面及多层 PCB	自动插装	波峰焊、浸焊、手工焊
第 4 代	20 世纪 80 ~ 90 年代	SMT	片式封装元器件、轴向引线元器件	高质量多层 PCB	自动贴片机	波峰焊、再流焊
第 5 代	20 世纪 90 年代 ~ 至今	MPT	微型片式封装元器件	陶瓷硅片	自动安装	倒装焊、特种焊

由表 8.2 可看出，第 2 代与第 3 代安装技术，元器件发展特征明显，而安装方法并没有根本改变，都是以长引线元器件穿过印制电路板上通孔的安装方式，一般称为通孔安装（THT）。第 4 代表面安装技术则发生了根本性变革，从元器件到安装方式，从 PCB 板的设计到焊接方法都以全新的面貌出现，它使电子产品体积大大缩小，重量变轻，功能增强，产品的可靠性提高，极大地推动了信息产业高速发展。技术部门预计，将来 90%以上的电子产品都将采用表面安装技术。

第 5 代安装技术是表面安装技术的进一步发展，从技术工艺上讲它仍属于"安装"范畴，但与通常所说的安装相差甚远，使用一般的工具、设备和工艺是无法完成的，目前正处于技术完善和在局部领域应用的阶段，但它代表了当前电子产品安装技术发展的方向。

知识 2　表面安装元器件及其材料

表面安装元器件的结构、尺寸和包装形式都与传统的元器件不同，表面安装元器件的发展趋势是元器件尺寸逐渐小型化。

片状元器件的尺寸是以 4 位数字来表示的，前面两位数字代表片状元器件的长度，后面两位数字代表片状元器件的宽度。例如，1005 表示这个片状元器件的长度为 1.0mm，宽度为 0.5mm。片状元器件的尺寸变化：3225→3216→2520→2125→2012→1608→1005→0603，目前最小尺寸的极限产品为 0603。

8.2.1 表面安装元器件的分类

1. 按照表面安装元器件的功能分类

表面安装元器件可以分成无源元器件、有源元器件和机电元器件。

（1）无源元器件

无源元器件主要包括以下几种。

① 电阻器：厚膜电阻、薄膜电阻、敏感电阻。

② 电位器：微调电位器、多圈电位器。

③ 电容器：陶瓷电容、电解电容、薄膜电容、云母电容等。

④ 电感器：叠层电感、线绕电感。

（2）有源元件

有源元件主要包括以下几种。

① 分立器件：二极管、三极管、场效应管等。

② 集成电路。

（3）机电元件

机电元件主要包括以下几种。

① 开关：轻触开关。

② 继电器。

③ 连接器：片状跨线、插片连接器、插座。

④ 电动机。

2. 按照表面安装元器件的形状分类

表面安装元器件按照形状分类，主要有薄片矩形、扁平封装、圆柱形和其他形状。

（1）薄片矩形

薄片矩形适用于各种无源元器件和机电元器件。

（2）扁平封装

扁平封装主要有 4 种形式。

① 双列封装。

② 四面引线封装。

③ 无引线片式载体。

④ 焊球阵列。

（3）圆柱形

圆柱形主要是各种电阻、电容、二极管等。

（4）其他形状

其他形状主要有 4 种形式。

① 可调电阻、线绕电阻。

② 可调电容、电解电容。

③ 滤波器、晶体振荡器。

④ 开关、继电器、电动机。

8.2.2 表面安装无源元器件

在表面安装元器件中使用最广泛、品种规格最齐全的是电阻和电容，它们的外形结构、标志方法、性能参数都和普通的安装元器件有所不同，在选用时应注意其差别。

1. 表面安装电阻

表面安装电阻主要有矩形片状和圆柱形两种。

（1）矩形片状电阻

矩形片状电阻的结构如图 8.6 所示，基片大都采用陶瓷（Al_2O_3）制成，具有较好的机械强度和电绝缘性。电阻膜采用 RuO_2 制作的电阻浆料印制在基片上，再经过烧结制成。由于 RuO_2 的成本较高，近年来又开发出一些低成本的电阻浆料，如氮化系材料（TaN-Ta），碳化物系材料（WC-W）和 Cu 系材料。

在电阻膜的外面有一层保护层，采用玻璃浆料印制在电阻膜上，再经过烧结成为釉状，所以片状元器件看起来都亮晶晶的。

矩形片状电阻的电极由 3 层材料构成：内层是 Ag-Pd 合金，以保证与电阻膜接触良好，并且电阻小、附着力强；中层为 Ni 材料，主要作用是防止端头电极脱落；外层为可焊层，采用电镀 Sn 或 Pb-Sn 合金。

矩形片状电阻的外形尺寸如图 8.7 所示，图示尺寸为目前矩形片状电阻最小功率（$\frac{1}{32}$W）的尺寸，括号内的尺寸为矩形片状电阻功率为 $\frac{1}{8}$ W 的尺寸。

图 8.6 矩形片状电阻的结构

图 8.7 矩形片状电阻的外形尺寸

矩形片状电阻的额定功率系列有 1、$\frac{1}{2}$、$\frac{1}{4}$、$\frac{1}{8}$、$\frac{1}{10}$、$\frac{1}{16}$、$\frac{1}{32}$，单位是 W，矩形片状电阻的阻值范围为 $1\Omega \sim 10M\Omega$，有各种规格。电阻值采用数码法直接标在元件上，阻值小于 10Ω 用 R 代替小数点，例如 8R2 表示 8.2Ω，0R 为跨接片，电流容量不超过 2A。

矩形片状电阻的包装一般都是编带包装，其焊接温度要控制在 235℃ ± 5℃，焊接时间为（3 ± 1）s，最高的焊接温度不得超过 260℃。

（2）圆柱形电阻

圆柱形电阻的结构如图 8.8 所示，可以认为这

图 8.8 圆柱形表面安装电阻的结构

种电阻是普通圆柱形长引线电阻去掉引线将两端改为电极的产物。圆柱形电阻的材料、制造工艺和标记都和普通圆柱形长引线电阻基本相同，只是外形尺寸要小得多，其中 $\frac{1}{8}$ W 碳膜圆柱形电阻的尺寸仅为 $\phi 1.25\times 2$mm，两端电极的长度仅为 0.3mm，这种电阻目前仅有 $\frac{1}{8}$ W 和 $\frac{1}{4}$ W 两种规格。

矩形片状电阻和圆柱形电阻的主要性能对比如表 8.3 所示。

表 8.3　　　　　　　　　矩形片状电阻和圆柱形电阻的主要性能对比

电 阻 项 目		矩 形 片 状	圆 柱 形
结构	电阻材料	RuO_2 等贵金属氧化物	碳膜、金属膜
	电极	Ag-Pd/Ni/焊料 3 层	Fe-Ni 镀 Sn 或黄铜
	保护层	玻璃釉	耐热漆
	基体	高铝陶瓷片	圆柱陶瓷
阻值标志		3 位数码	色环（3，4，5 环）
电气性能		阻值稳定、高频特性好	温度范围宽、噪声电平低、谐波失真低
安装特性		无方向但有正反面	无方向，无正反面
使用特性		提高安装密度	提高安装速度

（3）片状跨接线电阻器

片状跨接线电阻器也称为零阻值电阻，专门用于作跨接线用，以便于使用 SMT 设备装配。片状跨接线电阻器的尺寸及代码与矩形片状电阻器相同，其特点是允许通过的电流大，如 0603 为 1A、0805 以上为 2A。另外，该电阻的电阻值并不为零，一般在 30mΩ左右，最大值为 50mΩ，因此，它不能用于不同地线之间的跨接，以免造成不必要的干扰。

（4）片状电位器

片状电位器采用玻璃釉作为电阻体材料，其特点是体积小，一般为 4mm×5mm×2.5mm；重量轻，仅为 0.1～0.2g；高频特性好，使用频率可超过 100MHz；阻值范围宽，为 10Ω～2MΩ；额定功率有 $\frac{1}{7}$ W、$\frac{1}{8}$ W、$\frac{1}{10}$ W 等几种。

2．表面安装电容

在表面安装电容器中使用最多的是多层片状陶瓷电容器，其次是铝和钽电解电容器，有机薄膜电容器和云母电容器用得较少。表面安装电容器的外形同电阻一样，也有矩形片状和圆柱形两大类。

（1）片状电容器容量和允差标注方法

片状电容器的容量标注一般由 2 位组成，第 1 位是英文字母，代表有效数字，第 2 位是数字，代表 10 的指数，电容单位为 pF，具体含义如表 8.4 所示。

表 8.4　　　　　　　　　　　片状电容器的标记

字母	A	B	C	D	E	F	G	H	I	K	L	M	N
有效数字	1	1.1	1.1	1.3	1.5	1.6	1.8	2	2.2	2.4	2.7	3	3.3
字母	P	Q	R	S	T	U	V	W	X	Y	Z		
有效数字	3.6	3.9	4.3	4.7	5.1	5.6	7.2	7.8	7.5	8.2	9.1		
字母	a	b	c	e	f	M	n	t	y				
有效数字	2.5	3.5	4	4.5	5	6	7	8	9				

例如，一个电容器标注为 K2，查表可知 K=2.4，2=10^2，那么这个电容器的标称值为 $2.4×10^2$=240pF。

有些片状电容器的容量采用 3 位数，单位为 pF。前两位为有效数，后一位数为加的零数。若有小数点，则用 P 表示。如 1P5 表示 1.5pF，100 表示 10pF 等。允差用字母表示，C 为 ±0.25pF，D 为 ±0.5pF，F 为 ±1%，J 为 ±5%，K 为 ±10%，M 为 ±7%，I 为 15%～20%。

（2）常见片状电容器

① 片状多层陶瓷电容器。片状多层陶瓷电容器又称片状独石电容器，是片状电容器中用量大、发展最为迅速的一种。若采用的介质材料不同，其温度特性、额定工作电压及工作温度范围亦不同。内部为多层陶瓷组成的介质层，两端头由多层金属组成。电容器的温度特性由介质决定。

② 片状铝电解电容器。由于铝电解电容器是以阳极铝箔、阴极铝箔和衬垫材卷绕而成，所以片状铝电解电容器基本上是小型化铝电解电容器加了一个带电极的底座结。卧式结构是将电容器横倒，它的高度尺寸小一些，但占印制电路板面积较大。一般铝电解电容器仅适用于低频，目前一些 DC/DC 变换器的工作频率可达几百千赫到几兆赫，则可选用三洋公司商标为 DS.CON 的有机半导体铝固体电解电容器，它具有较好的频率特性，但价格较贵。

③ 片状钽电解电容器。片状钽电解电容是以高纯钽粉为原料，与黏合剂混合后，将钽引线埋人，加压成形，然后在 1800℃～700℃的真空中燃烧，形成多孔性的烧结体作为阳极。片状钽电解电容使用硝酸锰发生电解反应，将烧结体表面的固体二氧化锰作为阴极。在二氧化锰上涂覆石墨层或涂银的合金层，最后封焊阳极和阴极端子。

片状钽电解电容的耐压为 4～50V，电容量为 0.1～470μF，常用的电容量范围为 1～100μF，耐压范围为 10V～25V；工作温度范围为 40～±125℃，其允许误差为 ±10%～±7%。片状钽电解电容器的顶面有一条黑色线。是正极性标志，顶面上还有电容容量代码和耐压值。

片状钽电解电容器的尺寸比片状铝电解电容器小，并且性能好，如漏电小、负温性能好、等效串联电阻（ESR）小、高频性能优良，所以它的应用越来越广，除用于消费类电子产品外，也应用于通信、电子仪器、仪表、汽车电器、办公室自动化设备等，但价格要比片状铝电解电容器贵。

3. 表面安装电感器

片状电感器可分为小功率电感器及大功率电感器两类。小功率电感器主要用于视频及通信方面，如选频电路、振荡电路等；大功率电感器主要用 DC/DC 变换器，如用作储能元器件或 LC 滤波元器件。

（1）片状电感电感量的标注方法

小功率电感量的代码有 nH 及 μH 两种单位，分别用 N 或 R 表示小数点。例如，4N7 表示 4.7nH，4R7 则表示 4.7μH；10N 表示 10nH，而 10μH 则用 100 来表示。

大功率电感上有时印上 680k、27k 字样，分别表示 68μH 及 22μH。

（2）常见片状电感器

小功率片状电感器有 3 种结构：绕线片状电感器、多层片状电感器、高频片状电感器。

① 绕线片状电感器。绕线片状电感器是用漆包线绕在骨架上做成的有一定电感量的元器件。根据不同的骨架材料、不同的匝数而有不同的电感量及 Q 值。它有 3 种结构。

A 类是内部有骨架绕线，外部有磁性材料屏蔽经塑料模压封装的结构；B 类是用长方形骨架绕线而成（骨架有陶瓷骨架或铁氧体骨架），两端头供焊接用；C 类为工字形陶瓷、铝或铁氧体骨架，焊接部分在骨架底部。

A 类结构有磁屏蔽，与其他电感元器件之间相互影响小，可高密度安装。B 类尺寸最小，C 类尺寸最大。绕线型片状电感器的工作频率主要取决于骨架材料。例如，采用空心或铝骨架的电感器是高频电感器，采用铁氧体的骨架则为中、低频电感器。

高频电感器（用于 UHF 段）的电感量较小，一般为 1.5nH～100nH，用于 VHF 段、HF 段的电感器电感量根据不同骨架尺寸为 0.1～1000μH（或更大）。电感量的允许误差一般有 J 级（±5%）、K 级（±10%）、M 级（±7%）。工作温度范围为 25℃～+85℃。

② 多层片状电感器。多层片状电感器是用磁性材料采用多层生产技术制成的无绕线电感器。它采用铁氧体膏浆及导电膏浆交替层叠，并采用烧结工艺形成整体单片结构，有封闭的磁回路，所以有磁屏蔽作用。该类电感器的特点是尺寸可做得极小，最小的尺寸为 1mm×0.5mm×0.6mm；具有高的可靠性；由于有良好的磁屏蔽，无电感器之间的交叉耦合，可实现高密度。该类片状电感器适用于音频/视频设备及电话、通信设备。

③ 高频（微波）片状电感器。高频（微波）片状电感器是在陶瓷基片上采用精密薄膜多层工艺技术制成的，具有高的电感精度（±2%及±5%），可应用于无线通信设备中。该电感器主要特点是寄生电容小，自振频率高（例如，8.2nH 的电感器，其自振频率大于 2GHz）。

大功率片状电感器都是绕线型，主要用于 DC/DC 变换器中，用作储能元件或大电流 LC 滤波元件（降低噪声电压输出）。它由方形或圆形工字形铁氧体为骨架，采用不同直径的漆包线绕制而成。

8.2.3　表面安装有源元器件

片状有源元器件主要是指片状半导体器件，有片状二极管、片状三极管、场效应晶体管、各种集成电路及敏感半导体器件等。

1. 片状二极管

片状二极管主要有整流二极管、快速恢复二极管、肖特基二极管、开关二极管、稳压二极管、瞬态抑制二极管、发光二极管、变容二极管、天线开关二极管等。它们在小型电子产品及通信设备中得到了广泛的应用。

（1）片状整流二极管

整流一般指的是将工频（50Hz）的交流变成脉动直流，常用的是 1N4001～1N4007 系列 1A、50V～1000V 整流二极管（圆柱形玻封或塑封）。选择片状整流二极管有两个主要参数：最高反向工作电压（峰值）U_R 和额定正向整流电流（平均值）I_F。为减小印制电路板面积并简化生产，开发出片状桥式整流器，常用的有 U_R=70V，I_F=1A 的全桥，如图 8.9 所示。

（2）片状快速恢复二极管

在电子产品的高频整流电路、开关电源 DC/DC 变换器、脉冲调制解调电路、变频调速电路、UPS 电源或逆变电路中，由于工作频率高（几十千赫到几百千赫），一般的整流二极管不能使用（它只能用于 3kHz 以下），需要使用片状快速恢复二极管。它的主要特点是反向恢复时间小，一般为几百纳秒，当工作频率更高时，采用超快速恢复二极管，它的反向恢复时间为几十纳秒。

图 8.9　片状桥式整流器

片状快速恢复二极管反向峰值电压可达几百伏到一千伏。常用的正向平均电流可达 0.5～3A，当工作频率大于 1000MHz 时，则需要采用肖特基二极管。

（3）片状肖特基二极管

片状肖特基二极管最大的特点是反向恢复时间短，一般可做到 10ns 以下（有的可达 4ns 以下），工作频率可在 1～3GHz 范围；正向压降一般在 0.4V 左右（与电流大小有关）；但反向峰值电压小，一般小于 100V（有些仅几十伏，甚至有的还小于 10V）。它的额定正向电流范围从 0.1A～几安培。大电流的肖特基二极管是面接触式，主要用于开关电源、DC/DC 变换器中；还有小电流点接触式的用于微波通信中（称为肖特基势垒二极管，反向恢复时间小于 1ns）。它不仅适用于数字或脉冲电路的信号钳位，而且在自控、遥控、仪器仪表中用作译码、选通电路；在通信中用作高速开关、检波、混频；在电视、调频接收机中作频道转换开关二极管或代替锗检波二极管 2AP9，性能良好、稳定可靠，并且价格不高。

（4）片状开关二极管

片状开关二极管的特点是反向恢复时间很短，高速开关二极管的反向恢复时间 ≤4ns（如 1N4148），而超高速开关二极管的反向恢复时间 ≤1.6ns（如 1SS300）。另外，它的反向峰值电压不高，一般仅几十伏；正向平均电流也较小，一般仅 100～70mA。

该二极管主要用于开关、脉冲、高频电路和逻辑控制电路中。由于片状 1N4148 高速开关二极管尺寸小、价格便宜，也可用作高频整流或小电流低频整流及并联于继电器作保护电路。

（5）片状稳压二极管

片状稳压二极管主要参数有稳定电压值及功率。常用的稳定电压值为 3～30V，功率为 0.3～1W。低电压（如 2～3V）的稳压特性很差，一般也没有 2V 以下的稳压二极管。

（6）片状瞬态抑制二极管

片状瞬态抑制二极管（TVS）用作电路过压（瞬时高压脉冲）保护器，目前主要用于通信设备、仪器、办公用设备及家电等。它的工作原理和稳压二极管相同，有高压干扰脉冲进入电路时，与被保护的电路并联的片状瞬态抑制二极管反向击穿而且位于电路不损坏的电压上。与普通稳压二极管不同之处是它有很大面积的 PN 结，可以耗散大能量的瞬态脉冲，瞬时高达几十或上百安培电流，响应时间快（可达 $1×10^{12}$s）。它有单向及双向结构。

（7）片状发光二极管（LED）

片状发光二极管有红、绿、黄、橙、蓝色（蓝色的管压降为 3～4V），它的结构有带反光镜的、带透镜的，有单个的及两个 LED 封装在一起的结构（一红、一绿为多数），有普通亮度的、高亮度的及超高亮度的，还有将限流电阻做在 LED 中的，外部无需再接限流电阻（可节省空间）。

（8）片状变容二极管

片状变容二极管是一个电压控制元器件，通常用于振荡电路，与其他元器件一起构成 VCO（压控振荡器）。VCO 电路主要利用它的结电容随反偏压变化而变化的特性，通过改变变容二极管两端的电压便可改变变容二极管电容的大小，从而改变振荡频率。片状变容二极管在手机电路中得到了广泛的应用。

2. 片状三极管

片状三极管及片状场效应管是由传统引线式三极管及场效应管发展过来的，管心相同，仅封装不同，并且大部分沿用引线式的原型号。为增加安装密度，进一步减小印制电路板尺寸，开发出了一些新型三极管、场效应管、带阻三极管、组合三极管等。近年来，通信系统的频率越来越高，又开发出不少通信专用三极管，如砷化镓微波三极管及功放管等。

（1）片状三极管的型号识别

我国三极管型号是以"3A～3E"开头、美国是以"2N"开头、日本是以"2S"开头。目前市场上 2S 开头的型号占多数，欧洲对三极管的命名方法是用 A 或 B 开头（A 表示锗管，B 表示硅管），第 2 部分用 C、D 或 F、L（C——低频小功率管，F——高频小功率管、D——低频大功率管，L——高频大功率管）；用 S 和 U 分别表示小功率开关管和大功率开关管；第 3 部分用 3 位数表示登记序号。例如，BC87 表示硅低频小功率三极管。还有一些三极管型号是由生产工厂自己命名的（厂标），是不标准的。例如，摩托罗拉公司生产的三极管是以 M 开头的。如在一个封装内带有两个偏置电阻的 NPN 三极管，其型号为 MUN2211T1；相应的 PNP 三极管为 MUN2111T1（型号中 T1 也是该公司的后缀）。

（2）片状三极管及场效应管介绍

① 片状带阻三极管。片状带阻三极管是在三极管芯片上做上一个或两个偏置电阻。这类三极管在通信装置中应用最为普遍，可以节省空间。

② 片状场效应管。与片状三极管相比，片状场效应管具有输入阻抗高、噪声低、动态范围大、交叉调制失真小等特点。片状场效应管分结型场效应管（JFET）和绝缘栅场效应管（MOSFET）。JFET 主要用于小信号场合的，MOSFET 既有用于小信号场合的，也有用作功率放大或驱动的场合。可见，场效应管的外形结构与三极管十分相似，应注意区分，场效应管 G、S、D 极分别相当于三极管的 b、e、c 极。

片状 JFET 在 VHF/UHF 射频放大器应用的有 MMBFJ309LTl（N 沟道，型号代码为 6U），用在通用的小信号放大的有 MMBF54S7LTl（N 沟道，型号代码为 M6E）等。它们常用作阻抗变换或前置放大器等。

片状 MOSFET 的最大特点是具有优良的开关特性，其导通电阻很低，一般为零点几欧姆到几欧姆，小的仅为几毫欧到几十毫欧。所以自身管耗较小，小尺寸的片状元器件却有较大的功率输出。目前应用较广的是功率 MOSFET，常用作驱动器、DC/DC 变换器、伺服/步进电动机速度控制、功率负载开关、固态继电器、充电器控制等。

3. 片状集成电路及其封装

随着半导体工艺技术的不断改进，特别是便携式电子产品的迅猛发展，片状集成电路有了长足的进步，片状集成电路绝不仅仅是封装形式的改变，而且是不断地降低自身的损耗以提高效率，以达到最大限度节能的目的。

（1）双列扁平封装

片状集成电路的双列扁平封装（SOP）是由双列直插封装（DIP）演变来的，这类封装有两种形式：J 形（又称钩形）和 L 形（又称翼形）。L 形封装的安装、焊接及检测比较方便，但占用 PCB 的面积较大；J 形封装则与之相反，如图 8.10 所示。

目前常用的双列扁平封装集成电路的引线间距有 1.27mm 和 0.8mm 两种，引线数为 8～32 条，最新的引线间距只有 0.76mm，引线数可达 56 条。

（2）方形扁平封装

方形扁平封装（QFP）可以使集成电路容纳更多的引线，如图 8.11 所示。

方形扁平封装有正方形和长方形两种，引线间距有 1.27mm、1.016mm、0.8mm、0.65mm、0.5mm、0.4mm 等几种，外形尺寸从 5mm×5mm 到 44mm×44mm 有数种规格，引线数 32～567 条，但最常用的是 44～160 条。图 8.9 所示是 64 条引线的 QFP（L 形）的外形尺寸。

图 8.10　表面安装集成电路的双列扁平封装

图 8.11　表面安装集成电路的方形扁平封装

目前最新推出的薄形方形扁平封装（TQFP）的引线间距小至 0.254mm，厚度仅有 1.2mm。

（3）塑封有引线芯片载体封装

塑封有引线芯片载体封装（PLCC）的四边都有向封装体底部弯成"J"形的短引线，封装形式如图 8.12（a）所示。显然这种封装比方形扁平封装更节省 PCB 的面积，但同时也使器件的检测和维修更为困难。

塑封有引线芯片载体封装的引线数为 18～84 条，主要用于计算机电路和专用集成电路（ASIC、GAL）等芯片的封装。

（4）针栅阵列与焊球阵列封装

针栅阵列（PGA）与焊球阵列（BGA）封装是针对集成电路引线增多、间距缩小、安装难度增加而产生的一种封装形式。它让众多拥挤在器件四周的引线排列成阵列，引线均匀分布在集成电路的底面，如图 8.12（b）和图 8.12（c）所示。采用这种封装形式使集成电路在引线数很多的情况下，引线的间距也不必很小。针栅阵列封装通过插座与印制板电路连接，用于可更新升级的电路，如台式计算机的 CPU 等，阵列的间距一般为 2.54mm，引线数为 52～370 条或更多。焊球阵列封装则直接将集成电路贴装到印制电路板上，阵列间距为 1.5mm 或 1.27mm，引线数从 72～736。在手机、笔记本电脑、快译通的电路里，多采用这种封装形式。

（a）俯视和侧视图　　（b）底面图 1　　（c）底面图 2

图 8.12　多引线集成电路的封装

（5）板载芯片封装

板载芯片封装（COB）即通常所称的"软封装"，它是将集成电路芯片直接粘在 PCB 上，同

155

时将集成电路的引线直接焊到 PCB 的铜箔上，最后用黑塑胶包封。这种封装形式成本最低，主要用于民用电子产品，如各种音乐门铃所用的芯片都采用这种封装形式。

8.2.4 表面安装技术的其他材料

1. 黏合剂

常用的黏合剂有 3 种分类方法：按材料分有环氧树脂、丙烯酸树脂及其他聚合物黏合剂；按固化方式分有热固化、光固化、光热双固化及超声波固化黏合剂；按使用方法分有丝网漏印、压力注射、针式转移所用的黏合剂。除对黏合剂的一般要求外，SMT 使用的黏合剂要求快速固化（固化温度 < 150℃，时间 ≤20min）、触变性好（触变性是胶体物质的黏度随外力作用而改变的特性）、耐高温（能承受焊接时 240℃~270℃ 的温度）、化学稳定性和绝缘性好（要求体积电阻率 ≥ $10^{13}\Omega \cdot cm$）。

2. 焊锡膏

焊锡膏由焊料合金粉末和助焊剂组成，简称焊膏。焊膏由专业工厂生产成品，使用者应掌握选用方法。

① 焊膏的活性：根据 SMB 的表面清洁度确定，一般可选中等活性，必要时选高活性级或无活性级、超活性级。

② 焊膏的黏度：根据涂覆法选择，一般液料分配器用 100~200Pa，丝印用 100~300Pa，漏模板印刷用 200~600Pa。

③ 焊料粒度选择，图形越精细，焊料粒度应越高。

④ 电路采用双面焊时，板两面所用的焊膏熔点应相差 30℃~40℃。

⑤ 电路中含有热敏感元件时选用低熔点焊膏。

3. 助焊剂和清洗剂

SMT 对助焊剂的要求和选用原则，基本上与 THT 相同，只是更严格，更有针对性。

SMT 的高密度安装使清洗剂的作用大为增加，至少在免清洗技术尚未完全成熟时，还离不开清洗剂。

目前常用的清洗剂有两类：CFC-113（三氟三氯乙烷）和甲基氯仿，在实际使用时，还需加入乙醇酯、丙稀酸酯等稳定剂，以改善清洗剂的性能。

清洗方式则除了浸注清洗和喷淋清洗外，还可用超声波清洗、汽相清洗等方法。

8.2.5 表面安装元器件的手工装接

尽管在现代化生产过程中自动化和智能化是必然趋势，但在研究、试制、维修领域，手工操作方式还是无法取代的，不仅有经济效益的因素，而且所有自动化、智能化方式的基础仍然是手工操作，因此电子技术人员有必要了解手工 SMT 的基本操作方法。

手工 SMT 的技术关键如下。

1. 涂布黏合剂和焊膏

最简单的涂布是人工用针状物直接点胶或涂焊膏，经过训练，技术高超的人同样可以达到机械涂布黏合剂的效果。

手动丝网印刷机及手动点滴机可满足小批量生产的要求，我国已有这方面的专用设备生产，可供使用单位选择。

2. 贴片

贴片机是 SMT 设备中最昂贵的设备。手工 SMT 操作最简单的方法，是用镊子借助于放大镜，仔细的将片式元器件放到设定的位置。由于片式元器件的尺寸太小，特别是窄间距的 QFP 引线很细，用夹持的办法很可能损伤元器件，采用一种带有负压吸嘴的手工贴片装置是最好的选择，这种装置一般备有尺寸形状不同的若干吸嘴以适应不同形状和尺寸的元器件，装置上自带视像放大装置。

还有一种半自动贴片机也是投资少而适应广泛的贴片机，它带有摄像系统，通过屏幕放大可准确地将元器件对准位置安装，并带有计算机系统，可记忆手工贴片的位置，当第一块 SMB 经过手工放置元器件后，它就可自动放置第二块 SMB。

3. 焊接

最简单的焊接是手工烙铁焊接，最好采用恒温或电子控温的烙铁，焊接的技术要求和注意事项同普通印制电路板的焊接相同，但更强调焊接的时间和温度。短引线或无引线的元器件较普通长引线元器件的焊接技术难度大。合适的电烙铁加上正确的操作，可以达到同自动焊接相媲美的效果。

对于小批量生产而言,有一台小型再流焊机是比较理想的。

项目小结

1. 表面安装工艺是先进的安装技术，与其配套的是表面安装元器件。
2. 表面安装元器件分为无源表面安装元器件、有源表面安装元器件和机电表面安装元器件。
3. 表面安装元器件的特点是一致性好，生产成本低，产品的体积小。
4. 表面安装元器件的安装基本上采用自动化安装。
5. 表面安装元器件在焊接时一般都采用波峰焊和再流焊。

课后练习

1. SMT 技术有什么特点？
2. SMT 技术所用的元件有哪些种类？
3. SMT 元件的焊接需要什么专用设备？

项目 9

电子技能综合训练项目

训练项目 1　超外差式收音机的装配与调试

项目要求

　　本项目通过对一台调幅收音机的装配、焊接和调试，使学生了解电子产品的装配过程，掌握电子元器件的识别方法和质量检验标准，了解整机的装配工艺，培养学生的实践技能。

　　【技能目标】

　　（1）会分析收音机电路图。

　　（2）对照收音机原理图能看懂印制电路板图和接线图。

　　（3）认识电路图上的各种元器件的符号，并与实物相对照。

　　（4）会测试各元器件的主要参数。

　　（5）认真细心地按照工艺要求进行产品的装配和焊接。

　　（6）按照技术指标对产品进行调试。

项目相关知识

　　1．准超外差式调幅收音机

　　标准超外差式调幅收音机一般是指六管中波段收音机，它采用全硅管线路，具有机内磁性天线，收音效果良好，并设有外接耳机插口。

2. 咏梅 838 型超外差式收音机的技术指标

频率范围：535～1605kHz

输出功率：50mW（不失真）、150mW（最大）

扬 声 器：φ57mm、8Ω

电 源：3V（两节五号电池）

体 积：112mm（宽）×65mm（高）×25mm（厚）

重 量：约175g（不带电池）

项目实施

【项目实施器材】

（1）咏梅 838 型超外差式收音机套件　　　　　　1 套/人。

（2）万用表　　　　　　　　　　　　　　　　　1 只/人。

（3）直流稳压电源　　　　　　　　　　　　　　1 台/人。

（4）焊接工具　　　　　　　　　　　　　　　　1 套/人。

【项目实施步骤】

1. 材料清单

咏梅 838 型超外差式收音机的材料清单如表 9.1 所示。

表 9.1　　　　　　　　　　咏梅 838 型超外差式收音机的材料清单

序 号	代号与名称		规 格	数 量	序 号	代号与名称		规 格	数 量
1		R_1	91kΩ（或 82 kΩ）	1	18	电容	C_{10}	瓷介 223(0.022μF)	1
2	电阻	R_2	2.7kΩ	1	19		C_{11}	涤纶 103(0.01μF)	1
3		R_3	150kΩ（或 110kΩ）	1	20		VT_1	3DG201(β值最小)	1
4		R_4	30kΩ	1	21	三极管	VT_2	3DG201	1
5		R_5	91kΩ	1	22		VT_3	3DG201	1
6		R_6	100kΩ	1	23		VT_4	3DG201(β值最大)	1
7		R_7	620kΩ	1	24		VT_5	9013	1
8		R_8	510kΩ	1	25		VT_6	9013	1
9		C_1	双连电容	1	26	（二极管）	VD_1	IN4148	1
10		C_2	瓷介 223(0.022μF)	1	27		T_1	天线线圈	1
11		C_3	瓷介 103(0.01μF)	1	28		T_2	本振线圈（黑）	1
12	电容	C_4	电解 4.7～10μF	1	29		T_3	中周（白）	1
13		C_5	瓷介 103(0.01μF)	1	30		T_4	中周（绿）	1
14		C_6	瓷介 333(0.033μF)	1	31		T_5	输入变压器	1
15		C_7	电解 47～100μF	1	32		T_6	输出变压器	1
16		C_8	电解 4.7～10μF	1	33	带开关电位器		4.7kΩ	1
17		C_9	瓷介 223(0.022μF)	1	34	耳机插座（GK）		φ2.5mm	1

续表

序 号	代号与名称	规 格	数量	序 号	代号与名称	规 格	数量
35	磁棒	55mm×13mm×5mm	1	44	固定电位器盘	M1.6×4	1
36	磁棒架		1	45	固定双联	M2.5×4	2
37	频率盘	ϕ37 mm	1	46	固定频率盘	M2.5×5	1
38	拎带	黑色（环）	1	47	固定电路板	M2×5	1
39	透镜（刻度盘）		1	48	印制电路板		1
40	电位器盘	ϕ20 mm	1	49	金属网罩		1
41	导线		6 根	50	前壳		1
42	正、负极片		各 2	51	后盖		1
43	负极片弹簧		2	52	扬声器（Y）	8Ω	1

2. 用万用表检测收音机各个元器件

检测顺序和要求如表 9.2 所示，将测量结果填入实习报告。注意：VT_5、VT_6 的 h_{FE} 相差应不大于 20%，同学之间可相互调整使管子性能配对。

表 9.2 　　　　　　　　　　　　　　**用万用表检测元器件的参数**

类 别	测 量 内 容	万 用 表 功 能 及 量 程	禁 止 用 量 程
R	电阻值	R	
V	h_{FE}（VT_5、VT_6 配对）	R×10, h_{EF}	×1，×1k
B	绕组，电阻，绕组与壳绝缘	R×1（见表 9.3）	
C	绝缘电阻	R×1k	
电解 CD	绝缘电阻及质量	R×1k	

3. 用万用表检测输出、输入变压器绕组的内阻

检测顺序和要求如表 9.3 所示，将测量结果填入实习报告。

表 9.3 　　　　　　　　　　　　　　**变压器绕组的内阻测量**

	T_2（黑）本振线圈	T_3（白）中周 1	T_4（绿）中周 2	T_5（蓝或白）输入变压器	T_6（黄或粉）输出变压器
万用表挡位	R×1	R×1	R×1	R×10	R×1
	5 ○──○ 1 0.3Ω　0.1Ω 4 ○ 3.4Ω 3 ○──○ 2	1Ω 　0.2Ω 3.8Ω	2.4Ω 　1Ω 3Ω	85Ω 　180Ω 85Ω	6Ω 　0.7Ω 6Ω

　　●为防止变压器一次线圈与二次线圈之间短路，要测量变压器一次与二次之间的电阻。

　　●若输入变压器、输出变压器用颜色不好区分，可通过测量线圈内阻来进行区分。线圈内阻阻值大的是输入变压器，线圈内阻阻值小的是输出变压器。

4. 对元器件的引线进行镀锡处理

5. 检查印制电路板的铜箔线条是否完好

咏梅 838 型超外差式收音机的印制电路板如图 9.1 所示。要特别注意检查板上的铜箔线条有无断线及短路的情况，还要特别要注意板的边缘是否完好，如图 9.2 所示。

图 9.1　咏梅 838 型超外差式收音机的印制电路板图

图 9.2　有问题的印制电路板示意图

161

6. 装配元器件

元器件的装配质量及顺序直接影响整机的质量与成功率,合理的装配需要思考和经验。表 9.4 所示的装配顺序及要点经过了实践检验,被证明是较好的一种装配方法。

装配时,所有元器件的高度不得高于中周的高度。

表 9.4　　　　　　　　　　　元件的装配顺序及要点(分类装配)

序　号	内　容	注 意 要 点
1	装配 T_2、T_3、T_4	中周 → 中周要求按到底　外壳固定支脚内弯 90°,要求焊上
2	装配 T_5、T_6	经辅导人员检查后可以先焊　引线固定
3	装配 $VT_1 \sim VT_6$	注意色标、极性及装配高度　E B C
4	装配全部电阻	色环方向保持一致,注意装配高度　2mm　≤13mm
5	装配全部电容	标记向外　极性　+　注意高度 <13mm
6	装配双联电容,电位器及磁棒架	磁棒架装在印制电路板和双连之间　焊盘面　印制电路板　磁棒架　双连
7	焊前检查	检查已装配的元器件位置,特别注意 VT(三极管)的管脚,经辅导人员检查后才能进行下列工作
8	焊接已插上的元器件	焊接时注意锡量适中　焊锡　烙铁

序　号	内　容	注 意 要 点
9	修整引线	剪断引线多余部分、注意不可留得太长、也不可剪得太短 <2mm
10	检查焊点	检查有无漏焊点、虚焊点、短接点 注意不要桥接
11	焊 T_1、电池引线，装拨盘、磁棒等	焊 T_1 时注意看接线图，其中的线圈 L_2 应靠近双连电容一边，并按图连线
12	其他	固定扬声器、装透镜、金属网罩及拎带等 烙铁　扬声器　垫纸　塑壳

7. 检测和调试

通过对自己组装的收音机的通电检测调试，可以了解一般电子产品的生产调试过程，初步学习调试电子产品的方法。咏梅 838 型超外差式收音机的电原理图如图 9.3 所示。收音机的检测调试步骤如图 9.4 所示。

图 9.3　咏梅 838 型超外差式收音机的电原理图

（1）通电前的检测工作

① 对装配好的收音机进行自检和互检，检查焊接质量是否达到要求，特别注意检查各电阻的阻值是否与图纸所示位置相同，各三极管和二极管是否有极性焊错的情况。

② 收音机在接入电源前，必须检查电源有无输出电压（3V）和引出线的正负极是否正确。

（2）通电后的初步检测

将收音机接入电源，要注意电源的正、负极性，将频率盘拨到 530kHz 附近的无台区，在收音机开关不打开的情况下，首先测量整机静态工作的总电流 I_0。然后将收音机开关打开，分别测量三极管 VT_1~VT_6 的 e、b、c 3 个电极对地的电压值（即静态工作点），将测量结果填到实习报告中。注意：该项检测工作非常重要，在收音机开始正式调试前，该项工作必须要做。表 9.5 给出了各个三极管的 3 个极对地电压的参考值。

图 9.4 收音机的调试流程图

表 9.5　　　　　　　　　　　各个三极管的 3 个极对地电压的参考值

工作电压：E_C=3V			整机工作电流：I_0=10mA		
三极管	VT_1	VT_2	VT_3	VT_4	VT_5	VT_6
e	1	0	0.056	0	0	0
b	1.54	0.63	0.63	0.65	0.62	0.62
c	2.4	2.4	1.65	1.85	2.8	2.8

（3）试听

如果元器件质量完好，装配也正确，初测结果正常，即可进行试听。将收音机接通电源，慢慢转动调谐盘，应能听到广播声，否则应重复前面做过的各项检查，找出故障并改正，注意在此过程不要调中周及微调电容。

（4）收音机的调试

收音机经过通电检查并正常发声后，可以进行调试工作。

① 调中频频率（俗称调中周）。

目的：将各中周的谐振频率都调整到固定的中频频率 465kHz 这一点上。

方法：将信号发生器（XGD-A）的频率置于中波位置，频率指针放在 465kHz 位置上；打开收音机开关，将频率刻度盘放在频率指示的最低位置 530kHz 附近，将收音机靠近信号发生器。用螺丝刀按顺序微调中周 T_4 和 T_3 的磁芯，使收音机收到的信号最强。这样反复调 T_4 和 T_3 的磁芯 2～3 次，使收音机的信号最强。调中周的可调元件位置图如图 9.5 所示。

（3）C_{1a}' 统调（高）
（3）T_1 统调（低）
（2）C_{1b}' 频率范围（高）
（2）T_2（黑）频率范围（低）
（1）T_3（白）f 中频频率
（1）T_4（绿）f 中频频率

图 9.5　调中周时的可调元件位置图

确认收音机信号最强的方法有两种，一是使扬声器发出的声音（1kHz）达到最响为止，此时可把音量调到最小；二是测量电位器 R_p 两端或 R_8 对地的直流电压，使电压表的指示值最大为止，此时可把音量调到最小。

② 调整收音机的频率范围（通常叫调频率复盖或对刻度）。

目的：使双连电容全部旋入到全部旋出时，收音机所接收的频率范围恰好是整个中波波段，即 525～1605kHz。

方法：先进行频率低端的调整：将信号发生器调至 525kHz，收音机的刻度盘调至 530kHz，此时调整中周 T_2，使收音机的信号声出现并最强；再进行高端频率的调整：将信号发生器调到 1600kHz，收音机刻度盘调到 1600kHz，调双连上的微调电容器 C_{1b}，使信号声出现并最强。将上述步骤反复调整 2～3 次，使收音机接受的信号最强。

③ 统调（调收音机的灵敏度和跟踪调整）。

目的：使本机的振荡频率始终比输入回路的谐振频率高出一个固定的中频频率（465kHz）。

方法：低端调整：将信号发生器调至 600kHz，收音机刻度盘调至 600kHz，调整线圈 T_1 在磁棒上的位置，使接收的信号最强，一般线圈的位置应靠近磁棒的右端。

高端调整：将信号发生器调至 1500kHz，收音机刻度盘调至 1500kHz，调双连电容器 C_{1a}'，使收音机在高端接收的信号最强。在高低端要反复调 2～3 次，调完后即可用蜡将线圈固定在磁棒上。

8. 收音机产品的验收

收音机要按产品出厂的要求进行验收。

① 外观：机壳及频率盘清洁完整，不得有划伤、烫伤及缺损。

② 印制电路板装配整齐美观，焊接质量好，无损伤。

③ 导线焊接要可靠，不得有虚焊，特别是导线与正负极片间的焊接位置和焊接质量要好。

④ 整机装配合格：转动部分灵活，固定部分可靠，后盖松紧合适。

⑤ 性能指标要求：

- 频率范围为 525～1605 kHz；
- 灵敏度较高；
- 收音机的音质清晰、宏亮、噪声低。

9. 六管超外差式收音机的维修指南

（1）维修基本方法

① 信号注入法：收音机是一个信号捕捉、处理、放大系统，通过注入信号可以判定故障位置。用万用表 R×10 挡，红表笔接电池负极（地），黑表笔触碰放大器输入端（一般为三极管基极），此时扬声器可听到"咯咯"声。然后手握螺丝刀金属部分，去碰放大器输入端，从扬声器听反应。此法简单易行，但相应信号微弱，不经三极管放大则听不到声音。

② 电位测量法：用万用表测各级放大管的工作电压，可具体判定造成故障的元器件。

③ 测量整机静态总电流法：将万用表拨至 250mA 直流电流挡，两表笔跨接于电源开关的两端，此时开关应置于断开位置，可测量整机的总电流。本机的正常总电流约为（10±2）mA。

（2）故障位置的判断方法

判断故障在低频放大器之前还是低频放大器之中（包括功率放大器）的方法如下。

① 接通电源开关，将音量电位器开至最大，扬声器中没有任何响声，可以判定低频放大器部分肯定有故障。

② 判断低频放大器之前的电路工作是否正常，方法如下：将音量减小，将万用表拨至直流电压挡，挡位选择 0.5V，两表笔并接在音量电位器非中心端的两端上，一边从低端到高端拨动调谐盘，一边观看万用表指针，若发现指针摆动，且在正常播出时指针摆动次数约在数十次左右。即可断定低频放大器之前电路工作是正常的；若无摆动，则说明低频放大器之前的电路中也有故障，这时仍应先解决低频放大器中的问题，然后再解决低频放大器之前电路中的问题。

（3）完全无声故障的检修方法

将音量电位器开至最大，将万用表拨至直流电压 10V 挡，黑表笔接地，红表笔分别碰触电位的中心端和非接地端（相当于输入干扰信号），可能出现以下 3 种情况。

① 碰触非接地端扬声器中无"咯咯"声，碰触中心端时扬声器有声，这是由于电位器内部接触不良，可更换或修理以排除故障。

② 碰触非接地端和中心端均无声，这时用万用表 R×10 挡，两表笔并接碰触扬声器引线，触碰时扬声器若有"咯咯"声，说明扬声器完好。然后将万用表拨至电阻挡，点触 T_6 次级两端，扬声器中如无"咯咯"声，说明耳机插孔接触不良，或者扬声器的导线已断；若有"咯咯"声，则把表笔接到 T_6 初级两组线圈两端，这时若无"咯咯"声，就是 T_6 初级有断线。

③ 将 T_6 初级中心抽头处断开，测量集电极电流，若电流正常，说明 VT_5 和 VT_6 工作正常，T_5 次级无断线；若电流为 0，则可能是 R_7 断路或阻值变大，或 VD_1 短路；T_5 次级断线；VT_5 和 VT_6 损坏。（同时损坏情况较少）；若电流比正常情况大，则可能是 R_7 阻值变小，VD_1 损坏，VT_5 和 VT_6、T_5 一次、二次有短路，C_9 或 C_{10} 有漏电或短路。

④ 测量 VT_4 的直流工作状态，若无集电极电压，则 T_5 初级断线；若无基极电压，则 R_5 开路，C_8 和 C_{11} 同时短路较少，C_8 短路而电位器刚好处于最小音量处时，会造成基极对地短路。若红表笔碰触电位器中心端无声，碰触 VT_4 基极有声，说明 C_8 开路或失效。

⑤ 用干扰法碰触电位器的中心端和非接地端，扬声器中均有声，则说明低频放大器工作正常。

（4）无台故障的检修

无台故障是指将音量开大，扬声器中有轻微的"沙沙"声，但调谐时收不到电台。

① 测量 VT_3 的集电极电压，若无，则 R_4 开路或 C_6 短路；若电压不正常，检查 T_4 是否良好。测量 VT_3 的基极电压，若无，则可能 R_3 开路（这时 VT_2 基极也无电压），或 T_4 次级断线，或 C_4 短路。注意，此时工作在近似截止的工作状态，所以它的发射极电压很小，集电极电流也很小。

② 测量 VT_2 的集电极电压，若无电压，是 T_4 一次断线；若电压正常而干扰信号的注入在扬声器中不能引起声音，则 T_4 一次线圈或二次线圈有短路，或槽路电容（200pF）短路。

③ 测量 VT_2 的基极电压，若无电压，则 T_3 二次断线或脱焊；电压正常，但干扰信号的注入不能在扬声器中引起响声，则 VT_2 损坏。电压正常，扬声器有声，则说明电路完好。

④ 测量 VT_1 的集电极电压，若无电压，是 T_2 二次线圈，一次线圈有断线；电压正常，扬声器中无"咯咯"声，则 T_3 二次线圈或二次线圈有短路，或槽路电容短路。如果中周内部线圈有短路故障时，由于其匝数较少，所以较难测出，可采用替代法加以证实。

⑤ 测量 VT_1 的基极电压，若无电压，可能是 R_1 或 T_1 次级开路；或 C_2 短路；若电压高于正常值，则 VT_1 发射结开路；若电压正常，但无声，则是 VT_1 损坏。

到此时如果仍听不到电台，可进行下面的检查。

将万用表拨至直流电压 10V 挡，两表笔分别接于 R_2 的两端。用镊子将 T_2 的初级短接一下，看表针指示是否减少（一般减少 0.2～0.3V）。若电压不减小，说明本机振荡没有起振，振荡耦合电容 C_3 失效或开路。C_2 短路（VT_1 射极无电压），或 T_2 初级线圈内部断路或短路，或双连质量不好。若电压减小很少，说明本机振荡太弱，或 T_2 受潮，或印制电路板受潮，或双连漏电，或微调电容不好，或 VT_1 质量不好。用此法同时可检测 BG_1 偏流是否合适。

若电压减小正常，可断定故障在输入回路，检查双连对地有无短路，电容质量如何，磁棒线圈 T_1 初级有否断线。到此时收音机应能收听到电台播音，可以进行整机调试。

【项目实训报告】

（1）画出本次实训的电路原理图、整机布局图、整机电路配线接线图。

（2）写出各部分电路的工作原理及性能分析。

（3）对出现的故障进行分析。

（4）记录测量数据。

（5）写出实训体会。

训练项目2　MF-47型指针式万用表的装配与调试

项目要求

万用表是电子技术专业最常用的仪表。通过实训，学生应熟悉指针式万用表的基本工作原理，学会使用一些常用的电工工具及仪表，并且掌握一些常用开关电器的使用方法及工作原理，了解指针式万用表的机械结构。

【技能目标】

（1）在熟悉指针式万用表工作原理的基础上学习其装配和调试。

（2）学会排除指针式万用表的常见故障。

（3）通过实训熟练掌握锡焊技术。

项目相关知识

万用表分为指针式和数字式两种。指针式万用表是一种多功能、多量程的便携式电工仪表，可以测量直流电流、交流电压、直流电压和电阻等电量，有些万用表还可测量电容、晶体管共射极直流放大系数 h_{FE} 等参数。

MF-47型万用表具有26个基本量程，还有测量电平、电容、电感、晶体管直流参数等7个附加参考量程，是一种量限多、分挡细、灵敏度高、体形轻巧、性能稳定、过载保护可靠、读数清晰、使用方便的通用型万用表。

1. MF-47型万用表的结构特征

MF-47型万用表采用高灵敏度的磁电系整流式表头，造型大方、设计紧凑、结构牢固、携带方便。其特点如下。

① 测量机构采用高灵敏度表头，并采用硅二极管保护，保证过载时不损坏表头；线路设有0.5A保险丝以防挡位误用时烧坏电路。

② 在电路设计上考虑了湿度和频率补偿。

③ 在低电阻挡选用2号干电池供电，电池容量大、寿命长。

④ 配合高压表笔和插孔，可测量电视机内25kV以下高压。

⑤ 配有晶体管静态直流放大系数检测挡位。

⑥ 表盘标度尺刻度线与挡位开关旋钮指示盘均为红、绿、黑三色，分别按交流是红色、晶体管是绿色、其余是黑色对应制成，共有7条专用刻度线，刻度分开，便于读数；配有反光铝膜，可以消除视差，提高读数精度。

⑦ 除测量交直流2500V电压挡和测量直流5A电流挡分别有单独插孔外，其余各电量的测量只须转动一个旋钮开关进行选择，使用方便。

⑧ 外壳上装有提手，不仅便于携带，而且可在必要时作倾斜支撑，便于读数。

2. MF-47型指针式万用表的组成

指针式万用表的型式很多，但基本结构都是由机械部分、显示部分、电气部分三大块组成。机械部分由外壳、挡位旋钮开关及电刷等部分组成；显示部分是一个高灵敏度电流表头；电气部分由测量线路板、电位器、电阻、二极管、电容等元器件组成。其实物如图 9.6 所示。

（a）机械部分　　　　　　　（b）显示部分　　　　　（c）电气部分

图 9.6　MF-47 型指针式万用表的基本组成

表头是万用表的测量显示装置，MF-47 型指针式万用表采用显示面板和表头一体化的结构；挡位开关用来选择被测电量的种类和量程；测量线路板将不同性质和大小的被测电量转换为表头所能接受的直流电流。

MF-47 型万用表可用来测量直流电流、直流电压、交流电压和电阻等多种电量。当转换开关拨到直流电流挡，可分别与 5 个接触点接通，用于测量 500mA、50mA、5mA 和 500μA、50μA 量程的直流电流。

当转换开关拨到电阻挡，可分别测量 1Ω、10Ω、100Ω、1kΩ、10kΩ 量程的电阻。当转换开关拨到直流电压挡，可分别测量 0.25V、1V、2.5V、10V、50V、250V、500V、1000V 量程的直流电压；当转换开关拨到交流电压挡，可分别测量 10V、50V、250V、500V、1000V 量程的交流电压。

3．MF-47 型指针式万用表的工作原理

MF-47 型指针式万用表最基本的工作原理如图 9.7 所示。

电路由表头、电阻测量挡、电流测量挡、直流电压测量挡和交流电压测量挡几个部分组成，图中标有"–"的端点是黑表笔的插孔，标有"+"的端点是红表笔的插孔。

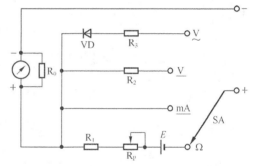

图 9.7　MF-47 型指针式万用表最基本
的工作原理图

（1）测量电压和电流时的工作情况

当测量电压和电流时，外部电路的电流流入表头，因此在表中的电路里不需要接电池。当把挡位开关旋钮 SA 打到交流电压挡时，通过二极管 VD 对交流电进行整流，通过电阻 R_3 限流，电压的数值由表头显示出来。

当把挡位开关旋钮 SA 打到直流电压挡时，不需要二极管进行整流，仅需电阻 R_2 限流，表头即可显示直流电压的数值。

当把挡位开关旋钮 SA 打到直流电流挡时，既不需要二极管整流，也不需要电阻限流，表头即可直接显示直流电流的数值（当被测电流在表头允许电流范围内时）。

（2）测量电阻时的工作情况

当把挡位开关旋钮 SA 拧到电阻挡时，这时电路的外部没有电流流入，因此必须使用表内的

电池作为电源。设外接的被测电阻值为 R_x，表内的总电阻为 R，电路中的电流为 I，由电阻 R_x、电池 E、可调电位器 R_P、固定电阻 R_1 和表头组成闭合电路，形成的电流 I 使表头的指针偏转。红表笔与电池的负极相连，通过电池的正极与电位器 R_P 及固定电阻 R_1 相连，经过表头接到黑表笔与被测电阻 R_x 形成回路，电路中的电流使表头进行显示。

需要注意的是，电路中的电流 I 和被测电阻 R_x 并不是线性关系，所以在表盘上电阻标度尺的刻度是不均匀的。当电阻越小时，回路中的电流越大，指针的摆动越大，因此电阻挡的标度尺刻度是反向分度。

当万用表红黑两表笔直接连接时，相当于外接电阻最小 $R_x=0$，此时通过表头的电流最大，表头指针的摆动最大，应该指向满刻度处，此时显示的阻值为 0Ω。反之，当万用表的红黑两表笔开路时，相当于 $R_x\to\infty$，此时通过表头的电流最小，因此指针指向电流为零刻度处，显示的电阻值应为∞。

（3）完整的 MF-47 型万用表的电路原理图

完整的 MF-47 型万用表的电路原理图如图 9.8 所示。

图 9.8　完整的 MF-47 型万用表的电路原理图

MF-47 型万用表的显示表头是一个直流微安表，R_{P2} 是一个可调电位器，用于调节表头回路中电流的大小，VD_3、VD_4 两个二极管反向并联并与电容 C_1 并联，用于限制表头两端的电压，起保护表头的作用，使表头不致因电流过大而烧坏。

（4）测量电阻的具体电路

测量电阻的电阻挡分为×1Ω、×10Ω、×100Ω、×1kΩ 和×10kΩ 5 个量程。当转换开关打到某一个量程时，与该量程中的一个电阻形成回路，使表头偏转，从而测出阻值的大小。例如，将挡位开关旋钮打到×1Ω时，外接被测电阻通过"–COM"端与公共显示部分相连；通过"＋"端和0.5A熔断器接到电池，再经过电刷旋钮与R_{18}相连，R_{P1}为电阻挡公用调零电位器，最后与公共显示部分形成回路，使表头偏转，测出阻值的大小。具体电路如图9.9所示。

图9.9　MF-47型万用表测量电阻挡的电路

其他挡位的测量原理相同，只是由挡位开关变换不同的分压或限流电阻，达到用不同量程测量不同阻值电阻的目的。

项目实施

【项目实施器材】

（1）MF-47万用表套件	1套/人。
（2）完好的成品万用表（校正用）	1台/人。
（3）直流稳压电源	1台/人。
（4）焊接工具	1套/人。

【项目实施步骤】

MF-47型万用表的装配步骤可按照下列步骤进行。

1. 清点材料

清点材料时要注意以下几个方面。

① 按表9.6所列的元器件和材料明细表一一查点，记清每个元器件的名称与外形。

② 打开套件包装时要小心，不要将塑料袋撕破，以免材料丢失。

③ 清点材料时，可将表的后盖当容器，将所有的元器件和材料都放在里面。

④ 清点完所有的器件后，将元器件和材料重新放回原来的包装塑料袋中。

⑤ 注意元器件中的弹簧和钢珠一定不要丢失。

表 9.6　　　　　　　　　　　MF-47 型万用表元器件和材料明细表

名　称	型　号	数　量	名　称	型　号	数　量
固定电阻	参照原理图	30 个	二极管	1N4001	4 个
分流器	0.05Ω	1 个	保险管座、保险管		1 副
电位器	10kΩ	1 个	连接线、短接线	红、黑	4 根
电容	10μF	1 个	表头	46.2μA	1 个
线路板		1 个	其他材料		若干

2．电解电容器和二极管极性的识别与检测

在装配万用表前，要对有极性区别的元器件，如电解电容器和二极管，进行识别和检测。

（1）电解电容器极性的识别与检测

注意观察电解电容器的表面，"－"号对应的电极是负极，如果电解电容上没有标明正、负极，也可以根据引脚的长短来判断，长脚为正极，
短脚为负极，如图 9.10 所示。

（2）二极管极性的识别与检测

在二极管的表面一般有色环（黑色或银色）

图 9.10　电解电容极性的判断

标志，靠近色环的一端，其极性为负极。若没有色环标志，可用指针式万用表进行测试，以判断二极管的极性。将指针式万用表的红表笔插在"＋"插孔中，黑表笔插在"－"插孔中，将二极管搭接在表笔两端，如图 9.11 所示。观察万用表指针的偏转情况，如果指针偏向右边，显示阻值很小时，表明此时二极管与黑表笔连接的一端为正极，与红表笔连接的一端为负极。反之，如果指针偏向左边，显示阻值很大时，表明此时与红表笔搭接的是二极管的正极，黑表笔搭接的为负极。

图 9.11　用万用表判断二极管的极性

3．元器件的插装与焊接

（1）清除元器件引线表面的氧化层

元器件经过长期存放，其引线表面会形成氧化层，不仅使元器件难以焊接，而且影响焊接的质量，因此当元器件引线表面有氧化层时，应首先清除元器件引线表面的氧化层。可以用镊子夹住元器件的引线来回刮蹭，即可去除元器件引线表面的氧化层。

（2）将元器件引脚成形

按照以前讲述的对元器件引脚成形的方法对元器件引脚进行处理。

（3）元器件的插装

将引脚处理后的元器件对照万用表的装配图插装到线路板上。在插装元器件时，一定不能插错位置；插装二极管和电解电容器时一定要分清极性；插装电阻器时，要注意读数方向的排列，卧式插装的其色环必须从左向右读，立式插装的其色环必须从下向上读。

（4）元器件的焊接

元器件插装完毕后，应对照装配图用万用表进行校验，检查每个元器件插装是否正确；二极管、电解电容器的极性是否正确；电阻器的读数方向是否一致。全部合格后方可进行元器件的焊接。

插装后的元器件，要求排列整齐，高度一致。为了保证焊接的整齐美观，焊接时可将印制电路板放在焊接架上进行焊接，两边架空的高度要一致。元件插好后，要调整位置，使每个元件焊接高度一致。焊接时，电阻器不能离电路板太远，也不能紧贴在电路板上，以免影响电阻器的散热。

MF-47 型万用表的印制电路板如图 9.12 所示。

图 9.12　MF-47 型万用表的印制电路板图

4．万用表的调试

万用表的调试方法有两种：一是用专业的调试设备进行校准；二是用普通数字万用表进行校准。其中，用普通数字万用表进行校准的方法如下。

① 将装配完成的万用表仔细检查一遍，在确保无错装的情况下，将万用表的旋转开关旋至最小电流挡 50 μA 处，用数字万用表测量其 "+"、"–" 插孔两端的电阻值，电阻值应在 4.9 ~ 5.1 kΩ 之间，如不符合要求，应仔细调整电位器 R_{P2} 的阻值，直至达到要求为止。

② 用数字表万用表测量各个物理量，然后用装好的万用表对同一个物理量进行测量，将测量结果进行比较。如有误差，则应该重新调整万用表上电位器 R_{P2} 的阻值，直至测量结果相同时为止。一般从电流挡开始逐挡检测，检测时应从最小量程开始，首先检测直流电流挡，然后是直流电压挡、交流电压挡、直流电阻挡及其他挡。各挡位的检测符合要求后，该表即可投入

使用。

5. 万用表常见故障的排除

（1）表头没有任何反应

表头没有任何反应，万用表可能存在以下故障：表头或表笔损坏、接线错误、保险管没有装配或损坏、电池极板装错、电刷装错。

（2）电压指针反偏

这种情况一般是表头引线极性接反引起的。如果 DCA、DCV 正常，ACV 指针反偏，则为整流二极管 VD_1 的极性接反。

【项目实训报告】

（1）画出本次实训所用万用表的电路原理图、整机布局图、整机电路配线接线图。

（2）写出各部分电路的工作原理及性能分析。

（3）对出现的故障进行分析。

（4）写出实训体会。

训练项目 3　充电器和稳压电源两用电路的装配与调试

项目要求

通过制作此电路，学生应了解电子产品的生产制作全过程，训练动手能力，培养学生的工程实践观念。

【技能目标】

（1）会分析电路图，能说出每个元器件的名称和作用。

（2）能对元器件进行检测，熟悉检测方法。

（3）能绘制印制电路板图，要求元器件分布合理。

（4）能按照装配工艺装配元件。

（5）会调试电路使之达到设计指标

项目相关知识

充电器和稳压电源两用电路可将 220V 交流电源转换成 3～6V 的直流稳压电源，既可作为收音机等小型电器的外接电源，又可对 1～5 节可充电电池进行恒流充电，性能优于市场销售的一般充电器，具有较高的性价比，是一种用途广泛的实用电器。这个电路的元器件和外壳可以采用产品套件，也可以自己设计和制作。

1. 充电器和稳压电源主要性能指标

① 输入电压：交流 220V。

输出电压（直流稳压）：分 3 挡（3V、4.5V、6V），各挡误差为 ±10%。

② 输出直流电流：额定值 150mA，最大值 300mA。

③ 具有过载、短路保护，故障消除后自动恢复正常工作。

④ 充电恒定电流：60mA(±10%)，可对 1～5 节 5 号可充电电池进行充电，充电时间约 10～11h。

2. 电路工作原理

充电器和稳压电源两用电路的电路原理图如图 9.13 所示。

图 9.13　充电器和稳压电源两用电路的电路原理图

变压器 T 及二极管 $VD_1 \sim VD_4$、电容 C_1 构成典型的桥式整流、电容滤波电路，在稳压电路中若去掉 R_2 及 LED_1，则是典型的串联稳压电路，其中 LED_2 兼做电源指示及基准稳压管，当流经该发光二极管的电流变化不大时，其正向压降较为稳定，约为 1.9V，但此值会因发光二极管的规格不同而有所不同，对同一种发光二极管则变化不大，因此发光二极管可作为低电压稳压管来使用。R_2 和 LED_1 组成简单的过载和短路保护电路，LED_1 还兼做电流过载指示。当输出过载（输出电流增大）时，R_2 上的压降增大，当增大到一定数值后会使 LED_1 导通，使调整管 VT_5、VT_6 的基极电流不再增大，限制了输出电流的增加，起到了限流保护作用。

K_1 为输出电压选择开关，K_2 为输出电压极性变换开关。

VT_8、VT_9、VT_{10} 及其相应元器件组成三路完全相同的恒流源电路，以 VT_8 单元为例，LED_3 在该处兼做稳压和充电指示作用，VT_{11} 可防止将充电电池的极性接错，通过电阻 R_8 的电流（即输出电流）可近似的表示为：

$$I_0 = \frac{U_Z - U_{be}}{R_8}$$

其中：I_0——输出电流；

$\quad U_{be}$——T_4 的基极和发射极间的压降（约 0.7V）；

$\quad U_Z$——LED_3 上的正向压降，取 1.9V。

由此可见输出电流 I_0 的值主要取决于 U_Z 的稳定性，而与负载的大小无关，这实现了充电电路的恒流特性。

由上式可知，改变电路中 R_8 的大小即可调节输出电流的大小，因此该电路也可改为大电流快速充电方式工作，但大电流充电会影响充电电池的寿命。若减小该电路的充电电流即可对 7 号电池进行充电。当增大输出电流时可在 VT_8 的 C—E 极之间并联一个电阻(电阻值约数十欧)，以减小 VT_8 的功耗。

项目实施

【项目实施器材】

（1）充电器和稳压电源两用电路套件（清华科教仪器厂有售）　　1套/人。

（2）万用表　　　　　　　　　　　　　　　　　　　　　　　1只/人。

（3）直流稳压电源　　　　　　　　　　　　　　　　　　　　1台/人。

（4）焊接工具　　　　　　　　　　　　　　　　　　　　　　1套/人。

【项目实施步骤】

1. 元器件的识别与检测

全部元器件在装配前必须按照清单进行查点，然后用万用表对所有的元器件进行测试检查，检查合格后再进行装配。

2. 设计制作印制电路板

该电路在设计印制电路板时要考虑到实用性，设计成 A、B 两块印制电路板为好。参考印制电路板如图 9.14 所示，也可自己进行设计。

（a）A 板

（b）B 板

图 9.14　参考印制电路板的设计图

3. 元器件的装配和焊接

（1）印制电路板 A 上元器件的装配和焊接

印制电路板 A 上的元器件全部进行卧式装配，在装配中要注意二极管、三极管和电解电容的极性，元器件卧式装配的结果应如图 9.15 所示，装配完成后可进行焊接。

（a）三极管　　　　　　　　（b）电解电容　　　　　　　　（c）二极管、电阻

图 9.15　元器件卧式装配的结果

（2）印制电路板 B 上元器件的焊接

① 先将开关 K_1、K_2 从 B 板的元件面插入，且必须装到底。

② 发光二极管 $LED_1 \sim LED_5$ 的焊接高度一定要如图 9.16（a）所示，要求发光二极管顶部距离印制电路板高度为 13.5～14mm，保证让 5 个发光管露出机壳 2mm 左右，且排列整齐。要注意发光二极管的颜色和极性。也可先不焊接 LED，将 LED 插入 B 板装入机壳调好位置后再进行焊接。

（a）安装高度　　　　　　　　　　（b）排线长度

图 9.16　发光二极管 $LED_1 \sim LED_5$ 的焊接高度和排线长度

4. 焊接连接导线

先将 15 根排线的 B 端(如图 9.16 所示)与印制电路板上序号为 1～15 的焊盘按顺序进行焊接。排线的两端必须先进行镀锡处理后才能焊接，排线的长度要适当。左右两边各 5 根线（即 1～5、11～15）分别依次剪成均匀递减（参照图 6.16（b）中所标长度）的形状。再按图将排线中的所有线段分开，并将 15 根排线的两头剥去线皮 2～3mm，然后把每个线头的多股线芯绞合后镀锡，要保证线头不能有毛刺。

（1）焊接十字插头线 CT_2

注意十字插头有白色标记的线必须焊在有 X 标记的焊盘上。

（2）焊接开关 K_2 旁边的短接线 J_9。

（3）装接电池夹的正极片和负极弹簧

① 将电池夹的正极片凸面向下，将 J_1、J_2、J_3、J_4、J_5 五根导线分别焊在正极片的凹面焊接点上，正极片的焊点处应先进行镀锡，然后将正极片插入外壳插槽中，再将极片弯曲 90°，如图 9.17（a）所示。

（a）插入后再弯曲   （b）塔簧焊线位置

图 9.17　正极片和塔簧的焊接和装配

② 装配负极弹簧（即塔簧）。在距塔簧第一圈起始点 5mm 处镀锡，分别将 J_6、J_7、J_8 三根导线与塔簧进行焊接，如图 9.17（b）所示。

③ 电源线的连接。把电源线 CT_1 焊接至变压器交流 220V 的输入端，一定要将两个接点用热缩管进行绝缘，热缩管套上后须加热两端，使其收缩固定，如图 9.18 所示。

（a）下线   （b）绞合   （c）焊接   （d）套热缩管

图 9.18　电源线的接点用热缩管进行绝缘

④ 焊接 A 板与 B 板以及变压器上的所有连线。将变压器副边的引出线焊接至 A 板的 T—1、T—2；将 B 板与 A 板用 15 根排线对号按顺序进行焊接。

⑤ 焊接印制电路板 B 与电池片之间的连线。将 J_1、J_2、J_3、J_6、J_7、J_8 分别焊在 B 板的相应点上。

5. 进行整机装接

以上装配和焊接步骤全部完成后，按图 9.13 进行检查，确定正确无误后，再进行整机装接。按下述步骤将板插入机壳。

① 将焊好的正极片先插入机壳的正极片插槽内，然后将其弯曲 90°。

为防止电池片在使用中掉出，应注意焊线牢固，最好一次性插入机壳。

② 将塔簧插入槽内，要保证焊点在上面。在插左右两个塔簧前，应先将 J_4、J_5 两根线焊接在塔簧上后再插入相应的槽内。

③ 将变压器副边引出线放入机壳的固定槽内。

④ 用 M2.5 的自攻钉固定 B 板的两端。

6. 通电检查和技术指标的检测调试

（1）先进行目视检验

总装完毕，按原理图及工艺要求检查整机装配情况，着重检查电源线、变压器连线、输出连线及 A 和 B 两块印制电路板的连线是否正确、可靠，连线与印制电路板相邻导线及焊点有无短路及其他缺陷。

（2）通电检测

① 电压可调功能的检查：在十字头输出端测输出电压（注意电压表极性），所测电压应与面板指示相对应。拨动开关 K_1，输出电压应相应变化（与面板标称值误差在±10%为正常），并记录该值。

② 极性转换功能的检查：按面板所示开关 K_2 位置，检查电源输出电压极性能否转换，应与面板所示位置相吻合。

③ 带负载能力的检查：用一个 47Ω/2W 以上的电位器作为负载，接到直流电压输出端，串接万用表 500mA 挡。调节电位器，使输出电流为额定值 150mA；用连接线替下万用表，测此时的输出电压（注意将万用表换成电压挡）。将所测电压与①中所测值比较，各挡电压下降均应小于 0.3V。

④ 过载保护功能的检查：将万用表 DC500mA 挡串入电源负载回路，逐渐减小电位器阻值，面板指示灯 A 应逐渐变亮。电流逐渐增大到一定数时（大于 500 毫安）不再增大，则保护电路起作用。当增大阻值后，指示灯 A 熄灭，恢复正常供电。

过载时间不可过长，以免烧坏电位器。

⑤ 充电功能的检测：用万用表 DC 250mA（或数字表 200mA 挡）作为充电负载代替被充电电池，$LED_3 \sim LED_5$ 应按面板指示位置相应点亮，电流值应为 60mA（误差为±10%）。注意表笔不可接反，也不得接错位置，否则没有电流。稳压电源和充电器的面板功能和充电功能检测示意图如图 9.19 所示。

稳压电源和充电器两用电路的整机装配图如图 9.20 所示。

图 9.19　稳压电源和充电器的面板功能和充电电源检测示意图

图 9.20　稳压电源和充电器两用电路的整机装配图

【项目实训报告】

（1）画出本次实训所用稳压电源和充电器两用电路的电路原理图、整机布局图、整机电路配线接线图。

（2）写出各部分电路的工作原理及性能分析。

（3）对出现的故障进行分析。

（4）记录测量数据。

（5）写出实训体会。

训练项目 4　集成电路扩音机的装配与调试

项目要求

通过制作此电路，学生应掌握放大器电路系统的设计、装配及调试技能；熟悉音频功率放大集成电路的应用，加深对模拟电子技术知识的理解；通过对扩音机电路的装配和调试，提高综合运用电子技术知识的工程能力。

【技能目标】

（1）对扩音机电路有深刻理解。

（2）能对扩音机电路进行装配和调试。

（3）按照下列技术指标设计扩音机电路。

① 输入信号的灵敏度：0 ~ 5mV。

② 最大不失真输出功率：8W。

③ 负载阻抗：8Ω。

④ 频带宽度：BW 为 80 ~ 6000Hz。

⑤ 失真度：THD≤3%（在频带宽度内满功率）。

⑥ 音调控制功能：在 1kHz 为 0dB、在 100Hz 和 10kHz 处有各为正负 11dB 的调节范围。

项目相关知识

扩音机是音响系统中必不可少的重要设备，实际上是一个典型的多级放大器。扩音机的组成框图如图 9.21 所示。

一般情况下的输入信号非常微弱，为改善信噪比，提高扩音机的性能，一般在扩音机中都要设计一级前置放大级，简称前置级，前置级主要完成对小信号的放大。对前置级的要求

图 9.21　扩音机的组成框图

是输入阻抗高、输出阻抗低、频带宽度宽、噪声小。信号要再经过推动级激励放大。

音调控制级要按一定的规律提升和衰减输入信号中的高音和低音，调节放大器的频率响应，可达到美化音色的目的，以满足各人的音质欣赏要求。在音调控制网络之后一般要接一个音量控制电位器，用于调节扩音机输出音量的大小，以适应各种不同场合的要求。

最后一级是功率放大级，用来对信号进行功率放大，推动一定功率的扬声器发声。为使放大器能稳定的工作，在电路中都需要采用负反馈技术。

功率放大器的技术指标决定了整机的输出功率和非线性失真系数等指标，对功率放大器的要求是效率要高，失真要小，输出功率要满足要求。在进行扩音机的设计时，应首先根据技术指标的要求，对整机电路作适当的安排，确定各级的增益分配，然后再对各级电路进行具体设计。

因为该实训中，扩音机的最大输出功率是 P_{omax}=8W、负载阻抗是 8Ω，所以以依此可知扩音机的输出电压：

$$U_o = \sqrt{PR} = 8V$$

要使幅值为 5mV 的输入信号放大到 8V，所需要的总电压放大倍数应为：

$$A_v = 8V/5MV = 1600$$

可以将扩音机中各级放大器增益的分配为前置级电压放大倍数为 10，推动级电压放大倍数为 10，音调控制级电压放大倍数为 1，功率放大级电压放大倍数为 20，则总的电压放大倍数：

$$A_v = 10 \times 10 \times 1 \times 20 = 2000$$

项目实施

【项目实施器材】

（1）模拟电子实验箱　　　　　　　　　　　　　　1台/人。

（2）万用表　　　　　　　　　　　　　　　　　　1只/人。

（3）实验电源　　　　　　　　　　　　　　　　　1台/人。

（4）低频信号发生器　　　　　　　　　　　　　　1台/人。

（5）集成电路及其他元件的名称、型号及数量详如表 9.7 所示。

表 9.7　　　　　　　　扩音机电路主要器件的名称、型号及数量

序　号	名　称	型　号	数　量
1	高速低噪声集成双运放	CF353	1块
2	通用集成运放	CF741	1块
3	集成音频功率放大器	TDA2030	1块
4	输入信号控制电位器	WT-3-220kΩ-0.25W-X	1只
5	音调调节电位器	WT-3-470 kΩ-0.25W-Z	2只
6	带开关的音量电位器	WTK-5-22 kΩ-0.25W-D	1只
7	扬声器	YD200-3-15W-8Ω	1只
8	电阻、电容	详见各电路图	若干

【项目实施步骤】

1. 前置放大级的设计

扩音机的前置放大器电路采用集成运算放大器 A1 构成，考虑到对噪声和频率响应的要求，集成运算放大器选用双运放 CF353。CF353 是场效应管输入型的高速低噪声集成器件，其输入阻抗极高，用它做音频前置放大器十分理想。用 CF353 设计的前置放大器和推动放大器电路如图 9.22 所示。

图 9.22　前置放大器和推动放大器的电路图

因为前置放大级的电压放大倍数：

$$A_{v1} = 1 + R_3/R_2 = 11$$

所以可取 $R_2 = 10\text{k}\Omega$，$R_3 = 100\text{k}\Omega$。耦合电容 C_1、C_2 均取 10μF 即可。

2. 推动放大级的设计

推动放大级的作用是为功率放大级提供足够的推动信号，采用集成运算放大器 A2 构成。A1 和 A2 各用 CF353 双运放的二分之一。取 $R_5 = 10\text{k}\Omega$，$R_6 = 100\text{k}\Omega$，这样推动级的电压放大倍数：

$$A_{v2} = 1 + R_6/R_5 = 11$$

电阻 R_1 和 R_4 为放大器的偏置电阻，取 $R_1 = R_4 = 100\text{ k}\Omega$，耦合电容 C_4，C_5 均取 $100\mu\text{F}$，以保证扩音机的低频响应。

3. 音调控制级的设计

音调控制电路有多种形式，如衰减式音调控制、反馈式音调控制等电路，为简便起见，可采用集成运算放大器 CF741 和阻容元器件构成反馈式音调控制电路，其电路如图 9.23 所示。

图 9.23　反馈式音调控制电路

在图 9.23 中，R_{P1} 为低音调节电位器，R_{P2} 为高音调节电位器，电路中其他元件的选取要满足 C_1 和 C_2 的容量要远大于 C_3 的容量，R_{P1} 和 R_{P2} 的总阻值要远大于 R_1、R_2、R_3、R_4 的阻值的要求。

当输入信号的频率在低频区时，C_3 和 R_4 支路可视作开路，信号传输和反馈作用主要通过 R_3 以上的电路来完成。当 R_{P1} 的滑动端移至最左端时，为低频信号提升最大；当 R_{P1} 的滑动端在最右端时，为低频信号的衰减最大。

当信号频率在高频区时，C_1 和 C_2 可视作短路，C_3 和 R_4 支路开始起作用。当 R_{P2} 滑动端移至最左端时，高频信号提升最大；当 R_{P2} 滑动端移至最右端时，高频信号的衰减最大。

4. 功率输出级的设计

功率输出级的电路结构有许多种形式，选择分立元器件组成功率放大器或选用单片集成功率放大器均可。由于电子技术的迅速发展，目前市场上已有多种性能优良的集成功放产品，采用集成功放将使电路的设计变得十分简单，只需查阅手册便可得知功放块外围电路的元器件值。这里选用集成功率放大器 TDA2030 构成扩音机的功率放大输出级，其性能参数如表 9.8 所示，TDA2030 的引脚功能如图 9.24 所示。

散热片与 3 脚相连

图 9.24　TDA2030 的引脚功能

表 9.8　　　　　　　　　　　　　　TDA2030 的性能参数

参数名称	符　号	单　位	参　数　值			测　试　条　件
			最　小	典　型	最　大	
电源电压	V_{CC}	V	±6		±18	
静态电流	I_{CC}	mA		40	60	$V_{CC} = \pm 18\text{V}$，$R_L = 4\Omega$
输出功率	P_o	W	11	14		$R_L = 4\Omega$，THD = 0.5%
			8	9		$R_L = 8\Omega$，THD = 0.5%

续表

参数名称	符号	单位	参 数 值			测 试 条 件
			最 小	典 型	最 大	
输入阻抗	R_i	MΩ	0.5	5		开环，$f = 1kHz$
谐波失真	THD	%		0.2	0.5	$P_o = 0.1 \sim 11W$，$R_L = 4\Omega$
频率响应	BW	Hz	10		140K	$P_o = 11W$，$R_L = 4\Omega$
电压增益	G_v	dB	29.5	30	30.5	$f = 1kHz$

集成电路 TDA2030 是意大利 SGS 公司的产品，是大功率集成音频功率放大电路芯片，与性能类似的其他产品相比，它的引脚较少，外部元件很少，电气性能稳定可靠，能适应长时间的连续工作，并具有过载保护和热切断保护电路，对输出过载或短路现象均能起保护作用，不会损坏器件。TDA2030 还可以使用单电源工作，此时散热片可直接固定在金属片上与地线相通，无需进行绝缘隔离，应用十分方便。TDA2030 不仅适用于在较高级的收音机、收录机和家庭音响设备中作大功率高保真输出级，而且在自动控制系统和测控仪器中都有广泛的应用。TDA2030采用带散热片的单边双列 5 脚塑料封装，由 TDA2030 组成的典型 OTL 功率放大器电路如图 9.25所示。

图 9.25　TDA2030 组成 OTL 功率放大器电路

5. 功率放大器电路的装配和调试

将功率放大器电路的各个部分装配焊接起来，然后按照下列步骤进行调试。

① 首先照电路图检查电路的接线和元器件的装配是否正确可靠。

② 测试电路的各点静态直流电位是否正常，如 U_4 值应为 $V_{CC}/2$ 等。

③ 检查电路的音频输出波形是否失真，如果波形上部失真，则应检查自举电容是否接好或是损坏；如果波形上下都有失真，则应检查输入信号是否过大，整机放大倍数是否太大、负反馈回路是否开路；如电路产生高频振荡，则应检查消振电容是否接好或是损坏。

④ 电路的高音和低音调节及音量调节的检查。

⑤ 检查电路的功率输出，如果输出功率不够，应检查集成电路是否正常。

【项目实训报告】

（1）画出本次实训的扩音器电路原理详图、整机布局图、整机电路配线接线图。

（2）写出各部分电路的工作原理及性能分析。

（3）对出现的故障进行分析。

（4）记录测量数据。

（5）写出实训体会。

训练项目 5　正弦波信号发生器的装配与调试

项目要求

通过制作此电路，学生应掌握正弦波信号发生器的结构和工作原理，学会对运算放大器芯片的正确使用，掌握正弦波信号发生器的调试和测量方法。

【技能目标】

（1）按照正弦波信号发生器的电路图设计 PCB 图。

（2）对所用的元件进行正确测量。

（3）完成正弦波信号发生器的装配。

（4）完成正弦波信号发生器的调试与测量。

项目相关知识

采用集成运算放大器构成的正弦波信号发生器电路原理图如图 9.26 所示，图 9.27 所示为与其配套的电源电路。整个电路可以在面包板上焊接而成，也可自制 PCB 图，效果会更好，图 9.28 所示为可供参考的元件排列位置图和 PCB 图。

图 9.26　正弦波信号发生器电路原理图

图 9.27　电源电路图

图 9.28　正弦波信号发生器元件位置图和 PCB 图

　　由图 9.28 可见，正弦波信号发生器电路由两级构成。第一级是一个 RC 文氏桥振荡器，通过双刀四掷波段开关 ZK 切换电容进行信号频率的粗调，每挡的频率相差 10 倍。通过双连电位器 R_{P1} 进行信号频率的细调，在该挡频率范围内频率连续可调。R_{P2} 是一个多圈电位器，调节它可以改善波形失真。若将 R_4 改成阻值为 $3k\Omega$ 的电阻，则调节 R_{P2} 时，可以明显看出 RC 文氏桥电路的起振条件和对波形失真的改善过程。电路的第二级是一个反向比例放大器，调节单连电位器 R_{P3} 可以改变输出信号的幅度，本级的电压放大倍数最大为 5 倍，最小为零倍，调节 R_{P3} 可以明显看到正弦波信号从无到有直至幅度逐渐增大的情况。当然这级电路若采用同向比例放大器，则调节 R_{P3} 时，该级电路对前级信号源电路的影响明显减小，这是因为同向比例放大器的输入电阻比反向比例放大器的输入电阻大的多的缘故。通过正弦波信号发生器的制作，可以对电子电路的许多理论有更为深刻的理解和认识。

　　RC 文氏桥信号发生器的振荡频率由公式 $f=\dfrac{1}{2\pi RC}$ 决定。通过计算可知，这个电路能产生的信号频率范围为 $10Hz \sim 100kHz$，覆盖了整个音频范围，所以若将信号源的输出接在一个音频功率放大器上，从扬声器的发声情况，就可以了解人耳对次声波、音频波和超声波的不同反映。当然，若同时在信号发生器的输出端接一个示波器，就可以对频率的高低与声调的高低有更直观的认识。

项目实施

【项目实施器材】

　　整个正弦波信号发生器的元件清单如表 9.9 所示，若多波段开关买不到，也可以不用，只是整个电路的信号频率范围只能在一个波段内变化，至于信号到底在哪个波段，就看 RC 串并联网络中的哪两个相同容量的电容接在电路中了。若取电容为 C_{12} 和 C_{22}，则信号源的频率正好在音频范围内，为 $100Hz \sim 1kHz$。

表 9.9　　　　　　　　　　正弦波信号发生器元件清单

序　号	名　称	规　格	数量/个
1	磁片电容	104	4
7	高精度电容	$1.5\mu F$	2
8	高精度电容	$0.15\mu F$	2
9	高精度电容	$0.015\mu F$	2
10	高精度电容	$0.0015\mu F$	2
11	电解电容	$470\mu F/25V$	2
12	电解电容	$100\mu F/16V$	2
13	精密五环电阻	$1k\Omega\frac{1}{8}W$	2
14	精密五环电阻	$10k\Omega\frac{1}{8}W$	3
15	精密五环电阻	$5.1k\Omega\frac{1}{8}W$	1
16	多圈电位器	$5k\Omega$	1
17	三端集成稳压块	7812	1
18	三端集成稳压块	7912	1
19	集成运放	TL082	1

续表

序　　号	名　　称	规　　格	数量/个
20	双连电位器	10kΩ	1
21	单联电位器	50kΩ	1
22	波段开关	双刀四掷	1
23	电源变压器	双 12V/5W	1
24	电源线		1
25	电路板		1

【项目实施步骤】

1. 元器件装配

该电路元器件装配的难点有 3 个，一是波段开关上各个引线与 RC 串并联网络的电容的连接要正确，二是集成运算放大器的管脚识别要正确，三是三端集成稳压块 7812 和 7912 的管脚功能不同，要正确识别。双刀四掷波段开关上的各个掷之间互成 180° 角的两个电极是一对对应关系，应该分别连到一对相同容量的电容上。TL082 是高速精密双运算放大器，采用双列直插封装，在塑封的表面上有一个圆点，其对应的管脚就是 1 脚，然后按照逆时针顺序排列。电源板和信号发生器电路板之间要用三根导线进行电源的连接，保证供给 ± 12V 直流电。三端集成稳压块 7912 的管脚从左至右分别是地、输入端和输出端，而 7812 的管脚从左至右分别是输入端、地和输出端。

2. 电路调试

电路装配完毕并检查无误后即可进行调试。首先进行电源的调试，将变压器的初级接到 220V 交流电上，用万用表的直流电压挡分别直接测量三端集成稳压电路的输出，只要元器件本身和装配没有问题，应该有直流 ± 12V 电压的输出，若没有输出电压，则应该分别检查三端集成稳压块 7812 和 7912 的输入端有无 ± 15V 左右的直流电压。若有，则是 7812 和 7912 的问题，应该仔细检查 7812 和 7912 的连接是否正确，若连接正确，则肯定是 7812 和 7912 本身的问题，可用替换法进行判断。

3. 电路输出信号的测量

电源调试完毕后，将电源与电路板连接，先用万用表分别测量集成运算放大器 8 脚和 4 脚对地有无 ± 12V 的直流电压，若电压正常，则可以将信号发生器的输出端与示波器相连，选择示波器的频率和幅度挡位，再仔细调节 R_{P2}，即可看到正弦波形，要将此正弦波的失真调至最小。转动波段开关，信号频率应该有明显的变化，需要调节示波器才能保证对信号的跟踪，再仔细调节多圈电位器 R_{P2}，保证在任一波段都有基本不失真的正弦波形。在每个波段，调节双连电位器 R_{P1} 时，可以看出信号频率的缓慢变化。调节单连电位器 R_{P3}，可以明显看到信号幅度的变化，若幅度增大时信号失真，应再仔细调节 R_{P2}，使信号不失真为止。装配完成的信号发生器实物如图 9.29 所示。

【项目实训报告】

（1）按实训内容要求整理实验数据。

（2）画出实训内容中的电路图、接线图和测量所得的波形图。

（3）对下列问题进行讨论并给出解决方案：

① 能否将这个频率范围扩展为 10Hz ~ 100kHz？需要变动什么元器件？是否可以无限制地进行频率扩展？

② 为什么调节幅度旋钮 R_{P3} 时，信号的频率也会随之变化？如何让信号频率不随幅度的变化而变化？

③ 若信号发生器的 3 个波段都有信号产生，只有一个波段没有信号，故障可能发生在何处？

④ 若信号发生器的 4 个波段都没有信号产生，故障可能发生在何处？

图 9.29　装配完成的信号发生器实物

训练项目 6　荧光灯电子镇流器的装配与调试

项目要求

（1）熟悉荧光灯电子镇流器工作原理，提高识读电路图及电路板图的能力。

（2）通过对荧光灯电子镇流器的装配与调试，掌握生产工艺流程，提高焊接工艺水平。

（3）掌握电子元器件的识别及质量检验，学会故障判断及排除。

【技能目标】

（1）能读懂荧光灯电子镇流器电路图。

（2）能对照电路原理图看懂接线电路图。

（3）认识电路图上所有元件的符号，并与实物相对照。

（4）会测试元器件的主要参数。

（5）熟练进行元件装配和焊接。

（6）能按照技术要求进行电路调试。

产品相关知识

1. 荧光灯电子镇流器的电路组成

荧光灯电子镇流器电路的形式很多，但基本原理大致相同，荧光灯电子镇流器的电路框图如图 9.30 所示。

图 9.30　荧光灯电子镇流器的电路框图

220V 交流电源首先经过过压自动保护电路，当供电电网发生错相或因其他故障使电源电压升高，超过规定电压时，过压自动保护电路动作，起到过压自动保护作用。

高频谐波滤波器，可有效地避免电网受电子镇流器高次谐波的影响，还可以滤除电网中的高次谐波。

整流电路直接对 220V 交流电进行整流，减掉了电源变压器，大大减少了电路的体积和重量，也大大减少了电能损耗，节约了成本。

无源功率因数校正电路将高次谐波进行有效抑制，使电子镇流器的功率因数显著提高。电子镇流器的核心是主振荡器，起变频换能作用，将约 300V 的直流电，变换成频率为几十千赫兹的高频正弦波电压，使荧光灯管点燃工作。

输出镇流级主要抑制高频正弦波电压的峰值，其目的是延长荧光灯管的使用寿命。灯丝预热电路的作用是使荧光灯管在启辉前让阴极有一个延时预热时间。

2. 双灯管 40W 荧光灯电子镇流器电路分析

现在市场上广泛应用的是双灯管 40W 荧光灯电子镇流器，其电路原理图如图 9.31 所示。

220 V 交流电源经保险管 FU 和压敏电阻 R_V 组成的过压自动保护电路，送入高频谐波滤波器。电路工作正常时，压敏电阻 R_V 不导通，处于断路状态。当供电电网发生错相或因其他故障使电源电压升高，超过压敏电阻的压敏点时，压敏电阻立即出现短路导通状态，使供电电流突然增大，超过保险管 FU 的熔断点，保险管被熔断，起到过压自动保护作用。

电容器 C_1、C_2、C_3、C_4 与共模平衡电感器 B_1 组成高频谐波滤波器，可有效地避免电网受电子镇流器高次谐波的影响。另外，由于 B_1 及电容器 C_7 的滤波作用，电网中的高频干扰信号也能基本上被抑制和滤除。

4 只二极管 $VD_1 \sim VD_4$ 对 220V 交流电压进行桥式整流，C_7 担任电容滤波，其两端的直流电压大约在 300V。二极管 VD_5、VD_6、VD_7 和电解电容 C_5、C_6 组成无源功率因数谐波滤波器（也称无源功率因数校正电路），可以有效抑制尖峰脉冲波，使整流电路中产生的高次谐波得到有效抑制，使电子镇流器的功率因数显著提高。

电子镇流器的主振级采用双向触发二极管启动的串联推挽半桥式逆变电路，开关功率管 VT_1、VT_2 起变频换能作用。方波振荡能源的输出经 L_1、L_2 镇流线圈的限流及波形校正作用后，加到两个荧光灯管上的电压变成了频率为几十千赫兹的高频正弦波电压，使两个 40W 的荧光灯管点燃工作。

C_{12}、C_{13} 和 C_{14}、C_{15} 为两个荧光灯管串联谐振回路的启动电容器，为了增加耐压值，采用了两个电容器相串联的方法，使串谐电容器的耐压值增加了一倍，以免脉冲高压击穿。在串谐电容器 C_{12}、C_{13} 和 C_{14}、C_{15} 两端各并联一个正温度系数的热敏电阻，其目的是为了延长荧光灯管的使用寿命，在启辉前让阴极有一个延时预热时间。

在常温下，热敏电阻 R_{T1}、R_{T2} 的阻值为 160～350Ω。在电子镇流器接通电源的瞬间，高频振荡电流通过串谐电路 L_1、C_{12}、C_{13} 与 L_2、C_{14}、C_{15} 时，因热敏电阻的短路作用，电容器上不能产生高压，荧光灯管不能启辉。电流只能通过两个电感及热敏电阻加到两个荧光灯管的灯丝上，使灯丝进行预热。在灯丝预热过程中有电流通过热敏电阻 R_{T1} 和 R_{T2}，使热敏电阻的温度升高。当热敏电阻的温度上升到居里点时，热敏电阻的阻值急剧增大，可超过 10 MΩ，相当于开路状态。串联谐振回路的电容器与镇流线圈 L 立即发生谐振，在串联谐振回路的电容器两端产生高频脉冲高压，激发荧光灯管启辉点燃。

当灯管点燃以后，串联谐振回路的电容器又被点燃启辉后的荧光灯管较低的内阻短路，破坏了谐振条件，电路中的电感线圈 L 便转入镇流作用。此时串联谐振回路中的电容器相当于一个高阻值的电阻并联在荧光灯管两端，使灯管灯丝继续通过一个非常微弱的电流。

图 9.31　双管 40 W 荧光灯电子镇流器电路原理图

电路中的电阻 R_1 起低频平滑滤波作用，同时对整流电源中的脉冲浪涌电流进行缓冲。R_4 对双向触发二极管起到保护作用。

3. 荧光灯电子镇流器主要性能指标

① 工作电压范围：AC 150～250 V。

② 平均总消耗功率：40W。

③ 工作电流：≤400mA。

④ 功率因数 $\cos\phi$：0.92。

⑤ 流明系数：95%。

⑥ 三次谐波含量：≤33%。

⑦ 预热启动时间：0.4～1.5 s。

⑧ 外壳最高温度：60℃。

项目实施

【项目实施器材】

（1）荧光灯电子镇流器套件   1 套/人。

（2）万用表   1 台/人。

（3）焊接工具   1 套/人。

【项目实施步骤】

1. 清点元器件，并用万用表检查元器件质量

荧光灯电子镇流器所用的元器件清单如表 9.10 所示。

表 9.10   荧光灯电子镇流器主要元器件清单

元件名称	元件在电路图中的代号	元件参考型号	元件的主要参数		
				一次侧参数	二次侧参数
二极管	$VD_1 \sim VD_8$	1N4007	1A/1 000V		
	VD_9	双向触发	转折电压 16～30V		
	$VD_{10} \sim VD_{15}$	1N4007	1A/1 000V		
大功率三极管	$VT_1 \sim VT_2$	BUT11A	$P_{CM} \geqslant 70W$、$U_{CEO} \geqslant 400V$，两管对称		
压敏电阻	R_V	10K471	阈值电压 470V		
热敏电阻	R_{T1}、R_{T2}	MZ 开关型	常温 150～350Ω，居里点为 80℃～120℃		
谐波滤波电感器	B_1	自制	口形铁氧体磁芯	$N_1 = 200$ 匝	$N_2 = 200$ 匝
振荡电感器	B_2	自制	双孔铁氧体磁芯	$N_3 = 3$ 匝	N_4、$N_5 = 7$ 匝
镇流线圈	L_1、L_2	自制	E 形铁氧体磁芯	96 匝	5 匝
电阻器	R_1、R_{10}		$\frac{1}{4}$ W 电阻		
电容器	C_1、C_{15}		CBB 电容器和电解电容器（注意电容器的耐压）		

2. 小型电感器的制作

装配荧光灯电子镇流器时需自行制作 B_1、B_2、L_1、L_2 4 个小型电感器。制作要求方法及制作数据如下。

（1）谐波滤波电感器 B_1 的制作

选用锰锌铁氧体口形磁芯 1 套，以及与之配套的塑料骨架 1 个，中部由一塑料片隔开。绕制线圈时 N_1 与 N_2 绕组由中部塑料片隔开。线圈选用 0.36 mm 左右的高强度漆包线各绕 200 匝，绕线方向要一致。线圈绕在骨架中间并插入磁芯，磁芯间隙不要垫纸，用胶水粘固。线圈在使用时要注意头、尾不要接错。

（2）振荡电感器 B_2 的制作

选用锰锌铁双孔铁氧体磁环芯 1 个，其中三组线圈用 1.0～1.12 mm 的单股铜芯塑料线绕制。N_3 绕组在双孔磁环的中间绕 3 匝，N_4、N_5 绕组在双孔磁环的两侧各绕 7 匝，其绕制相位关系如图 9.32 所示。

（3）镇流线圈 L_1、L_2 的制作

选用 E 形锰锌铁氧体磁芯 2 套，以及与之配套的塑料骨架 2 个。每个线圈绕制时，选用 0.38mm 的高强度漆包线先绕 96 匝作为主线圈，再绕 5 匝作为副线圈，加绕的 5 匝副线圈作为调整主线圈的电感量用，两组线圈的绕线方向要一致。线圈绕好后，4 个出线端头绕焊在骨架的 4 个接线柱上，线圈的外面包裹一层绝缘胶布。线圈骨架穿入磁芯时，要在磁芯的空气隙垫 0.2～0.4mm 厚的绝缘纸，然后用胶水粘固，镇流线圈 L_1、L_2 磁芯的结构如图 9.33 所示。

图 9.32　振荡电感器 B_2 的绕组相位

图 9.33　镇流线圈 L_1、L_2 磁芯的结构

荧光灯电子镇流器元器件装配注意事项如下。

① 装配前对照元器件清单核对元件是否齐全，对电阻、电容、二极管、三极管、线圈等元器件要用万用表逐一检测其好坏。三极管 VT_1、VT_2 用螺钉固定在足够面积的散热器上，可选用如图 9.34 所示的铝散热片 2 套，在固定的同时要用导热绝缘的垫片垫在管子和散热器之间，并且保证与散热片绝缘良好。

② 装配前先绕制四个小型电感器，装配顺序建议从整流电路开始，按电阻、电容、保险管、压敏电阻、热敏电阻的顺序进行焊装，再将 B_1、B_2 及 L_1、L_2 焊装于电路板上。焊装时注意头、尾不能接错。二极管、三极管放在最后焊装。

图 9.34　铝散热片的尺寸

3. 荧光灯电子镇流器的调试步骤

① 电路板上的全部元器件焊装完毕后，对照电路图及印制电路板图仔细检查有无漏焊及错焊现象，特别是二极管、三极管、线圈的引脚有无接错，电容器的耐压、引脚有无接错，对有问题的部分进行修正。

② 在电子镇流器的输出端接好两个 40 W 直管荧光灯管，输入端串接 500 mA 交流电流表，给镇流器接入 220 V 的交流电源，打开电源开关，观察电流表。在电路正常情况下，刚接通电源

的瞬间电流指示值为 380 mA 左右，约 1s 的预热后，两只荧光灯管先后起辉点亮。此时电流表指示值应到 340 mA 左右，如果电流太高，可同时增大 L_1、L_2 的电感量。增大电感量的方法是把副线圈的头接到主线圈的尾，而将副线圈的尾接到电路中，这样等于增加了整个线圈的匝数，加大了电感量。如果整机电流太小，可同时减小 L_1、L_2 的电感量。

③ 调整 L_1、L_2 的电感量后，还要测试两个荧光灯管 EL_1、EL_2 及 L_1、L_2 的交流电压降。必须保证 $U_{EL1} = U_{EL2}$，$U_{L1} = U_{L2}$，以保证两个荧光灯管的功耗一致，亮度和寿命一致。

④ 整机电流调试完毕后继续调试中点平衡电压，使 VT_1、VT_2 的 c、e 极直流电压相等。方法是调换 VT_1、VT_2 的位置及微调电阻 R_3 的阻值。应该注意的是整机电流与平衡电压互相钳制，要反复调整，以达到最佳值为好。

⑤ 也可用示波器测试镇流器各点波形，但必须严格注意安全。各点参考波形如图 9.35 所示。

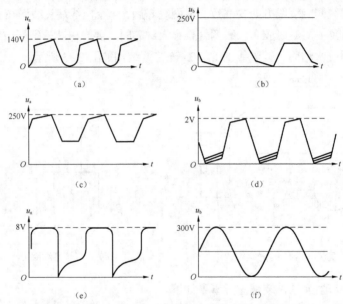

图 9.35 荧光灯电子镇流器各点的测试波形

⑥ 试用。最后可将调好的电路板装入合适的机壳中，穿出引线，接好电源和灯管，试用并观察有无不正常的现象，外壳是否太热等。

【项目实训报告】

（1）画出荧光灯电子镇流器各点的电路原理详图、整机布局图、整机电路配线接线图。

（2）写出荧光灯电子镇流器各点的各部分电路的工作原理及性能分析。

（3）对出现的故障进行分析。

（4）记录荧光灯电子镇流器各点的测量数据。

（5）写出设计制作荧光灯电子镇流器各点的实训体会。

训练项目7　摩托车防盗报警器的装配与调试

项目要求

本项目通过对摩托车防盗报警器的装配与调试训练，使学生了解一般报警器的实现方法，掌握基本的装配技艺，培养同学的实践技能。

【技能目标】

（1）了解摩托车电气部分的一般工作原理。

（2）掌握用可控硅制作报警器的一般方法，充分理解可控硅的特点。

（3）掌握集成时基电路 555 振荡器的工作原理。

（4）实际装配制作一台报警器。

项目相关知识

1. 摩托车防盗报警器的特点

摩托车防盗报警器的体积（不包括扬声器）只有香烟盒的一半，可隐装在摩托车体内任意位置。它的最大特点是无论盗贼用什么办法打开车头锁，便会立即报警，同时还能切断发动机的点火电源，使车辆无法启动。若盗贼重新将车头锁锁上，也无济于事。如果盗贼企图将锁死的摩托车放在其他车辆上盗走，只要车辆一搬动便同样报警不止。

2. 摩托车防盗报警器的工作原理

摩托车防盗报警器的电路如图 9.36 所示。SA 是与点火锁开关联动的锁控开关，SB 是随车头锁开启的锁控开关，SQ 是水银位置传感控制开关。继电器 K 与单向晶闸管 VS_1 等组成自锁开关电路，控制报警电路电源；555 时基集成电路 A 与 R_2、R_3、C 等组成无稳态自激多谐振荡电路，通过 VS_2 控制摩托车电扬声器 HA 发出断续的报警声。

当电路处于等待报警状态时，因只有电源开关 SA 接通，而 SB（车头锁锁死时相当于断开）、SQ 均处于断开状态，此时 VS_1 无工作电压，K 不吸动，整个报警电路无电不工作。当车头锁被打开时，SB 随之自动接通，VS_1 通过 R_1 从电源 G 的正极获得触发信号，VS_1 导通，K 通电吸合，其常开触点 KH 接通报警电路，使电扬声器 HA 发出断续报警声。转换触点 KZ 的常开触点闭合，相当于将 SB 自锁，此时即使将 SB 断开（即锁上车头锁），电源仍处于接通状态，只有断开 SA，警报声方能被解除；在 KZ 动作时，其常闭触点还同时切断了发动机点火电路，使摩托车无法启动。如果窃贼未打开车头锁，而搬动摩托车，随着 SQ 的瞬间导通，报警电路同样会按上面方式工作。

图 9.36   摩托车防盗报警器电路图

在这个摩托车防盗报警器的电路中，单向晶闸管 VS$_2$ 的关断，是借助摩托车电扬声器 HA 的自身结构完成的，因电扬声器发声是通过振动膜实现的，振动膜上连着使扬声器断续通电的自动触点开关。而 VS$_2$ 的控制极触发电压，则是由 A 和 R$_2$、R$_3$、C 组成的典型无稳态自激振荡电路来提供的。其工作过程为当电路刚接通电源时，由于 C 来不及充电，故 A 的低电位触发端第 2 脚处于低电平，导致输出端第 3 脚为高电平。此时 VS$_2$ 控制端经限流电阻器 R$_4$ 从 A 的第 3 脚获得触发信号，VS$_2$ 导通，HA 通电工作。当电源经 R$_2$ 和 R$_3$ 向 C 充电达到电源电压的 $\frac{2}{3}$ 以上时，与 C 正极相连的高电位触发端第 6 脚获得触发信号，A 复位，其输出端变为低电平，VS$_2$ 阻断，HA 停止发声。此时，A 内部放电管导通，C 经 R$_3$ 和放电管（第 7 脚）放电，当 C 两端电压降到电源电压的 $\frac{1}{3}$ 时，A 的第 2 脚获得低电平触发信号，第 3 脚又变为高电平，A 内部放电管又截止，C 再次经 R$_2$ 和 R$_3$ 充电，过程周而复始，形成振荡，并通过 VS$_2$ 控制 HA 发出有别于平常连续笛音的断续警报声。

项目实施

【项目实施器材】

（1）报警器套件　　　　　　　　　　　　　　1 套/人。

（2）万用表　　　　　　　　　　　　　　　　1 只/人。

（3）焊接工具　　　　　　　　　　　　　　　1 套/人。

【项目实施步骤】

1. 摩托车防盗报警器电路的元器件选择

A 选用 NE555 或 µA555、LM555、5G1555 等型 555 时基集成电路，它是一种模拟、数字混合集成电路，其引脚功能如图 9.37 所示。555 时基集成电路具有定时精确、驱动能力强、电源电压范围宽、外围电路简单及用途广泛等特点。

VS$_1$ 用 MCR100-1 或 BT169、2N6565 型单向晶闸管，VS$_2$ 用 KD3/100 或 CSM3B 型单向晶闸管，其他额定通态电流 $I_T \geqslant$3A、断态重复峰值电压 $U_{DRM} \geqslant$100V 的单向晶闸管也可直接代用。

R$_1$ ~ R$_4$ 均用 RTX-1/8W 型碳膜电阻器。C 用 CD11-16V 型电解电容器。SQ 用 KG-101 型玻璃水银导电开关。锁控开关 SA、SB 应根据摩托车情况自行加工制作。

图 9.37　555 时基集成电路的引脚功能图

K 选用适合在印制电路板上直接焊接的 JZC-22F/2Z 型超小型中功率电磁继电器，它的体积仅为 22.5mm × 16.5mm × 16.5mm，非常适合在这里使用。继电器的工作电压应与电源电压（即摩托车蓄电池电压）保持一致。

电源 G 借助于摩托车上的蓄电池，不再另外配置。HA 为摩托车原有电扬声器，它一物两用，并且使盗贼不易察觉报警器的存在。

2. 摩托车防盗报警器电路的制作与调试

图 9.38 所示为该报警器的印制电路板参考接线图，印制电路板实际尺寸约为 50mm×35mm。

图 9.38 报警器的印制电路板参考接线图

在电路板上焊好元器件后，检查无误，就可进行组装了。为了增加本报警器的防破坏能力，整个装置需隐装在车体内，所有连线均为隐蔽线。SA 选用合适的小型微动开关，把它装在点火锁开关盘内，要求与点火开关联动，即点火钥匙拔出时，SA 处于"通"位置；当点火钥匙插入锁内并转到点火位置时，SA 处于"断"位置。SB 选用微型自动复位式开关，装在车头锁的锁孔（管）内。当车头锁锁上时，其锁鞘将 SB 置于"断"位置；车头锁打开（即锁鞘拉出）时，SB 自动复位于"通"位置。玻璃水银式开关 SQ 装在车体内任意位置，要求车辆停放时内部接点处于"断"状态；一旦车辆被人搬动，即处于"通"位置（只要瞬间"通"一下，电路便被触发自锁）。

为防止警报声响起后盗贼切断摩托车扬声器的引线，可选一定长度的钢管，将其一头加工成扁口状，套住扬声器引线及两接线柱。

只要元器件良好，装配无误，接通电源并人为合上 SA、SB（或 SQ），报警电路即会正常工作。报警声响的长短与间歇时间通过改变 R_2 和 R_3、C 的数值来完成。按图 9.36 参数选择元器件，电扬声器 HA 每响 4.4s，就会间歇 2.2s，声音既响亮、又明显区别于一般电扬声器声。

本装置的使用方法很简单，只是开车锁有所要求。通常摩托车车头锁与点火锁是共用一把钥匙，先打开车头锁再去点火，点火钥匙放在点火锁内。使用本报警器后，需要两把相同的钥匙，即先将钥匙插入点火锁内并转到点火位置，然后再用另一把钥匙打开车头锁，即可开车了。锁车时，应先锁上车头锁，然后再把点火钥匙转到关位置拔出。这个操作顺序必须遵守，否则会发生误报警。电路一旦报警，只有接通摩托车点火锁开关（即断开 SA），方能解除警报声。

【项目实训报告】

（1）画出摩托车防盗报警器的电路原理详图、整机布局图、整机电路配线接线图。

（2）写出摩托车防盗报警器各部分电路的工作原理及性能分析。

（3）对出现的故障进行分析。

（4）记录摩托车防盗报警器电路各点的测量数据。

（5）写出制作摩托车防盗报警器的体会。

训练项目 8　声光两控延时电路的装配与调试

项目要求

通过制作此电路，学生应了解声光两控延时电路的工作原理，巩固所学的相关知识；熟悉焊接工具以及相关仪器设备的使用、维护、修理工作。

【技能目标】

（1）根据声光，两控延时电路的实际应用场所计算电路参数。

（2）选取元器件、识别和测试，包括各类电阻、电容、电感、（稳压）二极管、三极管和可控硅的数值、质量、电器性能的准确判断。

（3）根据声光两控延时电路实际外壳大小设计1∶1印制电路板布线图。

（4）设计制作声光两控延时电路的印制电路板。

（5）焊接调试声光两控延时电路。

项目相关知识

声光两控延时电路用声音的有无和光线的强弱来控制开关的通断，经过事先设计好的延时时间后，延时开关会自动关闭。因此，整个电路的功能就是将声音信号处理后，变为电子开关的开动作。另外还有一路检测信号，检测光线的强弱，只有在光线较弱时，声控开关才能开启。延时电路一般采用 RC 充放电电路。图 9.39 所示为声光两控延时电路的方框图。

图 9.39　声光两控延时电路的方框图

声光两控延时电路的电路原理图如图 9.40 所示。电路中的主要元器件是使用了数字集成电路 CD4011，其内部含有 4 个独立的与非门 $D_1 \sim D_4$，使电路结构简单。其内部结构如图 9.41 所示。

图 9.40　声光两控延时电路的电路原理图

二极管 $VD_1 \sim VD_4$ 将交流 220V 进行桥式整流，变成脉动直流电，又经 R_1 降压，C_2 滤波后即为电路的直流电源，为控制电路供电。

图 9.41 CD4011 内部结构图

为了使声光两控开关在白天开关断开，即灯不亮时，由光敏电阻 RG 等元件组成光控电路，R_5 和 RG 组成串联分压电路，白天光线强时光敏电阻的阻值很小，RG 两端的电压低，使与非门 D_1 的 1 脚为低电平，此时无论 2 脚有无信号，D_1 的输出 3 脚始终为高电平，经与非门 D_2 反相，使 4 脚始终为低电平，再经过 D_3、D_4 后，11 脚为低电平，可控硅没有触发信号，灯不亮。

当夜晚来临或环境无光时，光敏电阻的阻值很大，RG 两端的电压变高，使与非门 D_1 的 1 脚为高电平。这时若有人发出声响，则驻极体话筒拾取信号，使三极管截止，D_1 的 2 脚为高电平，D_1 翻转，输出变为低电平，D_2 输出 4 脚为高电平，为 C_3 快速充满电，同时，使 D_3 输出 10 脚为低电平，D_4 输出 11 脚为高电平，触发可控硅导通，灯亮。灯亮之后，光敏电阻立即接收到光信号，使与非门 D_1 的 1 脚为低电平，则 D_1 的输出 3 脚又为高电平，经与非门 D_2 反相，使 4 脚恢复为低电平，二极管 VD_5 截止，不再给电容 C_3 充电。此时电容 C_3 将通过 R_8 逐渐放电，当放电到使 8、9 脚为低电平时，10 脚变为高电平，使 D_4 输出 11 脚为低电平，可控硅没有触发信号。

但是此时可控硅不会因为没有触发信号而截止，真正使可控硅截止的是加在可控硅两端的脉冲直流电压。当这个脉冲直流电压过零点时，可控硅自动截止，灯熄灭，等待下一次触发。可见，在灯点亮的期间，可控硅是以 100 次每秒的频率导通截止的，只要触发信号还在，可控硅就以这种方式工作。灯泡中的灯丝电流也是以 100 次每秒的频率流通和截止的，只是由于灯丝的热惯性，人眼是看不出来灯的亮灭罢了。

灯亮时间的长短，取决于 C_3 和 R_8 的放电时间的长短，改变 R_8 或 C_3 的值，就可改变灯亮的时间。

项目实施

【项目实施器材】

（1）声光两控延时电路套件　　　　　　　　　　1 套/人。

（2）万用表　　　　　　　　　　　　　　　　　1 只/人。

（3）直流稳压电源　　　　　　　　　　　　　　1 台/人。

（4）焊接工具　　　　　　　　　　　　　　　　1 套/人。

【项目实施步骤】

1. 声光两控开关电路元器件的选择及检测

元器件的清单如表 9.11 所示。

表 9.11 声光两控开关电路元器件清单

序号	名称	型号规格	位号	数量	序号	名称	型号规格	位号	数量
1	集成电路	CD4011	IC	1块	10	电阻器	2.2MΩ、5.1MΩ	R_4、R_6	各1支
2	单向可控硅	100-6	T	1支	11	瓷片电容	104	C_1	1支
3	三极管	9014	VT	1支	12	电解电容	10μF/10V	C_2、C_3	2支
4	整流二极管	IN4001	$VD_1 \sim VD_5$	5支	13	前后盖、红面板			1套
5	驻极体	(54±2)dB	BM	1支	14	印制板、图纸			1套
6	光敏电阻	625A	RG	1支	15	元机螺丝	$\phi3 \times 6$		2粒
7	电阻器	10kΩ、120kΩ	R_6、R_1	2支	16	自攻螺丝	$\phi3 \times 8$		5粒
8	电阻器	47kΩ	R_2、R_3	2支	17	元机螺丝	$\phi3 \times 25$		2粒
9	电阻器	470kΩ、1MΩ	R_7、R_5	2支	18	铜接线柱、塑料螺丝盖			各2个

IC 选用 CMOS 数字集成电路 CD4011，其里面含有 4 个独立的与非门电路。VSS 接电源的负极，VDD 接电源的正极。可控硅 T 选用 1A/400V 的单向可控硅 100-6 型，如负载电流大，则可选用 3A、6A、10A 等规格的单向可控硅。单向可控硅的引脚排列外形如图 9.42 所示，它的测量方法是：用 "R×1" 挡，将红表笔接可控硅的负极，黑表笔接可控硅的正极，这时表应无读数。然后用黑表笔触一下控制极 K，这时表针应有读数，马上将黑表笔移开控制极 K，若这时表仍有读数（注意触控制极时，正负表笔是始终连接在可控硅上的），说明该可控硅是完好的。

图 9.42 单向可控硅引脚排列外形图

声音信号的获取是选用一般收录机上用的驻极体话筒。驻极体话筒的测量方法是：用 "R×100" 挡，将红表笔接驻极体话筒的外壳 S，将黑表笔接另一个电极 D，这时用口对着驻极体吹气，若表针有摆动，说明该驻极体完好，表针摆动越大，说明驻极体话筒的灵敏度越高。

光敏电阻选用的是 625A 型，用万用表的 "R×1k" 挡测量，有光照射时其电阻应在 20kΩ 以下，无光照射时其电阻值应大于 10M 以上，说明该元件是完好的。

二极管可采用普通的整流二极管 1N4004 ～ 1N4007，其电流为 1A，耐压在 400V 以上。其他元器件按图 9.40 上所示的标注即可。

2. 声光两控开关电路的装配

装配元件时，电阻采用卧装，电容采用直立装，紧贴电路板。焊接时注意先焊接无极性的阻容元件，再焊接有极性的元件如电解电容、话筒、整流二极管、三极管、单向可控硅等。

3. 声光两控开关电路的调试

调试前，先将焊好的电路板对照电路图认真核对一遍，不要有错焊、漏焊、短路、元器件相碰等现象发生。通电后，人体不允许接触电路板的任一部分，防止触电，注意安全。如用万用表检测时，只可将万用表的两表笔接触在电路板相应处即可。

声光两控开关电路的调试应先将光敏电阻用黑色纸盖住，将电路的接线端子 A 和 B 分别接在电灯的开关位上，用双手轻轻拍掌，这时灯应点亮；若将光敏电阻上的黑色纸拿掉，使光照射在光敏电阻上，灯应马上熄灭；此时再用手双手拍掌，即使是用力拍掌，灯也应该不亮。若在哪个环节上出现问题，则应仔细检查相应的电路，尤其是传感器件。

改变延时电路中的电容和电阻的大小，灯亮的时间应该有所变化。

【项目实训报告】

（1）画出声光两控开关电路的电路原理图、整机布局图、整机电路配线接线图。

（2）写出声光两控开关电路的工作原理。

（3）对出现的故障进行分析。

（4）记录测量数据。

（5）写出实训体会。

训练项目 9　数字万用表的装配与调试

项目要求

本项目通过数字万用表的装配与调试训练，学生应了解数字万用表的特点，熟悉装配数字万用表的基本过程，掌握基本的装配技艺，学习整机的装配工艺，培养实践技能。

【知识目标】

（1）了解数字万用表的特点和发展趋势。

（2）了解数字万用表的工作原理。

【技能目标】

（1）认识液晶显示器件。

（2）能根据数字万用表的技术指标测试表的主要参数。

（3）实际装配制作一台数字万用表。

项目相关知识

DT830B 型便携式 3 位半数字万用表是常用的数字式检测仪表。

9.9.1　DT830B 数字万用表的特点

DT830B 数字万用表的主要特点如下。

1. 技术成熟

DT830B 数字万用表的主电路采用典型的数字表集成电路 ICL7106，这个芯片在很多电路中得到应用，性能稳定可靠。

2. 性价比高

DT830B 数字万用表的制作技术成熟、应用广泛，达到的规模效益使产品的价格低到凡需要者都可拥有。DT830B 数字万用表还具有精度高、输入电阻大、读数直观、功能齐全、体积小巧等优点。

3. 结构合理

DT830B 数字万用表采用单板结构，集成电路 ICL7106 采用 COB 封装，只要具有一般的电子装配技术即可成功组装。

9.9.2　DT830B 数字万用表的工作原理

DT830B 数字万用表的电路原理图如图 9.43 所示。集成电路 ICL7106 的详细技术资料可查阅有关资料。

项目实施

【项目实施器材】

（1）DT830B 数字万用表套件（常州教学仪器厂有售）　　　　1 套/人。
（2）万用表　　　　　　　　　　　　　　　　　　　　　　1 只/人。
（3）直流稳压电源　　　　　　　　　　　　　　　　　　　1 台/人。
（4）焊接工具　　　　　　　　　　　　　　　　　　　　　1 套/人。

【项目实施步骤】

DT830B 数字万用表由机壳塑料件（包括上下盖、旋钮）、印制电路板部件（包括插口）、液晶屏和表笔等部分组成，组装能否成功的关键是装配印制电路板部件，整机装配流程如图 9.44 所示。

1. 装配印制电路板上元器件

DT830B 数字万用表的印制电路板是一块双面板，板的 A 面是焊接面，中间圆形的印制铜导线是万用表的功能和量程转换开关电路，如果铜导线被划伤或有污迹，则对整机的电气性能会有很大影响，必须小心加以保护。

具体装配步骤如下。

（1）装配电阻、电容和二极管

装配电阻、电容、二极管时，如果装配孔距 > 8mm（如 R_8、R_9、R_*、R_{21} 等，在丝印图上画有 "—" 标志或电阻符号），可进行卧式装配，如果孔距 < 5mm，则应进行立式装配（板上的其他电阻，在丝印图上画有 "○" 符号）。一般的片状电容亦采用立式装配。

（2）元器件在印制电路板上的装配方法

一般情况下，额定功率在 $\frac{1}{4}$W 以下的电阻可贴板装配，立式装配的电阻和电容元器件与 PCB 的距离一般为 0 ~ 3mm。

（3）装配电位器和三极管插座

三极管插座装在 A 面，而且应使定位凸点与外壳对准，在 B 面进行焊接。

图 9.43　DT830B 数字万用表电路原理图

图 9.44　DT830B 数字万用表的装配流程图

（4）装配保险座、插座、R_0 和弹簧

（5）装配电池线

电池线由板的 B 面穿到 A 面再插入焊孔，在 B 面进行焊接。红线接"+"，黑线接"-"。在进行焊接时，应注意焊接时间要足够但不能太长。

2. 装配液晶屏组件

液晶屏组件由液晶片、支架和导电胶条组成。液晶片的镜面为正面，用来显示字符，白色面为背面，在两个透明条上的可见条状引线为引出电极，通过导电胶条与印制电路板上镀金的印制导线实现电气连接。由于这种连接靠表面接触导电，因此导电面若被污染或接触不良都会引起电路故障，表现为显示缺笔划或显示为乱字符，所以在进行装配时，务必要保持清洁并仔细对准引线位置。支架是固定液晶片和导电胶条的支撑，通过支架上面的 5 个爪与印制电路板固定，并由四角及中间的 3 个凸点定位。

液晶屏组件的装配步骤如下。

① 将液晶片放入支架，支架爪向上，液晶片镜面向下。

② 安放导电胶条。导电胶条的中间是导电体，在安放时必须小心保护，用镊子轻轻夹持并准确放置。

③ 将液晶屏组件装配到 PCB 上。

3. 安装转换开关

转换开关由塑壳和簧片组成，要使用镊子将簧片装到塑壳内，注意两个簧片的位置是不对称的。

4. 组装其他元器件

① 装配转换开关、前盖。

② 用左手按住转换开关，双手翻转使面板向下，将装好的印制电路板组件对准前盖位置装入机壳，注意要对准螺孔和转换开关轴的定位孔。

③ 装配两个螺钉，固定转换开关，务必要拧紧。

④ 装配保险管（0.2A）。

⑤ 装配电池。

⑥ 贴屏蔽膜。要注意将屏蔽膜上的保护纸揭去，露出不干胶面，然后将其贴到后盖的里面。

5. 调试

数字万用表的功能和性能指标由集成电路的指标和合理选择外围元器件得到保证，只要装配无误，仅作简单调整即可达到设计指标。

调整方法 1：

在装后盖前将转换开关置于 200mV 电压挡，注意此时固定转换开关的 4 个螺钉还有 2 个未装，转动开关时应按住保险管座附近的印制电路板，防止在开关转动时将滚珠滑出。

将表笔插入面板上的孔内，测量集成电路第 35 引脚和第 36 引脚之间的基准电压（具体操作时

可将表笔接到电阻 R_{16} 和 R_{26} 的引线上测量），调节表内的电位器 R_{P1}，使万用表显示为 100mV 即可。

调整方法 2：

在装万用表的后盖前，将转换开关置于 2V 电压挡（注意防止开关转动时将滚珠滑出），此时，用待调整表和另一个数字表（已校准后的或 4 位半以上的数字表）测量同一个电压值（例如测量一节电池的电压），仔细调节表内的电位器 R_{P1}，使两块表显示的数字一致即可。

6. 总装

盖上万用表的后盖，装配好后盖上的两个螺钉，至此装配全部完毕。

【项目实训报告】

（1）画出 DT830B 数字万用表的电路原理详图、整机布局图、整机电路配线接线图。

（2）写出 DT830B 数字万用表各部分电路的工作原理。

（3）对出现的故障进行分析。

（4）记录测量数据。

（5）写出实训体会。

训练项目 10 8 路竞赛抢答器的装配与调试

项目要求

该项目通过对 8 路竞赛抢答器的装配与调试训练，使学生掌握多路竞赛抢答器电路的设计思路，会制定设计方案；掌握数字电路的设计、组装与调试方法；熟悉中小规模集成电路的综合应用；培养学生综合分析问题的能力和提高工程实践的能力。

【技能目标】

（1）用中小规模集成电路设计出一个 8 路竞赛抢答器电路。

（2）安装制作出 8 路竞赛抢答器电路。

（3）能实现 8 路竞赛抢答器电路设计目标。

项目相关知识

1. 8 路竞赛抢答器电路的总体设计方案

8 路竞赛抢答电路的总体设计参考框图如图 9.45 所示，电路由抢答器按键电路、8 线 - 3 线优先编码电路、锁存器电路、译码显示驱动电路、门控电路、"0" 变 "8" 变号电路和音乐提示电路共 7 部分组成。

当主持人按下再松开 "清除/开始" 开关时，门控电路使 8 线 - 3 线优先编码器开始工作，等待数据输入，此时优先按动开关的组号立即被锁存，并由数码管进行显示，同时电路发出音乐信号，表示该组抢答成功。与此同时，门控电路输

图 9.45 多路竞赛抢答器电路的总体设计参考框图

205

出信号，将 8 线 – 3 线优先编码器处于禁止工作状态，对新的输入数据不再接受。按照此设计方案设计的多路竞赛抢答器电路图如图 9.46 所示。

图 9.46　8 路竞赛抢答器电路图

2. 8 路竞赛抢答器电路的功能

（1）门控电路的功能

门控电路由基本 RS 触发器组成，接收由裁判控制的总开关信号，非门的使用可以使触发器输入端的 R、S 两端输入信号反相，保证触发器能够正常工作，禁止无效状态的出现。门控电路接收总开关的信号，其输出信号经过与非门 2 和其他信号共同控制 8 线 – 3 线优先编码器的工作。基本 RS 触发器可以采用现成的产品，也可以用两个与非门进行首尾连接来组成。

（2）各集成电路的功能

① 8 线 – 3 线优先编码电路 74LS148 的功能　8 线 – 3 线优先编码电路 74LS148 完成抢答电路的信号接收和封锁功能，当抢答器按键中的任一个按键 Sn 按下使 8 线 – 3 线优先编码电路的输入端出现低电平时，8 线 – 3 线优先编码器对该信号进行编码，并将编码信号送给 RS 锁存器 74LS279。8 线 – 3 线优先编码器的优先扩展输出端 Y_{EX} 上所加电容 C_2 的作用是为了消除干扰信号。

② RS 锁存器 74LS279 的功能。RS 锁存器 74LS279 的作用是接收编码器输出的信号，并将此信号锁存，再送给译码显示驱动电路进行数字显示。

③ 译码显示驱动电路 74LS48 的功能。译码显示驱动电路 74LS48 将接收到的编码信号进行译码，译码后的七段数字信号驱动数码显示管显示抢答成功的组号。

（3）抢答器按键电路的功能

抢答器按键电路由简单的常开开关组成，开关的一端接地，另一端通过 4kΩ 的上拉电阻接高电平，当某个开关被按下时，低电平被送到 8 线 - 3 线优先编码电路的输入端，8 线 - 3 线优先编码器对该信号进行编码。每个按键旁并联一个 0.01μF 的电容，其作用是防止在按键过程中产生的抖动所形成的重复信号。

（4）音乐提示电路的功能

音乐提示电路采用集成电路音乐片，它接受锁存器输出的信号作为触发信号，使音乐片发出音乐信号，经过三极管放大后推动扬声器发出声音，表示有某组抢答成功。

（5）显示数字的"0"变"8"变号电路

人们习惯于用第 1 组到第 8 组表示 8 个组的抢答组号，而编码器是对"0"到"7"8 个数字编码，若直接显示，会显示出"0"到"7"8 个数字，用起来不方便。采用或非门组成的变号电路，将 RS 锁存器输出的"000"变成"1"送到译码器的 A_3 端，使第"0"组的抢答信号变成 4 位信号"1000"，则译码器对"1000"译码后，使显示电路显示数字"8"。若第"0"组抢答成功，数字显示的组号是"8"而不是"0"，符合人们的习惯。由于采用了或非门，所以对"000"信号加以变换时，不会影响其他组号的正常显示。

3. 8 路竞赛抢答器电路的工作过程

在抢答开始前，裁判员合上"清除/开始"开关 S，使基本 RS 触发器的输入端 S = 0，由于有非门 1 的 0 作用，使触发器的输入端 R = 1，则触发器的输出端 Q 为 1，$\overline{Q}$ 为 0，使与非门 2 的输出为 1，74LS148 编码器的 ST 端信号为 1；ST 端为选通输入端，高电平有效，使集成 8 线 - 3 线优先编码器处于禁止编码状态，使输出端 Y_2、Y_1、Y_0 和 Y_{EX} 均被封锁。同时，触发器的输出端 $\overline{Q}$ 为 0，使 RS 锁存器 74LS279 的所有 R 端均为零，此时锁存器 74LS279 清零，使 BCD 七段译码驱动器 74LS48 的消隐输入端 $\overline{BI}/\overline{RBO}$ = 0，数码管不显示数字。

当裁判员将"清除/开始"开关 S 松开后，基本 RS 触发器的输入端 S = 1，R = 0，触发器的输出端 Q 为 0、$\overline{Q}$ 为 1，使 RS 锁存器 74LS279 的所有 R 端均为高电平，锁存器解除封锁并维持原态，使 BCD 七段译码驱动器 74LS48 的消隐输入端 $\overline{BI}/\overline{RBO}$ = 0，数码管仍不显示数字。此时，RS 锁存器 4 Q 端的信号 0 经非门 3 反相变 1，使与非门 2 的输入端全部输入 1 信号，则与非门 2 的输出为 0，使集成 8 线 - 3 线优先编码器 74LS148 的选通输入端 ST 为 0，74LS148 允许编码。从此时起，只要有任意一个抢答键按下，则编码器的该输入端信号为 0，编码器按照 BCD8421 码对其进行编码并输出，编码信号经 RS 锁存器 74LS279 将该编码锁存，并送入 BCD 七段译码驱动器进行译码和显示。

与此同时，74LS148 的 Y_{EX} 端信号由 1 翻转为 0，经 RS 锁存器 74LS279 的 4S 端输入后在 4Q 端出现高电平，使 BCD 七段译码驱动器 74LS48 的消隐输入端 $\overline{BI}/\overline{RBO}$ = 1，数码管显示该组数码。

另外，RS 锁存器 4 Q 端的高电平经非门 3 取反，使与非门 2 的输入为低电平，则与非门 2 的输出为 1，使 74LS148 的选通输入端 ST 为 1，编码器被禁止编码，实现了封锁功能。数码管只能显示最先按动开关的对应数字键的组号，实现了优先抢答功能。

8 路竞赛抢答器电路的工作状态如表 9.12 所示。

表 9.12   8 路竞赛抢答器电路的工作状态表

	门控电路			RS 锁存器								编码器		译码器	数码管
	S	R	$\overline{Q}$	1R	1S	2R	2S	3R	3S	4R	4S	ST	Y_{EX}	$\overline{BI}/\overline{RBO}$	
清除	0	1	0	0	×	0	×	0	×	0	×	1	1	0	灭
开始	1	0	1	1	1	1	1	1	1	1	1	0	1	0	灭
按键	1	0	1	1	Y2	1	Y1	1	Y0	1	1	1	0	1	显示

此外，当 74LS148 的 Y_{EX} 端信号由 1 翻转为 0 时，经 RS 锁存器 74LS279 的 4S 端输入后在 4Q 端出现高电平，触发音乐电路工作，发出音响。注意音乐集成电路的电源一般为 3V，当电压高于此值时，电路将发出啸叫声，因此在电路中需选用一个 3V 的稳压管稳定电源电压。R_4 为稳压管的限流电阻，音乐电路的输出三极管 VT 进行放大，驱动扬声器发出音乐。R_2、C_3 组成的微分电路为音乐电路提供触发信号，同时起到电平隔离的作用。

这个 8 路竞赛抢答器的电路图只实现了抢答成功后音乐提示和抢答组号的显示，功能还不够完善，还可以加上倒计时提示和记分显示电路，读者可自行研究设计，这里提示如下。

倒计时提示电路：可采用振荡电路产生的振荡信号作为加减计数器的计数脉冲，抢答开始时就进行预置时间，可以控制抢答电路的工作时间。

记分显示电路：可以用三位数码显示输出，采用加减计数器控制驱动电路，驱动三位数码管显示分数。

项目实施

【项目实施器材】

（1）数字逻辑实验箱   1 台/人。
（2）万用表   1 只/人。
（3）元器件清单如表 9.13 所示。

表 9.13   八路竞赛抢答器元器件清单

序 号	名 称	型 号	数 量
1	8 线－3 线优先编码器	74LS48	1
2	RS 锁存器	74LS279	1
3	4－7 段译码/驱动器	74LS48	1
4	共阴极数码管	BS205	1
5	4－2 输入与非门	74LS00	2
6	2－4 输入与非门	74LS20	1
7	3－3 输入与非门	74LS27	1
8	音乐片	KD-9300	1
9	电阻	4.7kΩ	11
10	电容器	0.01μF	11
11	晶体管	9013	1

续表

序　　号	名　　称	型　　号	数　　量
12	扬声器	8Ω/2W	1
13	面包板连线		若干
14	常开开关		9

【项目实施步骤】

① 复习有关数字电路的基本知识。

② 查找编码电路、锁存器、译码驱动电路等集成电路的有关资料，熟悉其内部组成和外围电路的接法。

③ 熟悉和掌握多路抢答器电路的设计思路，分析和理解整个电路的工作原理，熟悉电路的测量方法

④ 根据电路图，装配电路，检查无误后，通电进行检测，在各个集成电路正常工作后，进行模拟抢答比赛，查看数字显示是否正常，音乐电路是否正常工作。

⑤ 电路的基本功能实现后，再进行电路功能的扩展设计，并进行电路的装配和实验。

【项目实训报告】

（1）写出多路抢答器各部分电路的工作原理。

（2）画出8路抢答器电路的原理详图、元器件布局图和整机电路配线图。

（3）列出8路抢答器电路所用元器件的逻辑功能表和集成电路的引脚排列功能图。

（4）设计数据表格，将实测数值与理论计算值相比较，分析产生误差的原因。

（5）针对实训内容进行总结，对出现的故障进行分析，说明解决问题的方法。

训练项目11　数字电子钟的装配与调试

项目要求

本项目通过设计和安装数字电子钟，掌握设计简单数字系统的一般方法，对数字电子钟电路有深刻的理解。

【知识目标】

（1）了解数字电子钟电路的组成和工作原理。

（2）掌握设计简单数字系统的方法。

【技能目标】

（1）能完成数字电子钟电路的设计。

（2）能完成数字电子钟电路的装配和调试。

项目相关知识

1. 数字电子钟系统框图及逻辑电路的设计

数字电子钟的总体电路可划分为五部分：脉冲信号发生器、分频器、计数器（时、分、秒）、

译码显示电路和校时电路等，其总体电路框图如图 9.47 所示。按照这个框图设计的数字电子钟逻辑电路原理图如图 9.48 所示。

图 9.47 数字电子钟的总体电路框图

图 9.48 数字电子钟的逻辑电路原理图

2. 数字电子钟的各部分逻辑电路功能

（1）脉冲信号发生器

石英晶体振荡器的振荡频率最稳定，其产生的信号频率为 1MHz，通过整形缓冲级 G_3 输出矩形波信号。

（2）分频器

石英晶体振荡器产生的信号频率很高，要得到 1Hz 的秒脉冲信号，则需要进行分频。图 9.48 采用 6 个中规模计数器 74LS90，将其串接起来组成 10^6 分频器。每块 74LS90 的输出脉冲信号为输入信号的十分频，则 1MHz 的输入脉冲信号通过六级分频正好获得秒脉冲信号，秒信号送到计数器的时钟脉冲 CP 端进行计数。

首先，将 74LS90 连成十进制计数器（共需 6 块），再把第一级的 CP_1 接脉冲发生器的输出端。第一级的 Q_d 端接第二级的 CP_1，第二级的 Q_d 端接第三级的 CP_1……第六级的输出 Q_d 就是秒脉冲信号。

（3）计数器

秒计数器采用两块 74LS90 接成六十进制计数器，如图 9.49 所示。分计数器也采用两块 74LS90 接成六十进制计数器。时计数器则采用两块 74LS90 接成二十四进制计数器，如图 9.50 所示。秒脉冲信号经秒计数器累计，达到 60 时，向分计数器送出一个分脉冲信号。分脉冲信号再经分计数器累计，达到 60 时，向时计数器送出一个时脉冲信号。时脉冲信号再经时计数器累计，达到 24 时进行复位归零。

图 9.49　74LS90 接成六十进制计数器

图 9.50　74LS90 接成二十四进制计数器

（4）译码显示电路

时、分、秒计数器的个位与十位分别通过每位对应一块七段显示译码器 CC4511 和半导体数码管，随时显示出时、分、秒的数值。

（5）校时电路

在图 9.48 中设有两个快速校时电路，它是由基本 RS 触发器和与或非门组成的控制电路。电子钟正常工作时，开关 S_1、S_2 合到 S 端，将基本 RS 触发器置"1"，分、时脉冲信号可以通过控制门电路，而秒脉冲信号则不可以通过控制门电路。当开关 S_1、S_2 合到 R 端时，将基本 RS 触发器置"0"，封锁了控制门电路，使正常的计时信号不能通过控制门电路，而秒脉冲信号则可以通过控制门电路，使分、时计数器变成了秒计数器，实现了快速校准。

该电路还可以附加一些功能，如进行定时控制、增加整点报时功能等。整点报时功能的参考设计电路如图 9.51 所示。此电路每当"分"计数器和"秒"计数器计到 59 分 50 秒时，便自动驱动音响电路，在 10s 内自动发出 5 次鸣叫声，每隔 1s 鸣叫一次，每次叫声持续 1s，并且前 4 声的音调低，最后一响的音调高，此时计数器指示正好为整点（"0"分"0"秒）。音响电路采用射极跟随器推动扬声器发声，三极管的基极串联一个 1kΩ 限流电阻，是为了防止电流过大烧坏扬声器。三极管选用高频小功率管，如 9013 等。报时所需的 1kHz 及 500Hz 音频信号分别取自前面的多级分频电路。

图 9.51 整点报时功能的参考设计电路

项目实施

【项目实施器材】

（1）数字逻辑实验箱   1台。

（2）万用表   1只。

（3）数字电子钟电路所用元器件的名称、型号及数量如表 9.14 所示。

表 9.14   数字电子钟电路所用元器件的名称、型号及数量

序 号	名 称	型 号	数 量
1	二-五-十进制计数器	74LS90	11
2	七段显示译码器	CC4511	6
3	半导体共阴极数码管	BS202	6
4	两输入四与非门	74LS00	2
5	六反相器	74LS04	1
6	双路 2-2 输入与或非门	74LS51	1

续表

序 号	名 称	型 号	数 量
7	电阻	680kΩ	2
8	电阻	100kΩ	1
9	石英晶体振荡器	1MHz	1
10	电容、可变电容	220pF、8～16pF	各1

【项目实施步骤】

1. 整机电路的装配

将数字钟的 5 个部分按图 9.48 所示连接好，电路检查无误后，可通电进行调试。

2. 整机电路的调试

调试可分级进行，步骤如下。

① 用数字频率计测量晶体振荡器的输出频率，用示波器观察波形。

② 将 1MHz 信号分别送入分频器的各级输入端，用示波器检查分频器是否工作正常，若都正常，则在分频器的输出端即可得到"秒"信号。

③ 将"秒"信号送入秒计数器，检查秒计数器是否按 60 进位；若正常，则可按同样的办法检查分计数器和时计数器；若不正常；则可能是接线问题，或需更换集成块。

④ 各计数器在工作前应先清零。若计数器工作正常而显示有误，则可能是该级译码器的电路有问题，或计数器的输出端 Q_d、Q_c、Q_b、Q_a 有损坏。

⑤ 装配调试完毕后，将时间校对正确，则该电路可以准确地显示时间。

【项目实训报告】

（1）画出数字电子钟的整个电路的逻辑电路图。

（2）写出数字电子钟的各部分电路的工作原理。

（3）画出整机布局图、整机电路配线图。

（4）根据故障现象进行分析，写出排除方法。

训练项目 12　黑白电视机的装配与调试

项目要求

本项目通过对一台黑白电视机的装配与调试，学生应深刻了解电子产品整机的装配过程，对各个部分电路的工作原理有深刻理解，掌握电路的调试方法，学习测量仪器的使用。

【知识目标】

（1）熟悉黑白电视机的组成及其工作原理。

（2）学习识读电子产品整机电路图及印制电路板图的能力。

（3）通过对黑白电视机的装配及调试，了解一般电子产品的生产工艺流程，提高焊接工艺水平。

（4）掌握电子元器件的识别及质量检验，学会对一般电子产品的故障判断及排除方法。

【技能目标】

（1）能读懂黑白电视机电路图，掌握各部分电路的工作原理。

（2）能对照电原理图看懂接线电路图。

（3）认识电路图上的符号，并能与实物相对照。

（4）能根据电路的技术指标测试各元器件的主要参数。

（5）能独立完成黑白电视机的装配焊接。

（6）能按照技术要求进行电路调试。

项目相关知识

1. ZX2035 型 5.5 英寸黑白电视机方框图和专用集成电路功能

ZX2035 型 5.5 英寸小屏幕黑白电视机采用大规模单片黑白电视机集成专用电路 CD5151CP（或 CSC5151P），由于该芯片把所有小信号处理电路都集成在一起，因此电路具有代表性，外围元件少，调试比较简单等优点。

（1）ZX2035 型黑白电视机的方框图

ZX2035 型 5.5 英寸黑白电视机方框图如图 9.52 所示。

图 9.52　ZX2035 型 5.5 英寸黑白电视机方框图

（2）专用集成电路 CD5151CP 的功能及内部框图

黑白电视机专用集成电路 CD5151CP 是将图像中频电路、伴音中频电路、调谐器 AFC 电路与偏转小信号处理电路集成于一个芯片上的集成元器件，且能提供 RF_{AGC} 信号输出。CD5151CP 集成电路采用 28 脚双列塑料封装，其工作电压范围为 8～12V（典型值为 10V）。集成电路 CD5151CP 引脚排列及功能如图 9.53 所示，其内部框图如图 9.54 所示。

图 9.53　集成电路 CD5151CP 引脚排列及功能

图 9.54　集成电路 CD5151CP 内部框图

集成电路 CD5151CP 各引脚直流电压及对地电阻值如表 9.15 所示。

表 9.15　　　　　　集成电路 CD5151CP 各引脚直流电压及对地电阻值

引脚序号	功　能	备　注	直流电压		对地电阻
			无信号	有信号	黑笔接地
1	图像中频信号输入 1		4.8V	4.8V	1.3kΩ
2	RF_{AGC} 延迟周整		5.8V	5.8V	1.2kΩ
3	RF_{AGC} 输出		2V	3.1V	1.2kΩ
4	IF_{AGC} 外接滤波元器件		5.8V	5.2V	1.2kΩ
5	复合全电视信号输出		4.5V	3.2V	1kΩ
6	同步分离电路信号输入		6V	6.5V	1.3kΩ
7	伴音第 2 中频信号输入		3V	3V	1.6kΩ
8	伴音中频偏置		3V	3V	1.4kΩ

续表

引脚序号	功能	备注	直流电压		对地电阻
			无信号	有信号	黑笔接地
9	伴音第2中频信号输出		4.5V	4.5V	1.4kΩ
10	伴音鉴频输入		4.5V	4.5V	1.3kΩ
11	音频信号输出		3.2V	2.4V	1.3kΩ
12	AFT 输出	未用			
13	外接 AFT 中周	未用			
14	外接视频检波中周		6.4V	6.4V	1kΩ
15	外接视频检波中周		6.4V	6.4V	1.1kΩ
16	电源电压 2		9.5V	9.5V	800Ω
17	行激励输出		1.2V	1.2V	1.2kΩ
18	行振荡器		5V	5V	1.3kΩ
19	行 AFC 输出		3.6V	4.8V	1.2kΩ
20	电源电压 1		9.6V	9.6V	700Ω
21	地		0	0	0
22	行逆脉冲输入		3.1V	3.1V	1.4kΩ
23	同步分离输出	未用			
24	场同步控制		5V	4.8V	1.3kΩ
25	锯齿波反馈		0.4V	0.4V	1.1kΩ
26	场激励输出		3.5V	3.4V	1.2kΩ
27	X 射线保护	未用	0	0	
28	图像中频信号输入 2		4.8V	4.8V	1.3kΩ

2. ZX2035 型黑白电视机信号流程

ZX2035 型 5.5 英寸黑白电视机电路原理如图 9.55 所示。

射频全电视信号由天线接收后送入电调谐高频头 TDQ 的 1 脚，高频信号（48 MHz 以上）在这里经过高放、混频后变成 38 MHz 的图像中频信号和 31.5 MHz 的第一伴音中频信号，然后从 9 脚输出送到中放管 VT$_1$ 进行中放。VT$_1$ 的输出信号送到 SBM，SBM 为声表面滤波器，它具有电视机所要求的特殊的频率特性，只能让包含 38 MHz 的图像中频和 31.5 MHz 第一伴音中频信号的 8M 带宽信号通过，其他频率的信号则被滤除或被吸收。

中频信号经过声表面滤波器 SBM 后，信号进入 IC$_1$ 集成电路 1 脚和 28 脚，经内部信号处理后由 IC$_1$ 集成电路 5 脚输出复合全电视信号（包括 0～6 MHz 视频信号、6.5 MHz 第二伴音信号、行场同步信号等）。其中，一部分送至末级视放管 VT$_8$ 进行图像信号放大，放大后再输入显像管阴极。这个信号的瞬时值就代表屏幕上某一像素的亮度（改变阴极发射电子的强弱）。另一部分送至 IC$_1$ 集成电路 6 脚进行同步分离，同步信号分离出来后，对行、场振荡器的频率进行控制，使行、场振荡的频率和相位与电视台发射的信号保持严格一致（做到同频、同相），只有这样才能在屏幕上形成完整的图像。

还有一部分信号通过 C$_{17}$、Y$_1$（6.5 MHz 陶瓷滤波器）送入伴音通道进行伴音解调，解调后的伴音信号再送入 IC$_2$ 集成电路进行放大，放大后的信号去推动扬声器，使扬声器发出声音。

图 9.55　ZX2035 黑白电视机电路原理图

注：图中电容未标单位的其单位均为 pF

3. ZX2035型黑白电视机各部分电路工作原理

（1）电源供电电路

ZX2035型黑白电视机电源电路原理图如图9.56所示。变压器B_{01}将220V交流电降压为12V，经4只二极管$VD_{20} \sim VD_{23}$进行桥式整流、电容C_{21}滤波后得到直流电。VT_2为稳压电路的调整管，VT_3为推动管，VT_4为取样放大管，VT_{11}为基准稳压管，其稳压值作为准电压源。R_{23}、R_{28}和R_{P4}组成取样回路，调整R_{P4}的阻值可以改变稳压电源的输出电压，调整范围在$9 \sim 12V$。本机的额定输出电压为10.8V。

图9.56　ZX2035型黑白电视机电源电路原理图

（2）高频调谐器及附属电路

本机采用UVD6201-RB型全频道电子调谐器，共有10个引脚，1脚为天线输入端，2脚为AGC自动增益控制器，3、5、6脚分别是波段选择控制端，波段选择电压为9.1 V，4脚是调谐电压引入端，8脚是高频调谐器供电端，其工作电压为9.1 V，9脚为电视中频信号输出端，10脚接地，7脚闲置不用。

接收无线电视信号时，天线接收的高频信号经ANTIN插座和电容器C_{27}送入高频头1脚。接收有线电视信号时，将有线电缆插头接入ANTIN插座，动触片与天线就自动断开，将有线电视信号经C_{27}接入高频头1脚。

高频头4脚是调谐电压输入端，调谐电路由$2R_{P2}$、R_8、R_{27}、C_7、VD_{12}等元件组成。行输出变压器7脚经VD_{18}整流和C_{56}滤波后输出+120 V的电压，经稳压二极管VD_{12}、电阻R_8得到33V的电压。$2R_{P2}$组成的调谐电路将33 V分压后送给高频头4脚，4脚电压在$0 \sim 30 V$之间变化。

电源电压提供的10.8 V电压，经R_{11}得到9 V电压，作为高频头的工作电压和波段选择电压，分别送给高频头8脚和波段开关。

（3）公共通道

从高频调谐器9脚输出的中频信号（图像中频信号和第一伴音中频信号），通过C_4送入预中放进行放大，放大后由VT_1集电极输出，经C_2耦合至SBM声表面滤波器，通过声表面滤波器形成中放特性曲线后，送入IC_1集成电路1脚和28脚，经IC_1内部三级图像中频放大器放大后，直接加至视频检波器。检出的视频信号在预视放电路中进行放大，经噪声抑制电路去除噪声后从5脚输出，再经R_{49}耦合至视放输出电路。

在IC_1内部，噪声抑制电路输出的另一路信号加至中频AGC、高放延迟AGC电路进行处理，得到高放延迟AGC电压，从3脚输出，经R_9送到高频头的AGC端。其中，R_9为隔离电阻，C_{20}为滤波电容，C_9为高频旁路电容。2脚外接电位器R_{P19}用来调整高放AGC延迟量。R_{12}、R_{13}为分压电阻，C_{13}为旁路电容。4脚外接的RC电路C_{14}、R_{14}决定了AGC滤波电路的时间常数。

（4）视频放大电路

VT_8 是视放输出管，由于这一级要求输出信号幅度很大，因此集电极电源电压需 50 V 左右。VT_8 接成阻容式耦合共发射极电路。C_{45} 是输出耦合电容。R_{51} 是集电极负载电阻，它的阻值对放大器的增益、通频带的带宽影响很大，阻值愈大，增益愈高，通频带愈窄。

在对比度较小时，全电视信号中的消隐脉冲不足以使显像管电子束完全截止，从而画面上会出现回扫线。为了防止这种现象的发生，在视放输出管上还加有消隐电路。消隐电路利用行、场扫描逆程脉冲来消除光栅上的回扫线。

本机消隐脉冲加在视放输出管的发射极，行扫描逆程脉冲是由行输出变压器的 3 脚通过 R_{58} 加到 VT_8 的发射极，场扫描逆程脉冲通过 R_{34}、VD_{17} 加到 VT_8 的发射极。当行或场逆程正脉冲到来时，视放输出管截止，集电极呈现高电位，有效地消除了逆程回扫线。视放输出管加上消隐电路之后，即使没有电视信号输入，光栅上也不会出现回扫线。因此，光栅上是否有回扫线可以当作判别视放输出管是否正常的一个重要标志。

CONT 是对比度调节电位器。OC_3 是隔直电容，提供交流信号通路。R_{54} 和 R_{55}、R_{57}、CONT 形成交流并联电路，控制放大器的交流反馈量，从而控制放大器的增益。OC_3 是高频补偿电容器。R_{51} 为限流电阻，当显像管内部打火时，限制短路电流的幅度，起到一定的保护作用。

（5）伴音通道

第一伴音中频信号（31.5 MHz）在 IC_1 内部检波级与图像中频信号（38 MHz）相差一个第二伴音中频信号（6.5 MHz），从 IC_1 集成电路 5 脚输出。这一信号通过 C_{17}、6.5 MHz 带通滤波器 Y_1 取出第二伴音中频信号送入 IC_1 集成电路 7 脚。8 脚也是伴音中频放大电路的一个引脚，但由于它的外电路中接入 C_{18}、C_{19} 交流旁路电容，因此变成了单端输入式差分放大器电路。7 脚和 8 脚之间的电阻 R_{17}、R_{18} 为内部电路中伴音中频放大器的偏置电阻。

9 脚和 10 脚之间所接元件 B_1 为内峰值鉴频器电路所需的线性电抗变换电路（鉴频回路）。鉴频器处理后得到的音频信号从 11 脚输出，通过 R_{20}、C_{85}、R_{87}、音量电位器 $2R_{P1}$、C_{82} 加至集成电路 IC_2（D386）3 脚，进行音频信号放大。

IC_2 是一块音频功放集成电路，它在电源电压为 9V，扬声器阻抗为 8Ω 时输出功率可达 0.7W。IC_2 是单排 8 脚封装的集成电路。3 脚为音频输入端；5 脚为音频功放输出端，放大的音频信号通过电容器 C_{87} 耦合至扬声器，发出电视伴音声音；2、4 脚接地；6 脚为电源输入端，通过 R_{83}、C_{86} 滤波电容器输入 9V 的电源电压。

（6）显像管及其供电电路

显像管是一种电真空器件，它由电子枪、玻璃外壳、荧光屏 3 部分组成，显像管结构示意图如图 9.57 所示。电子枪的作用是发射电子并使它们聚集成电子束，打在荧光屏上。电子枪由灯丝、阴极、栅极（控制极）、第一阳极（加速极）、第二阳极（高压极）和第三阳极（聚焦极）组成。

阴极（K）是一个小金属圆筒，顶端涂有发射自由电子的氧化物，筒内装有加热灯丝。当灯丝通电后，烤热阴极表面氧化物层，使之发射电子。

显像管共有 7 个引脚，其排列顺序和功能与普通黑白电视机显像管完全相同。1 脚和 5 脚是栅极，电压为 0 V（接地）。2 脚是阴极，电压在 27 ~ 33 V 之间变化；3 脚和 4 脚内接灯丝，两脚间交流电压为 9 V 左右；6 脚是加速极，电压为 120 V 左右；7 脚是聚焦极，电压为 0（接地）。

（7）场扫描电路

由 CD5151CP 集成电路内同步分离级输出的复合同步信号直接加至场触发电路，经处理后得

图 9.57　显像管结构示意图

到的场同步信号又加到场振荡电路，用以控制场振荡器的频率和相位，使其与发送端保持一致。场振荡器产生的振荡信号直接加到场激励级进行放大，然后从 26 脚输出（场频锯齿波信号），送到由分立元件构成的场输出电路。其中 24 脚外接场振荡频率，25 脚输入场频锯齿波反馈信号。可调电位器 R_{P5} 是用来进行场幅（场线性）调整的，调整 R_{P5} 电阻值的大小，就可以改变负反馈量的大小，从而可以调整补偿量的大小（进行场线性调整），而负反馈量的大小又决定了场频锯齿波信号幅度的大小，因此能同时进行场幅的调整。

本机场输出由分立元件组成，是典型的互补型 OTL 输出电路。电路中 VT_6、VT_7 是输出管，R_{35}、R_{36} 分别是 VT_6、VT_7 的发射极电阻，具有交直流负反馈作用；VT_5 是场输出推动管，R_{30}、R_{37} 是 VT_5 的偏置电阻，调整电阻 R_{30} 的阻值，可改变中点电位。R_{31}、VD_{14} 正向导通电阻是 VT_5 的集电极电阻；R_{32}、VD_{14} 上的压降给 VT_6、VT_7 提供静态偏置，使 VT_6、VT_7 管处于临界导通状态，可克服交越失真；C_{37} 是交流耦合电容。

（8）行扫描电路

CD5151CP 集成电路 5 脚输出的复合全电视信号进入 IC_1 内的同步分离电路中，由同步分离电路进行处理得到的复合同步信号直接加至行检相器电路，与 22 脚输入的逆程脉冲信号进行比较，得到的检相误差电压从 19 脚输出，经 R_{45} 送入 18 脚，进入 IC_1 内的振荡电路。18 脚外接的 C_{68}、R_{44}、R_{P7} 为定时元件，其中 C_{68} 为定时电容，R_{P7} 为行频调整电位器。由行频输出变压器 5 脚送出的行逆程脉冲通过 C_{45}、R_{65} 加入 22 脚，用以控制行振荡的频率和相位，使其与发送端保持一致。行振荡产生的行脉冲信号直接加至行激励电路中进行放大，从 17 脚输出行脉冲信号，加到由分立元件构成的行推动级和行输出级。

VT_9 为行激励晶体管，工作在截止和饱和状态。由 CD5151CP 集成电路 17 脚输出的行激励信号，经 R_{52} 控制 VT_9 的基极，使 VT_9 工作在截止和饱和状态。R_{53} 为 VT_9 的集电极负载电阻，通过 C_{12} 耦合至 VT_{10} 基极。VT_{10} 是行输出管，VT_{13} 为基极输入回路，其作用是吸收反势电压和抑制高频自激。C_{34} 是 S 校正电容，VD_{15} 是升压二极管，C_{54} 是升压电容，VD_{16} 是阻尼二极管，与 VD_{16} 并联的涤纶电容器 222J 和 223J 是逆程电容器，调节其大小就可调整行幅的大小。

本机行输出变压器的型号为 BSH8-6B，共有 10 个引脚。1 脚接阻尼二极管 VD_{16}；2 脚输出交流 6.3 V 显像管灯丝电压；3 脚接行输出管集电极、行偏转线圈和行消隐脉冲信号输出。4 脚接地；7 脚经 VD_{18} 整流后输出 50 V 中压，提供给末级视放等电路，经 VD_{18}、C_{56} 整流滤波后输出 120 V 左右的电压，提供给显像管加速极和亮度控制电路，经 VD_{18}、C_{56} 整流滤波后输出 120 V 电压，经 R_{59}、R_{60}、BRIG 分压后得到可调的 $27 \sim 33$ V 电压，通过 R_{51} 加入显像管阴极；9 脚和 10 脚分别接升压二极管 VD_{15} 和升压电容 C_{54}，形成自举回路。高压阳极所需的电压是由行输出变压器的高压包输出的高压脉冲，经整流和显像管管壳电容滤波后提供。

项目实施

【项目实施器材】

（1）5.5 寸黑白电视机套件	1 套/人。
（2）万用表	1 只/人。
（3）直流稳压电源	1 台/人。
（4）焊接工具	1 套/人。

【项目实施步骤】

1. 元件的装配与焊接

电视机在进行装配时，要先对元器件进行清点，元器件清单如表 9.16 所示。清点完毕后的元器件必须经过检测，检测合格的元器件才允许进行安装。整机安装时，要先插装低矮、耐热的元器件，再插装怕热的元器件，最后焊接集成电路。

表 9.16 　　　　　　ZX2035 型 5.5 英寸黑白电视机元器件清单明细

序 号	名 称	型 号	位 号	数 量	备 注
1	电阻	RT114—1Ω ± 5%	R_{34}，R_{35}，R_{36}，R_{66}	4 只	
2	电阻	RT114—1.5Ω ± 5%	R_{38}	1 只	
3	电阻	RT114—2.2Ω ± 5%	R_{82}	1 只	
4	电阻	RT114—4.7Ω ± 5%	R_{26}，R_{83}	2 只	
5	电阻	RT114—8.2Ω ± 5%	R_{41}	1 只	
6	电阻	RT114—15Ω ± 5%	R_{18}	1 只	
7	电阻	RT114—18Ω ± 5%	R_{2}	1 只	
8	电阻	RT114—39Ω ± 5%	R_{12}	1 只	
9	电阻	RT114—56Ω ± 5%	R_{1}，R_{11}，R_{85}	3 只	
10	电阻	RT114—75Ω ± 5%	R_{81}	1 只	
11	电阻	RT114—100Ω ± 5%	R_{31}，R_{47}，R_{57}，R_{86}	4 只	
12	电阻	RT114—120Ω ± 5%	R_{4}	1 只	
13	电阻	RT114—150Ω ± 5%	R_{29}，R_{39}	2 只	
14	电阻	RT114—270Ω ± 5%	R_{32}	1 只	
15	电阻	RT114—330Ω ± 5%	R_{49}，R_{55}，R_{62}	3 只	
16	电阻	RT114—470Ω ± 5%	R_{3}，R_{33}	2 只	
17	电阻	RT114—560Ω ± 5%	R_{15}	1 只	

序号	名　称	型　号	位　号	数　量	备　注
18	电阻	RT114—680Ω±5%	R_9，R_{52}	2 只	
19	电阻	RT114—1kΩ±5%	R_{17}，R_{24}，R_{54}，R_{60}，R_{63}，R_{84}	6 只	
20	电阻	RT114—1.5kΩ±5%	R_{23}，R_{51}	2 只	
21	电阻	RT114—3kΩ±5%	R_{25}	1 只	
22	电阻	RT114—3.3kΩ±5%	R_{30}	1 只	
23	电阻	RT114—3.9kΩ±5%	R_{28}，R_{10}	2 只	
24	电阻	RT114—4.7kΩ±5%	R_{12}，R_{44}	2 只	
25	电阻	RT114—5.6kΩ±5%	R_6，R_{13}	2 只	
26	电阻	RT114—10kΩ±5%	R_5，R_{20}，R_{27}，R_{50}	4 只	
27	电阻	RT114—18kΩ±5%	R_{46}	1 只	
28	电阻	RT114—22kΩ±5%	R_{37}，R_{58}，R_{64}	3 只	
29	电阻	RT114—39kΩ±5%	R_{87}	1 只	
30	电阻	RT114—56kΩ±5%	R_8，R_{65}	2 只	
31	电阻	RT114—82kΩ±5%	R_{45}	1 只	
32	电阻	RT114—120kΩ±5%	R_{16}，R_{43}，R_{80}	3 只	
33	电阻	RT114—270kΩ±5%	R_{59}	1 只	
34	电阻	RT114—680kΩ±5%	R_{14}	1 只	
35	电阻	RT114—1.5kΩ±5%	R_{61}	1 只	
36	电阻	RT114—120kΩ±5%	OR_2，R_{53}	2 只	
37	瓷片电容	CC1—63V—10pF±20%	C_1	1 只	
38	瓷片电容	CC1—63V—7pF±20%	C_{15}	1 只	
39	瓷片电容	CC1—63V—101pF±20%	C_{17}	1 只	
40	瓷片电容	CC1—63V—103pF±20%	C_2，C_4，C_6，C_{11}，C_{12}，C_{27}，$C×5$	11 只	
41	瓷片电容	CC1—100V—103pF±20%	C_8，C_9，C_{13}	3 只	
42	瓷片电容	CC1—63V—104pF±20%	C'，C_7，C_{82}，C_{83}，C_{84}，C_{85}	6 只	
43	瓷片电容	CC1—63V—320pF±20%	C_{81}	1 只	
44	瓷片电容	CC1—63V—330pF±20%	C_{19}，C_{46}	2 只	
45	瓷片电容	CC1—100V—470pF±20%	OC_3，C_{47}	2 只	
46	瓷片电容	CC1—63V—473pF±20%	C_{18}	1 只	
47	瓷片电容	CC1—63V—680pF±20%	C_{16}	1 只	
48	涤纶电容	CL11—100V—103mF±20%	C_{01}，C_{15}，C_{35}，C_{60}	4 只	
49	涤纶电容	CL11—100V—104mF±20%	C_{45}	1 只	
50	涤纶电容	CL11—100V—222mF±20%	C_{36}，无位号	2 只	
51	涤纶电容	CL11—100V—273mF±20%	C_{29}，C_{39}	2 只	
52	涤纶电容	CL11—100V—472mF±20%	C_{40}	1 只	

续表

序 号	名 称	型 号	位 号	数 量	备 注
53	涤纶电容	CL11—100V—223mF ± 20%	无位号	1 只	
54	电解电容	CD11—50V—0.47μF ± 20%	C_{14}，C_{68}	2 只	
55	电解电容	CD11—50V—1μF ± 20%	C_{62}	1 只	
56	电解电容	CD11—50V—2.2μF ± 20%	C_{41}	1 只	
57	电解电容	CD11—50V—3.3μF ± 20%	C_{72}	1 只	
58	电解电容	CD11—50V—4.7μF ± 20%	C_{30}	1 只	
59	电解电容	CD11—100V—6.8μF ± 20%	C_{34}	1 只	
60	电解电容	CD11—25V—10μF ± 20%	C_{18}，C_{65}，C_{80}，C_{88}，C_{12}	5 只	
61	电解电容	CD11—25V—22μF ± 20%	C_{20}	1 只	
62	电解电容	CD11—16V—220μF ± 20%	C_{43}，C_{44}，C_{63}	3 只	
63	电解电容	CD11—25V—220μF ± 20%	C_{54}	1 只	
64	电解电容	CD11—16V—100μF ± 20%	C_5，C_{33}，C_{38}	3 只	
65	电解电容	CD11—25V—100μF ± 20%	C_{26}	1 只	
66	电解电容	CD11—16V—470μF ± 20%	C_{23}，C_{86}，C_{87}	3 只	
67	电解电容	CD11—16V—1 000μF ± 20%	C_{31}	1 只	
68	电解电容	CD11—10V—2 200μF ± 20%	C_{37}	1 只	
69	电解电容	CD11—25V—2 200μF ± 20%	C_{21}	1 只	
70	电解电容	CD11—160V—3.3μF ± 20%	C_{56}	1 只	
71	稳压二极管	1/2W 62V	VD_{11}	1 只	
72	稳压二极管	1/2W 33V	VD_{12}	1 只	
73	中周	6.5MHz	B_1	1 只	
74	中周	38MHz	**B_2	1 只	
75	二极管	1N4148	VD_{13}，VD_{14}，VD_{17}	3 只	
76	二极管	1N5399	VD_{20}，VD_{21}，VD_{22}，VD_{23}	4 只	
77	二极管	1N4002/4004	VD_{19}	1 只	
78	二极管	FR107	VD_{15}，VD_{18}	2 只	
79	阻尼二极管	FR157	VD_{16}	1 只	
80	三极管	D880	VT_{10}，VT_2	2 只	
81	三极管	C1815	VT_4，VT_5，VT_8，VT_9	4 只	
82	三极管	C945	VT_1	1 只	或 C1674
83	三极管	S8050	VT_3，VT_6	2 只	
84	三极管	S8550	VT_7	1 只	
85	集成块	CD5151CP	IC_1	1 块	或 CSC515IP
86	集成块	D386	IC_2	1 块	
87	电感线圈	1.8μH	L_2	1 只	
88	声表滤波	SF3811	SBM	1 只	

序 号	名 称	型 号	位 号	数 量	备 注
89	滤波器	L6.5B	Y_1	1 只	
90	排插座	2P	P_1, P_2, A_4	3 只	
91	排插座	4P	P_3, P_4	2 只	
92	集成插座	28P		1 只	
93	集成插座	8P		1 只	
94	跳线	5mm	J_5	1 根	自备
95	跳线	7.5mm	J_8, J_{25}, J_{26}, J_{28}, J_{82}	5 根	自备
96	跳线	10mm	J_2, J_4, J_{10}, J_{15}, J_{21}, J_{29}, J_{30}	7 根	自备
97	跳线	12mm	J_{22}	1 根	自备
98	跳线	15mm	J_{17}, J_{27}	2 根	自备
99	线路板	DS326	160mm × 135mm	1 块	
100	微调电位器	RM—065—500Ω	R_{P5}	1 只	场线性调整
101	微调电位器	RM—065—2kΩ	R_{P4}	1 只	直流输出调整
102	微调电位器	RM—065—5kΩ	R_{P1}	1 只	调高放延迟量
103	微调电位器	RM—065—10kΩ	R_{P7}	1 只	行频调整
104	电位器	WH12111—2kΩ	CONT	1 只	对比度
105	电位器	WH12111—33 kΩ	V-HOLD	1 只	场频
106	电位器	WH12111—1kΩ	BRIG	1 只	亮度
107	电位器	WH12113—20 kΩ（臣式）	$2R_{P1}$	1 只	音量
108	电位器	WH12113—100 kΩ（臣式）	$2R_{P2}$	1 只	调谐
109	拨动开关	2W2D G11	S_3	1 个	
110	自锁开关	SRK223	S_1, S_2	2 个	AV/TV，电源
111	耳机插座	$\phi3.5$	JK_3	1 个	
112	直流插座	DC 圆针	DC	1 个	
113	射频插座		ANTIN	1 个	
114	音频插座		JK_1	1 个	红色
115	视频插座		JK_2	1 个	黄色
116	散热片	50mm × 35mm		1 个	
117	高压包	BSH8—6H	FRT	1 个	
118	偏转线圈	QRS20—70—68	H-DY、Y-DY	1 个	
119	钢丝框			1 个	
120	显像管座	七脚		1 个	
121	管座电路板			1 块	

序　号	名　　称	型　　号	位　　号	数　　量	备　　注
122	排线	2P × 310mm		1 排	接场声器
123	排线	4P × 160mm*		2 排	CRT 地线
124	导线	200mm		1 根	
125	电源线	单头 1.5m		1 根	
126	绝缘胶管	φ3 × 20mm		2 根	
127	螺钉	3 × 14 × 10PWA		4 个	固定显像管
128	螺钉	3 × 8PA		1 个	固定散热片
129	螺钉	3 × 6PA		1 个	
130	螺钉	3 × 10PA		1 个	
131	螺钉	3.5 × 14 × 10PWA		2 个	固定变压器
132	螺钉	3 × 10PA		2 个	固定底座
133	螺钉	3 × 12PA		1 个	面壳与后壳连接
134	底座			1 个	已在外壳上
135	转盘			1 个	已在外壳上
136	转向卡			1 个	已在外壳上

具体装配步骤如下。

（1）读图。ZX2035 型 5.5 英寸黑白电视机印制电路板图如图 9.58 所示。先将图 9.55 所示的电视机电路原理图与印制电路板图进行对照，查对两图中所标元器件是否一致。然后，再仔细对照印制电路板与印制电路板图，确认无误。通过分析、读懂电路原理图，并对照印制电路板找出各元器件的装配位置，可以快速、准确地进行装配与调试。

（2）检测核对元器件

找出有极性元器件的脚位，如高频调谐器各引脚的排列顺序，集成电路各引脚的排列顺序等。将高频调谐器贴有不干胶的一面朝向自己，从左至右依次是 1 脚至 10 脚。将电源调整管标有型号的一面朝向自己，散热器的一边朝后，靠左边的是基极，中间是集电极，右边是发射极。然后用万用表检测电阻器、电容器、二极管、三极管的质量。电感类元件在出厂时已经测量好，装配后只需微调即可。

（3）插装与焊接

① 插装时，应按以下顺序进行插焊：短接线→电阻器→二极管→三极管→电容器→其他元器件（如集成电路插座等）。装配二极管、三极管、电解电容等元器件时要注意极性，集成电路插座装配时要注意缺口方向。二极管装配时距印制电路板 2～3 mm（为了散热），三极管装配时引脚应留 6～7 mm 左右，其余元器件装配时应尽量紧贴印制电路板。VT_2 和散热器垂直插入印制电路板，将散热器反面 L 型突起部分扭转一个角度，以卡在印制电路板上。VT_2 及散热器、高频调谐器、行输出变压器应最后装配。

② 焊接时，要求焊点要光亮、大小适中、呈锥形，不能有虚焊、堆焊、漏焊等。在焊接前要把所有元器件都插装到位，不允许边插元器件边焊接，以免造成焊盘脱落。焊接完成后，将焊接面上元器件引脚用斜口钳剪至焊点，然后用无水酒精将焊点清洗干净。

图 9.58　ZX2035 型 5.5 英寸黑白电视机印制电路板图

③ 按装配图检查元器件装配是否正确，焊接质量是否满足工艺要求。

（4）装配提示

① 两针插座、四针插座要先焊。

② 为了防止集成电路被烫坏，本套件配备了集成电路插座，焊接时注意不要把集成电路直接焊到印制电路板上。

③ 将显像管座板插到显像管上时要小心，以免将后面的封口处折断造成漏气。

④ 2 A 保险丝可以用导线短接。

⑤ 电源开关应注意按下时使电视机打开，按起时使电视机关闭。

⑥ 单芯带焊片插头线应接天线，天线插入上盖的角孔，另一头焊在显像管座线路板上，用于石墨层接地。

2. 电路的调试与总装

调试前先查清印制电路板上各电位器、插座、开关所起的作用和具体位置。

印制电路板下面一排元件中，DC 为直流电源输入插座，ANTIN 为射频输入插座，$JK_1(A)$ 为音频输入插座，$JK_2(V)$ 为视频输入插座，S_1 为 AV、TV 转换开关。33kΩ 电位器是场频电位器，1MΩ 电位器是亮度电位器，2kΩ 电位器是对比度电位器，R_{P4} 是电源输出调节电位器，R_{P5} 是用于场线性调节的电位器，R_{P7} 是用于行频调节的电位器，S_3 为频段转换开关，$2R_{P1}$ 是音量电位器，$2R_{P2}$ 是调谐电位器。调试前先测量各电路负载的在路电阻，在确认无误后方可开机调试。

调试步骤如下。

（1）直流电源调试

直流电源的稳压输出直流应调整在额定输出电压 10.8 V，允许误差为 ± 0.2 V（即 10.6～11 V 之间）。然后调节电位器 R_{P4}，使电源输出电压在 ± 2 V 范围内可调（即 9～13 V 之间可调）。测量稳压管两端的电压（基准电压）应为 6.2 V 左右。

（2）扫描电路调试

电视机正常工作时各部分电路的平均电流大致应有一个范围。另外，还有一些关键点的平均电压与电路工作状态有关。如行输出管的集电极电压、基极电压、OTL 场输出中点电压、集成电路中扫描电路引脚的电压等。调试时，可分别进行行扫描电路的调试和场扫描电路的调试。将 VT_{10} 的集电极断开，对断开处进行测量，行输出电路的电流正常值应该在 250 mA 左右，行输出管集电极电压在 12 V 左右，此时可判定行输出电路基本正常。测量 CD5151CP 集成电路 17 脚的电压应为 0.4 V，VT_9 基极电压也在 0.4 V 左右，此时集成电路内部扫描电路工作基本正常。

然后，测量 CD5151CP 集成电路 24、25、26 脚电压，其值应与电路原理图上的标称值一致。这时在屏幕上可看见光栅，调节场频电位器使光栅出现闪烁，再调节场频电位器使闪烁消失，这时场频基本接近 50 Hz。调节场频电位器，在场频调至最高和最低时，光栅应出现闪烁，而当调至中间时，光栅应不闪烁。测量 C_{37} 正极电压，应该为电源电压的一半，即 5 V 左右。

（3）显像管附属电路调试

显像管附属电路包括视放电路、行/场偏转电路。调试前先不要插显像管的插座，用万用表直流电压 250 V 挡，测量显像管第 6 脚电压值，应为 100 V 左右；测量管座第 3 脚电压（用交流 10V 挡），由于灯丝电压是由行输出变压器输出的脉冲电压，因此要用交流电压挡来测量，本机灯丝电压为 6.3 V（有效值）。调节亮度电位器，并同时测量第 2 脚电压，应该在 10～80 V 之间可调。如果上述电压都正常，再把显像管插座插上。此时荧光屏应有光栅产生。拨动偏转线圈后的调节环，并观察荧光屏，使光栅处于荧光屏正中位置。如果显像管 4 个角出现暗角，则可以将偏转线圈向颈椎的方向推到底；如果光栅倾斜，可以通过旋转偏转线圈来解决。

偏转线圈结构示意图如图 9.59 所示。调节亮度电位器，光栅最亮时能满足白天收看的需要，并且扫描亮线也不出现明显的散焦，最暗时亮度能关死。如果亮度不受控制则需检查亮度控制电路。

图 9.59　偏转线圈结构示意图

（4）信号通道调试

调试信号通道之前一定要将扫描电路调试好。信号通道调试方法较简单的有电流法和直观监测法，较复杂的有信号注入法（采用另一台调试正常后的电视机中的信号对应地加入待测机的相应位置进行调试）。一般常用的是前两种方法。信号通道包括中频通道、视频输出电路、同步分离伴音电路等。信号通道电路的频率特性通常由声表面滤波器决定，一般不需要调试。调节调台电位器，高频调谐器 4 脚电压应在 0～33 V 之间变化。

高频调谐器 8 脚电压应在 10 V 左右。测量预中放管 VT_1 各极电压，b、c、e 各极电压分别应为 1.15 V、0.8 V、0.3 V，如果偏离过大，则应检查电路。将高频调谐置于空频道，用万用表测 CD5151CP 集成电路第 28 脚、1 脚、2 脚、3 脚、4 脚、5 脚、14 脚、15 脚的电压，应与标称电压一致，特别是 3 脚、4 脚、5 脚。调节调台电位器使电视机接收到电视图像信号，用万用表监测 CD5151CP 集成电路 5 脚电压，并用无感应螺丝刀同时调节 14 脚、15 脚外接选频元件 B_2（38 MHz）的电感，使 5 脚电压最低，这时 5 脚输出信号最强。测量视放管 VD_8 各极电压，基极电压应为 3～4 V，集电极电压应为 80 V 左右，发射极电压应为 3 V 左右，如果偏离过大，应认真检查相应电路。

如果荧光屏上有图像，但有十多条回扫线，则应检查视放管 VD_8 发射极的消隐电路。同步电路调试时，调出信号较强的节目，如果出现了场不同步现象，可微调场频电位器 V-HOLD。

（5）伴音通道的调试

接通电源，检测 CD5151CP 集成电路第 7 脚～第 11 脚电压，应与标称电压一致。接收到电视信号后，微调 9 脚、10 脚外接 B_1（6.5 MHz）的电感，使伴音最清晰，噪音最小。测量 C_{86} 正极电压，应在 9 V 左右，否则就需要检查功放电路。

3．调试中需要注意的问题

①　在调试视放输出电路及伴音功放时，可以用 VCD 或其他信号源将视频、音频信号直接从输入口引入，以检测这两个电路的质量。这也是维修时的一种常用方法，不论是什么电视机都可

以采用类似方法。

② 行偏转线圈和场偏转线圈可以通过测电阻的方法来判断,行偏转线圈的电阻只有一点几欧姆,而场偏转线圈的电阻比行偏转线圈的电阻大。

③ 在调试时,图像上下颠倒或左右颠倒,则要将场偏转线圈或行偏转线圈的两根引线对调。如果是上下颠倒,则要将场偏转线圈的两根引线对调。如果是左右颠倒,则要将行偏转线圈的两根引线对调。

④ 不论是调试还是维修,都应按以下顺序进行:电源→行扫描→场扫描→视放→中频通道→同步分离→伴音。

4. 电视机的总装

电路调试好后,就可以进行总装了。先将变压器及扬声器装在上盖的相应位置,变压器用 ϕ3.5mm×15 自攻螺钉固定在上盖右边,扬声器装在上盖的左边,左边有一个槽,将扬声器插入即可。电源开关装塑料按钮,电位器 $2R_{P1}$、$2R_{P2}$ 上接旋钮。先将上盖卡在前盖的槽内,并用 ϕ3mm×12 自攻螺钉固定。所有的外壳在出厂前均已经装好,在拆开之前先仔细看好具体的装配方法。

【项目实训报告】

(1)画出 5.5 寸黑白电视机的电路原理详图、整机布局图、整机电路配线接线图。

(2)写出黑白电视机各部分电路的工作原理及性能分析。

(3)对出现的故障进行分析。

(4)记录测量数据。

(5)写出实训体会。